I0131320

Gustav Georg Winkler

Island

Seine Bewohner, Landesbildung und vulkanische Natur

weitsuechtig

Gustav Georg Winkler

Island

Seine Bewohner, Landesbildung und vulkanische Natur

ISBN/EAN: 9783956560309

Auflage: 1

Erscheinungsjahr: 2013

Erscheinungsort: Bremen, Deutschland

@ weitsuechtig in Access Verlag GmbH. Alle Rechte beim Verlag und bei den jeweiligen Lizenzgebern.

weitsuechtig

Island.

Seine Bewohner,

Landesbildung und vulcanische Natur.

Nach eigener Anschauung

geschildert von

Gustav Georg Winkler.

Mit Holzschnitten und einer Karte von Island.

Braunschweig,

Druck und Verlag von George Westermann.

1861.

Vorwort.

Karl Ritter's geistvoller Deutung jener Gesetze, nach welchen
die Oberflächen der Continente gebildet sind, verdanken wir die
Erkenntniß von deren Rückwirkung auf die Lebensverhältnisse
und die Bildungsstufen der darauf wohnenden Völker. Er hat
uns die tiefen Beziehungen zwischen dem Drama der Welt=
geschichte und der Bühne, über welche es hinschreitet, kennen
gelehrt.

Alexander von Humboldt zeichnet jene Individualitäten der
Erdvesten, welche durch das Detail ihrer Oberflächengestalt, durch
ihre Stellung zu den Gestirnen, ihr Klima und die daraus ent=
springenden Formen des Thier= und Pflanzenlebens dargestellt
werden — die Landschaften. Er führt uns in den tropischen
Urwald, und wir schauen der Lianen Pracht sich am riesigen
Stamm der Palme emporranken, wir erzittern vor den nahenden
Klappertönen der schleichenden Schlange, oder dem aus der
Ferne verhallenden Brüllen des hungernden Jaguar. Jetzt bebt
der Boden in gewaltigen Schwingungen unter unsern Füßen,
dann flammen glänzende Meteore über unsern Häuptern hin,
oder wir folgen den geräuschlos nach den Tiefen der Erde na=
genden chemischen Kräften!

Nach diesen großen Mustern vergleichender Erdebeschreibung und Naturschilderung wollte ich es versuchen, vor des Lesers geistigem Auge ein Bild von Island aufzurollen.

Ich bin von meiner Alpenheimath herabgestiegen und hinausgefahren zum nordischen Eiland. Dort fand ich die grünen Triften, die weiten Schutthalden und glänzenden Gletscherdome wieder, jedoch nicht über die rauschenden Wipfel von Tannen und Buchen, sondern über die brausende Meeresfluth emportauchend. Indem sich so wissenschaftlichem Verständniß eine von Jugend auf gewohnte Anschauung verband, war ich vielleicht mehr befähigt, die vorgesteckte Aufgabe zu lösen.

Den lieben Bewohnern der fernen Insel aber soll diese meine Arbeit der erste Gruß sein, den ich ihnen über den Ocean hinübersende!

Geschrieben im baierschen Hochlande, Mai 1861.

Gustav Georg Winkler.

Inhalt.

Es gibt keine Straße. Geographische Lage der Insel. Verhältniß der bewohnten Landestheile zu den unbewohnten und gänzlich sterilen. Einfluß der Landesbeschaffenheit auf die Volksmenge.
Topographie, vier Hauptgebirgszüge. Das Hochland. Plateaubildung als Haupttypus der Bodengestaltung, Vergleichung mit andern
Gebirgen. Das Flußgebiet der Thiorsau, ein Längenthal. Einfluß
der Plateaubildung auf Bodencultur und Bevölkerung. Ausbreitung
der vulcanischen Thätigkeit und ihr Einfluß auf die Landescultur.
Verschiedene Passagen. Eine „Heidi," Ritt über die Steingrimsfjördr-
heidi, Weg, Aussicht. Art der isländischen Gebirgsgesteine, geogno-
stischer Bau. Die Mosfellsheidi. Ein Lavastrom, erster Eindruck.
Eine Landschaft im Südlande. Die Oberfläche eines Lavastromes,
der Weg darüber. Die Flußpassagen, Uebergang über einen Fluß-
see im Süden. Das Moor. Der „Hauls," eine Anekdote.

Die Abstammung der Isländer. Die Freiheitsliebe treibt die
Norweger über die See. Island eine Republik. Die Einführung
des Christenthums daselbst. Es wird norwegisch, später dänisch. Die
früheste Cultur auf der Insel, Entstehung der „Edda." Einfluß des
Klimas auf den Menschen. Ursachen der verschiedenen Klimate überhaupt. Das Klima Islands, die mittlere Temperatur, meine eigenen
Erfahrungen. Die Vegetation. Das Thierleben. Praktische Winke
für Reisende. Populationsbewegung. Unglücksgeschichte der Jahre
1784 bis 1786. Große Kindersterblichkeit, ihre Ursachen. Fruchtbarkeit der Ehen. Wohnungen, der Hof eines Wohlhabenden, Lage,
Ansicht der Gebäulichkeiten, Fremdenzimmer, Bewirthung; Erinnerung
an die Heimath. Die Wohnung eines Armen, die Badstoba, ein
Nachtlager. Verschiedene Bauplane. Baumateriale. Innere Ein-
richtung. Mangel an Brennmaterialien. Birkenwälder. Surrogate
für Brennmaterialien. Nahrungsquellen, Aenger, Wiesen, Weiden.
Bauernconservatismus. Der „Bergkönig." Ein Lieblingsgericht der
Isländer. Kost der Bauern und Dienstboten. Die Producte der
Schafzucht. Rindviehzucht, eine Eigenthümlichkeit der Race. Pferde.
Statistische Tabelle über die Bevölkerung nach den Erwerbsarten.
Die Seefischerei, Fischzeiten, Fischplätze, Fischerleben. Der Dorsch,

das Brot der Isländer. Der Hirt und das Thal, der Fischer und
die See. Andere Erwerbsquellen, der Lachs, die Eidergans.
Statistische Angaben über Ein= und Ausfuhr von Producten.
Was den Reisenden bei Gebrauch der isländischen Gastfreundschaft
erwartet, keine Bequemlichkeiten, aber der gute Wille der Leute.
Abschied von einem Pfarrer. Der Schnupftaback in Island.
Eigene Art, Teller zu reinigen. Die Begrüßung des Reisenden.
Eindruck der Bauern nach Kleidung, Physiognomie, Sprache. Ein
Sonntagnachmittag. Naivetät und Eitelkeit. Die Kosten einer
Reise in Island. Rührende Uneigennützigkeit. Schlimme Erfah=
rungen. Eine isländische Gastwirthsrechnung und ihre Entstehung.
Volksbildung, Kirchen. Der einzige Titel. Sagenglaube, die
isländische „Lenore."

Größe, Grenzen. Westhälfte, Boden, Landschaft. Osthälfte,
Tiefland, Landschaft. Vorbereitungen zur Reise. Abreise von
Reykjavik, schlechte Aussichten. Die Villa an der Laxau. Ansicht
der Gegend von Dingvellir. Graphischer Plan, Landschaft. Ein
Sturz mit dem Pferde. Die Allmanagjau. Dingvellir. Innerer
Bau eines Lavastromes. Die Entstehung der Klüfte. Das islän=
dische Capitol. Ein Wasserfall. Die Hrafnagjau. Uebergang
über die „Brückenachen." Erster Anblick der Geysirquellen. An=
kunft in Laugar, der patente Bauer. Ueberraschung durch den
StroKkr. Topographie des Quellenbodens. Die Thätigkeit des
Wassers in der Erde. Sinterbildung. Sinterbaue, Quellen=
öffnungen. Die Geysir in der Ruhe. Die Geysireruption. Die
Stroekkreruption. Die andern Quellen. Die Geisterstunde am
Geysir. Ueber Entstehung von Quellen überhaupt, warme Quellen.
Erklärung der Wasserbewegungsphänomene. Reise an den Hekla.
Heklaberggruppe. Besuch des jüngsten Lavastromes, die Wanderung
auf demselben, Gefährlichkeit. Vergleich mit ältern Strömen.
Unterschied zwischen Lava= und andern Gesteinsmassen. Die Aeuße=
rung der vulcanischen Thätigkeit überhaupt, drei Perioden in Is=
land. Die Berühmtheit des Hekla, seine Eruptionszeiten, ältere
Besteigungen desselben. Seine Beschaffenheit in der Ruhe. Eine
Sage über seinen ersten Ausbruch. Geschichte seiner Eruptionen.

I.

Ueberfahrt. Südküste Islands.

Einer der gründlichsten Kenner altnordischer Geschichte und Literatur, der Universitätsprofessor Maurer aus München, hatte sich entschlossen, Island zu besuchen; denn diese Insel war, wie kein anderes Land, wo ein Volk germanischen Stammes wohnt, durch ihre geographischen Verhältnisse im Stande, alte Sitte und Recht in ihrer Originalität zu erhalten. Ist doch noch die heutige Umgangssprache des dortigen Volkes diejenige der Edda, des ältesten germanischen Schriftdenkmals.

Die physikalischen, insbesondere geologischen Eigenthümlich= keiten Islands veranlaßten die königlich baierische Akademie, König Maximilian den Vorschlag unterzubreiten, es durch An= weisung von Mitteln möglich zu machen, daß sich an dem Un= ternehmen Professor Maurer's auch ein Naturforscher betheilige, und so wurde mir die Ehre des allerhöchsten Auftrages.

Als ich am 25. März 1858 München verließ, trug die Hochebene noch das Winterkleid. Bis ich wieder zurückkam, sollte sie grünen, blühen, Früchte tragen und sich abermals in die weißen Gewande hüllen.

Bisher hatte die dänische Regierung durch ein Segelschiff einen regelmäßigen Verkehr mit Island unterhalten. Allein der alte Schooner „Seelöwe" war im Herbste 1857 bei seiner letzten Heimfahrt von der Insel an deren Nordwestküste gescheitert und mit Mann und Maus verloren gegangen. Von nun ab sollte ein Dampfer die Dienste des „Seelöwen" übernehmen. Von Kopenhagen kam uns die Nachricht, daß ungefähr in den ersten Tagen Aprils das Schiff seine erste Fahrt antreten würde. Daher war mein nächstes Reiseziel die dänische Hauptstadt.

Hier war mein Aufenthalt ein längerer, als ich gewünscht hätte. Erst am 17. April ging der Steamer „Victor Emanuel," ein Schiff von nur sechzig Pferdekraft, eigentlich nur für Küstenfahrten bestimmt, von keinem Bau, wie ihn ein Islandfahrer benöthigte, von Kopenhagen ab.

Unsere Fahrt begann jedoch unter guten Anzeichen. Als wir Abends 4 Uhr die Anker lichteten, zerriß die Sonne die Wolken und der Regen, welcher den Tag über ununterbrochen gewährt hatte, machte einem heitern blauen Himmel Platz, der uns von nun auf der ganzen Reise bis an die Färöer nicht verließ.

Für die ersten Tage der Fahrt, bevor ich die nähere Bekanntschaft der Mitpassagiere gemacht, und wo man gern schweigsamer ist auf einem Schiffe, weil die Gedanken noch am Lande haften und die Seekrankheit ihre Opfer am unangenehmsten berührt, schafften mir im Sund und Kattegat die An- und Fernsichten auf die dänischen und schwedischen Küstenlandschaften, ihre Städte und die an uns vorüber oder dieselbe Straße ziehenden Schiffe genug der Unterhaltung.

Als wir über den Leuchtthurm Skagerhorn hinaus die Nordsee erreicht hatten, war bereits ein freundlicher Verkehr unter den verschiedenen Reisenden eingeleitet.

Außer meinem deutschen Landsmann und mir waren auf

dem Schiffe zwei dänische Beamte, einer derselben mit Familie, der andere mit einer hübschen Schwester; ein Kaufmann aus Reykjavik, ein Kaufmann aus Schleswig, ein Student aus Island und zwei junge Damen auch von dorther.

Nach einer Fahrt von circa vier Tagen liefen wir glücklich in Leith, der Hafenstadt in nächster Nähe von Edinburg, ein. Wir benutzten den kurzen Aufenthalt, um die Umgebung und die Merkwürdigkeiten der herrlichen schottischen Hauptstadt zu besehen. Die See abgerechnet erinnerte sie mich sehr an das deutsche Salzburg.

Am andern Tage dampften wir schon wieder nordwärts der schottischen Küste entlang. Endlich entschwand uns auch diese aus den Augen, während zur Rechten und Linken die Or= kneys= und Shettlandsinseln, aber nur als schwache dunkle Streifen, sich bemerken ließen.

Sobald man diese Inseln im Rücken hat, wird eine Ver= änderung in der Farbe des Meeres und seinem Wellengange auffallend. Vorher war es grün, jetzt ist es tieflasurblau, die Wellen sind viel breiter und voller, man befindet sich im Ocean.

Am dritten Tage, nachdem wir Edinburg verlassen, traten einige Berggipfel der Färöer aus Nebel und Meer hervor und bald liefen wir in der Bucht vor Thorshavn, dem Hauptort auf diesen Inseln, ein.

Bisher hatte ich wenig Unterschied gefunden zwischen der Fahrt auf weitem Meere und der auf unsern Hochlandseen. Einen tiefen Eindruck machte auf mich nur, als ich zum ersten Male nur Wasser sah, so weit mein Auge reichte, und auch kein anderes Segel die Gegenwart von noch anderm Leben ver= rieth, als das auf dem kleinen Raume meines Schiffes; da glaubte ich mich der Welt entrückt.

Auf den Färöern blieb ich zurück, um erst mit der zweiten Fahrt des Dampfschiffes nach Island zu gehen. Da ich später ausführlicher von diesen Inseln sprechen werde, so bemerke ich hier nur, daß ich während meines fünfwöchentlichen Aufenthaltes daselbst sehr üble Witterungszustände zu erdulden hatte.

Ein um so größeres Verlangen entstand nach dem Ziele meiner Reise und unbeschreiblich war daher meine Freude, als ich vernahm, daß das Dampfschiff wieder in Sicht sei.

Am 28. Mai lichteten wir die Anker in der Bucht von Thorshavn. Es war ein trauriger Tag, der Himmel grau, die Berge der Färöer grau, die See, von den Stürmen der letzten Tage aufgeregt, ging hoch, aber der Anker kam aus der Tiefe und das Rollen seiner Kette erfüllte mich mit Lust; es ging weiter, fort nach Island.

Nach einer etwas unsanften Berührung unseres Schiffes mit einem shettländischen Kutter, wobei uns ein Rettungsbot aus den eisernen Henkeln in die See geschleudert und fast das ganze Takelwerk des Hinterdecks zerstört wurde, kamen wir glücklich zum engen Thore hinaus, zwischen den Inseln Sandö und Hestö hindurch in die offene Atlantische See. Bald begannen nun auch Wind und Wetter der Fahrt günstig zu werden.

Es war am 30. Mai Nachmittags, als ich zuerst die Küste von Island erblickte. Unter einer dunkeln Wolkenschicht, die am nördlichen Horizont ausgebreitet lag, konnte man einen Streifen bemerken, einen schwarzen Rahmen um die runde Fläche des sich in der Ferne auch in düsteres Grau auflösenden Oceans. Ueber uns und hinab gen Ost, West und Süd spannte sich der Himmel wolkenlos, mit bleichem Blau. Die Sonne spendet hier im Norden nur Licht, keine Wärme; es ist eine fremde, kalte, nicht die Sonne der deutschen Heimath!

Einsam zieht das Schiff seine Straße durch die hohen breiten Wellen. Meine Mitpassagiere liegen alle seemüde in der Cajüte darnieder, ich allein stehe auf dem Deck und blicke hinaus in das weite Meer; um mich thut die Schiffsmannschaft schweigend ihren Dienst, der Capitän sucht mit dem Sextanten nach der Sonne, der Steuermann läßt das ausgeworfene Log aufwinden, um zu erfahren, wie viel Weg wir in einer Stunde zurücklegen, der Maschinist steht an der Thür zum Maschinen= raum und bläst langweilig die Rauchwolken aus seiner kurzen Thonpfeife und wie eine Mitverschworene an dem Complott tödtenden Schweigens gleitet dann und wann eine weiße Möve mit unhörbarem Flügelschlag über meinem Haupte weg; nur das gleichmäßige Auf= und Niederziehen der Maschine, das Aechzen und Stöhnen der Steuerruderkette und das monotone Lecken der Wellen an des Schiffes Planken macht sich um so hör= und fühlbarer in der sonstigen grabesstillen Oede. So war ein Maientag auf einsamem Schiff im nordischen Ocean!

Aber es wurde Nacht! — Nein, es wurde nicht Nacht, selbst das Rad der Zeit schien still zu stehen, um die Harmonie jener düstern Züge nicht zu stören, welcher dieser Natur auf= geprägt sind.

Mit Ende des Monats Mai beginnt in diesen Breiten ein immerwährender Tag, die Mitternacht ist da so licht wie unser deutscher Mittag; um die Geisterstunde glimmte das Abendroth an den isländischen Bergen und ward zugleich Morgenroth; nur die Möven, welche den Tag über unser Schiff umschwärmt hatten, gaben durch ihr Verschwinden der Nacht Zeugniß.

Die Sonne war um Mitternacht über den Horizont hin= abgestiegen, aber ihr Licht war noch in phantastischen Wolken aufgehangen, die sich wie ein Riesenwald nicht fern von uns

über den Ocean hinbreiteten. Wie breite Kronen hundertjähriger
Eichen zeichneten die lichterfüllten Wolken ihre Conturen in das
tiefe Roth des Hintergrundes, eine kunstreiche Stickerei aus den
zartesten Silberfäden auf einem Purpurkissen, und an dem
Saume des Wolkenwaldes zogen leichte Nebel hin, wie an
Herbstabenden über den lieblichen Auen an unsern Flüssen.
Wolken und Nebel maskirten die endlose Weite des Oceans
und dieser kam mir nun vor wie einer der Hochlandseen in der
Heimath.

Das liebliche Roth, mit dem die Sonne geschieden, der
silberne Wald, die Erinnerung an die Heimath, an die Seen
des Hochlandes brachten wieder Gleichgewicht in meine Seele
und ich stieg beruhigt hinab zur Cajüte. Für den andern Tag
waren mir ja neue Schauspiele vorbehalten!

Als ich Morgens auf das Deck kam, lag Islands Glet-
scherwelt vor mir; das war aber nicht wie in unsern Alpen!
Vor meinen Augen lag ein hoher langer Bergrücken, als wäre
es eine ungeheure Bahre mit weißem Leichentuch umschlungen;
unter der Hülle glaubte man die Umrisse der Gliedmaßen eines
Riesen zu erkennen, der im Todesschlafe hier gebettet liegt —
der Himmel, ringsum mit dunkeln Wolken behangen, schien in
ein weites Trauerhaus verwandelt, und man fühlte die Leichen-
luft wehen von diesem Lande her, das dem Sockel des riesigen
Monumentes glich, welches sich Tod und Erstarrung hier gesetzt
haben.

Es ist eine großartige, ergreifende Scenerie; vornehmlich
sind es aber nur die von der Natur angewendeten ungeheuren
Massen, welche beim ersten Anblick überwältigend wirken. Es
ist nichts an diesen Bergen von Formen, Linien, Farben, was
eine poetische Stimmung länger erhalten könnte; die Phantasie

wird es nimmer versuchen, dieselben mit Gnomen und Kobolden zu bevölkern, und aus diesem Eis ihnen glitzernde Paläste zu bauen, mit Zinnen, Erkern und Thürmen; es bleibt dem Be=schauer bald nur das eine, physische Gefühl: man friert!

Den ganzen Südosten der Insel Island, sowie die Mitte derselben bedecken ungeheure Gletscher; der größte derselben, der Klofajökul, nimmt allein 150 Quadratmeilen Raum ein. Das Innere dieser Eiswüste ist gänzlich unbekannt; man weiß nicht, ob sie ein ununterbrochenes Plateau bildet, oder ob sie sich viel=leicht zu tiefen schneefreien Thälern versenkt; ihre Grenzen hat noch kein Fuß eines Menschen oder Thieres überschritten und hinein sieht nur das Auge des Adlers, wenn er hoch über das Eiland hinschwebt.

Hart an der Südküste der Insel und am weitesten gen Südwesten vorgeschoben, wo ein mehr niederes Bergland folgt, erhebt sich der Eyjafiallajökul. *) Ich kann hier bemerken, daß das isländische „Jökul" gleichbedeutend ist mit unserm „Glet=scher," oder dem tyrolischen „Ferner" und dem salzburgischen „Käs." Dieser Jökul erhebt sich zu einer Höhe von circa 5400 Pariser Fuß über die Meeresfläche, an ihn schließt sich nach Osten unmittelbar der minder hohe und mehr dem Rande eines Hochplateaus, als einem Berge gleichende Myrdals=jökul **) an.

Fährt man auf einem Schiffe, einige Meilen von der Küste entfernt, an dem Lande vorüber, so scheinen diese Berge, die man übrigens zu sehen selten so glücklich ist, da sie meist ihre Scheitel in finstern Wolken verbergen, unmittelbar grade aus

---

*) Inselberggletscher.
**) Moorthalsgletscher.

Eyjafjallajökul.

Myrdalsjökul.

der See aufzusteigen. Sie stehen überhaupt der Küste sehr nahe; eine Reihe niederer Bergrücken, die ihnen vorgelagert sind, lehnen sich so eng an ihre tiefere eisfreie Region, daß ihre Conturen in der Entfernung, bei der hier wenig durchsichtigen Luft und dem gleichen dunkeln Colorit gar nicht wahrgenommen werden; ein schmaler, sanft abdachender Saum unmittelbar an der Küste, an dem sich selbst isländische Ansiedlungen finden, verschwindet gänzlich, daher die überwältigende Macht, womit diese Eiskolosse über die See hereindräuen.

Nur an einer Stelle sieht man das schwarze Band, welches den Gletscherfuß umsäumt, durch einen lichten, weißgraulichen, breiten Streifen unterbrochen, der sich im Zickzack vom Rande des Gletschers fast bis zum Meere herab erstreckt. Es scheint, als ob das Eis in Bewegung gerathen und den Berg hinabströmte; es ist aber das einer der mächtigen Bäche, welche, von den ungeheuren Eismassen gespeist, schon wenige Stunden nach ihrem Ursprung die Ausdehnung von Strömen annehmen und sich schäumend, den Bergschutt vor sich herwälzend, durch die Lücken der Vorberge zum sanfter geneigten Küstensaum und endlich zum Meere hinabstürzen. Diese Ströme machen die Reise um die Südküste von Island zu einer der schwierigsten Passagen auf der Insel.

In den Alpen steigt man vom Grunde eines Thales, das nicht über 3000 Fuß über dem Meere liegt, durch verschiedene Vegetationszonen zur Grenze des ewigen Schnees auf; im Thale gedeihen und reifen alle Getreidearten, über 3000 Fuß beginnen Wälder und Wiesen die Berggehänge zu bedecken und sind im ausgezeichneten Stand bis zu 5000 Fuß Höhe. Ueber 5000 Fuß findet sich kein vollkommener Baum mehr, nur verkrüppelte Föhren, die Weiden sind mager und geben fast nur für Schafe genügendes Futter, viel Gebirgsschutt stellt sich ein und kahle, nackte Felswände; über dieser Zone, in einer Höhe von 7000 bis 8000 Fuß, folgt dann die Region des ewigen Schnees.

In tropischen Berggegenden sind noch mehr solcher, durch einen größern oder geringern Reichthum von Arten, durch Güte und Ueppigkeit ihrer Pflanzen unterschiedene Zonen, über welche man zur Region des ewigen Schnees aufsteigt, und diese erreicht man da erst in einer Höhe von 16,000 bis 17,000 Fuß über dem Meere.

In Island folgt vom Meere zur Schneelinie nur eine Vegetationszone, die der magern Weiden und verkrüppelten Bäume, und die Schneelinie selbst erreicht man schon circa 1500 Fuß über dem Meere.

Island ist eine Hochalpe, von der wir aber nicht über den stolzen Buchenwald in ein sonniges Thal mit wogenden Aehrenfeldern niederblicken; seine magern Weiden, seine baumlosen Höhen tauchen sich in die wogenden Waſſer des grauen, kalten Oceans, und über denselben folgen die ungemeſſenen Eisfelder.

Doch kehren wir wieder zu unserm Schiffe zurück. Wie ich Island gesehen hatte, konnte der Gedanke, das ist also das Land, das nun für mehrere Monate Deine Heimath werden soll, wo Du leben, weit, weit wandern, deſſen Berge und Klüfte Du durchstreichen sollst, mich grade nicht in die allerheiterste Stimmung versetzen.

Dieser Theil der Insel, an dem wir bisher vorüberfuhren, ist aber grade einer der tristesten des ganzen Landes; nur in seinem Innern finden sich noch Scenerien, die an schauerlicher Oede ihn noch übertreffen. Unser Schiff kommt aber vorwärts, weiter gen Westen; die Gletscher bleiben hinter uns zurück und die Ansicht des Landes ändert sich bald gänzlich.

Die Westmannsinseln, die schon lange in Sicht waren und an welchen ganz nahe vorbei das Schiff seinen Weg fortsetzt, sind zwar auch nicht geeignet zu einem Vergleich mit Ischia oder Capri, aber sie erquicken doch einmal unser müdes Auge durch das milde Grün einer Wiesenfläche.

Die Westmannsinseln liegen etwas mehr als eine Meile südlich von der Küste Islands. Nur eine derselben verdient eigentlich den Namen Insel, die andern sind nur Klippen, welche, nach allen Seiten abgerissen, in die See niederstürzen. Einige davon haben mit Vegetation bedeckte Kuppen, und auf diesen werden den Sommer über Schafe zur Weide ausgesetzt. Die einzige bewohnte Insel, genannt Heimaey, Heimathinsel, bildet eine schief ansteigende Ebene, einen Wiesengrund, auf dem eine Kirche und einige Ansiedlerwohnungen sich erkennen lassen; das Ganze ist auf zwei Seiten gegen die See durch steil aufstarrende zerrissene Felsenkegel eingerahmt.

Wenn in den Alpen, wo die Weiden manchmal sich noch hoch zwischen einzelnen Zinken und Kämmen hinauferstrecken, das Meer bis zu dieser Höhe hinaufstiege, müßte eine so gestaltete Insel entstehen.

Wenden wir den Blick wieder hinüber nach Island, so ist es nun doch ganz anders, als es vorher war. Die Gletscher haben wir nun schon weit hinter uns gelassen, sie sind zusammengeschoben, der Myrdalsjökul hat sich fast ganz hinter dem Eyjafiallajökul versteckt, der letztere hat eine flach pyramidenförmige Gestalt angenommen und steht bescheiden im Hintergrunde. Vor ihm dehnen sich nun die Umrisse eines weiten Landes aus. Ja, es ist ein Land und ein großes tiefes Land; aber so weit das Auge reicht, ist an diesem Lande nur eine Farbe, und was ist das für eine? Ist es braun? Es ist nicht braun! Ist es

schwarz? Es ist nicht schwarz! Ist es grau? Es ist auch
nicht grau! — Dieses Düster ist die Negation aller Farbe!
Doch wir sind zufrieden, einmal Land vor uns zu haben. Wenn
wir näher kommen, wird sich das, was nun keine Farbe, auch
in freundlichere Tinten aus einander lösen.

Wenn Einer eine rechte Landratte ist, wenn er aus einem
Lande kommt, wo er vom höchsten Berge seinen Blick aussenden
mag, so weit er will, dreißig, vierzig Meilen weit, und ihm
auch dann noch kein blauer Streifen verkündet, daß dort der
Ocean beginnt, von einem Lande, wo man auf Erzählungen
vom Meere wie Kinder auf Märchen lauscht, eine solche
Landratte befällt, wenn sie einmal zehn bis zwölf Tage nur
Wasser und Himmel gesehen, eine nicht geringe Sehnsucht nach
Land. Inseln, wie die Färöer; Berggipfel, die aus der See
aufragen, können ihr keine Beruhigung bringen; sie kommen ihr
vor, als ob sie nur zum Vergnügen aus dem Grunde heraufgestiegen wären, sich eine Weile umzusehen und dann eines
schönen Morgens wieder in die lasurblaue Fluth niederzutauchen.
Da fühlt sich der Fuß nicht sicher. Mir wenigstens war so zu
Muthe und dieses Island, das sich hier so breit machte, wie
ein Continent, war mir in dieser Beziehung eine tröstliche Erscheinung.

Weite Ebenen, Thäler, ausgedehnte Hügellandschaften, ohne
Städte und Dörfer, ohne blühende Fluren und obstbaumumhegte
Gehöfte, ohne Straßen und belebte Flüsse, Berge ohne Wälder,
davon kann man sich keine Vorstellung machen, wenn man aus
der Mitte Deutschlands kommt. Bei Nacht oder in später Dämmerung sehen unsere Landschaften auch aus wie dieses Island,
über Feld und Au, welche zu dunkeln Streifen verwoben, lagert

sich tiefe Ruhe, Städte und Dörfer erscheinen untergegangen, aber am Morgen steht das Alles wieder auf, löst sich von einander und Leben und Regsamkeit erwachen überall.

Doch lassen wir einmal Phantasie und von Hause mitgebrachte Vorstellungen bei Seite und untersuchen wir mit nüchternem Blick, wie denn das ist, was wir sehen. — Bergrücken, lang gezogen, der eine immer nur wenig gegen den andern zurückgeschoben, treten hinter den Vorbergen des Eyjafiallajökul hervor und bilden einen weiten Halbkreis; gegen Westen verschwimmen ihre Conturen mit dem grauen Himmel. Die Entfernung von uns bis zum Fuße dieser Bergkette müssen wir auf fünf bis sechs Meilen schätzen; dagegen kann der flache Küstenrand, welcher sich von jenen Vorbergen ablöst und weit grade fort sich nach Westen streckt, kaum zwei Meilen weit von unserm Schiffe sein. Dazwischen liegt also eine große Ebene, deren Ausdehnung sich an dem weiten Abstand zwischen der Küste und der dahinter liegenden Bergkette bemessen läßt; einzelne Felsbänke, die sich über die Oberfläche der Ebene erheben und gesehen werden, helfen die Erstreckung der Ebene mit andeuten.

Ueber die dunkle ferne Bergkette sieht ein isolirter Rücken noch hoch herüber, die Perspective sehr erweiternd; dieser Rücken ist von seinem Scheitel herab, so weit er sichtbar, mit Schnee bedeckt, und die vorliegenden Berge schneiden scharf an ihm ab; ein weites Thal muß dazwischen liegen, daher liegt er tief im Lande und erreicht seine Höhe nicht die des Eyjafiallajökul, so muß sie doch immer eine sehr ähnliche sein. Der Rücken verläuft kurz, mit einer scharfen, schief ansteigenden Kante; nach der breiten Seite fällt er steil ab und an beiden Enden ist er scharf abgehackt; während alle andern sichtbaren Berggipfel frei, streift an seinem Scheitel eine Wolke hin. *)

Es hat der Berg eine in diesem Lande auffallend schöne Form, an unsere Alpengrate erinnernd; aber diese Eigenschaften sind es nicht, welche die allgemeine Aufmerksamkeit fesseln. Ich hatte noch nie bemerkt, daß die Matrosen sich um etwas Anderes gekümmert hätten, als was ihre Arbeit, oder Essen und Trinken betraf; diesmal aber war es anders, da ließen sie selbst die Arbeit stehen nnd sahen alle nach jenem Berge, und wir Passagiere warteten ungeduldig, bis uns der Capitän den Schiffs= tubus anvertraute, um auch dahin zu schauen. Was ist's mit diesem Berge? Warum sind Aller Augen auf ihn gerichtet? Es ist ein Berg mit allbekanntem Namen, es ist der Hekla, der Vulcan Hekla! Das Wort ging, mit einer gewissen Ehrfurcht gesprochen, von Mund zu Mund; Alles fühlte sich hineingezogen in das Gefühl heiliger Scheu vor dem geheimnißvollen Dunkel, mit dem die Natur ihre Thätigkeit im Schoße dieser Vulcane bisher zu verhüllen wußte.

Die drei feuerspeienden Berge Europa's haben wir noch von der ersten Schule her in guter Erinnerung: Vesuv, Aetna und Hekla, wir lernten ihre Namen so leicht, unser Gedächtniß bewahrte sie für immer ohne Mühe und welche Begierde erfaßte uns, einmal einen solchen feuerspeienden Berg zu sehen! Aber auch jetzt, drei Jahrzehnte nach dem Kindesalter, warf ich den ersten Blick begierig nach diesem Berge, dem Gegenstande so früh geweckter und nie befriedigter Neugierde.

Der Hekla winkt uns noch lange nach, während wir immer

---

*) Hekla bedeutet auf Isländisch „Rock;" der Berg ist nämlich fast be= ständig in Nebel, wie in einen Rock gehüllt.

weiter gen Westen kommen; die ihm vorliegenden Berge biegen
zu der Küste herüber und werden immer niederer, länger, ein-
förmiger, das Land steigt in ungeheuren breiten Stufen nach
einwärts auf; es ist nicht mehr Gebirgsland. Durch die Ver-
schiebung der Stufen gegen einander entstehen seichte, weite
Lücken, die eine tiefe Perspective in das Innere eröffnen; dabei
ist Alles dunkel, düster, die Linien kaum zu entwirren.

In einer solchen Lücke, zu hinterst am Horizont, liegt ein
weißer Streifen, scharf weggezeichnet von dem vorliegenden Lande,
aber nach oben mit den Wolken fast verfließend, so daß man
ihn selbst für eine Wolke halten möchte; doch gehört er zum
Lande, er ist die hinterste höchste Stufe eines der ungeheuren
Gletscherplateaus, welche das Innere der Insel erfüllen. Diese
Conturen sind die des Langajökul (lange Gletscher), der einen
Raum von ungefähr fünfzehn Geviertmeilen einnimmt.

Man mag um oder in Island reisen, es ist überall dafür
gesorgt, daß man seinen Namen, Island, Eisland, nicht vergißt.

Das Land setzt von nun an immer gleich fort in Einförmigkeit und Farblosigkeit, und wir verlieren nichts, wenn wir
unsere Aufmerksamkeit auf einige Augenblicke von ihm abwenden.
Zu unserer Linken tauchen Klippen, nahe und ferner, aus den Wogen auf; das Schiff geht wie scheu, schleichend an ihnen vorüber.
Da ragt so ein Fels hervor, jetzt schmal und zackig, wie ein
verfallener gothischer Thurm, nach einigen Minuten steht eine
breite Bastion an seiner Stelle, mit Brustwehren und Schieß-
scharten und bis wir uns umschauen, hat sich die Bastion in
eine Ritterburg verwandelt mit Erkern und Zinnen, wie in
einem Zauberreich!

Diese Klippen, an denen sich seit Jahrtausenden die Wogen
des Oceans brechen, sind von allen Seiten zernagt und zerrissen

und bieten mit jedem Schritt, den man um sie thut, eine andere
Ansicht.

Endlich sehen wir hinaus an die äußerste Südwestspitze
von Island, an das Cap Reykjanäs. Das Stufenland verliert
sich zuletzt in einem langen Streifen, der sich wie eine schwarze
Schlange in das Meer hinausrollt. Was in der Ferne an der
äußersten Spitze des Streifens wie ein schwarzer Punkt erscheint,
ist, sobald wir nahe gekommen, ein Felsstock, mit dem Umfang
eines kleinen Hauses, dem nichts ähnlicher sieht als ein Zahn
mit theilweise zerstörter Krone; das ist der Markstein zwischen
den Reichen Poseidon's und Vulcan's. Er hat allen verhal=
tenen Ingrimm zu befahren von den Geistern des Meeres, die
hier ihre Herrschaft begrenzt finden.

Sobald wir um diesen Fels, das Cap, herum sind, wird
unser Schiff seinen Curs ändern und nunmehr grade nördlich
steuern. Hier machte mich aber einer meiner Mitpassagiere noch
auf eine Gruppe von Klippen aufmerksam, welche südlich und
ziemlich entfernt von uns sichtbar waren. Das sind die soge=
nannten Geirfuglasker, Geiervogelscheren; eine davon, die we=
nigst entfernte, heißt wegen ihrer plumpen breiten Form — ein
Felsplateau, das rund und nach allen Seiten grade in's Meer
abstürzt — der „Mehlsack."

Ich hatte auf meiner Seereise von Edinburg nach den
Färörinseln zwei englische Naturforscher kennen gelernt, welche
sich nach Island begaben, um die Naturgeschichte eines sehr
seltenen und interessanten Seevogels zu studiren, der die nordi=
schen Meere bewohnt. Es ist eine Alkenart (Alca impennis),
die flügellose Alke, weil sie keine zum Fluge brauchbaren Flügel,
sondern an ihrer Stelle nur kurze, mit Flaum besetzte Stummel
hat. Dieser Vogel war immer eine große Rarität und be=

zahlten zoologische Museen schweres Gold, um in Besitz eines Exemplars zu kommen. Als seine einzigen Aufenthaltsorte waren bisher nur diese Geirfuglasker und noch einige gleiche Klippen im Nordost von Island gekannt. In neuester Zeit ist es aber sehr zweifelhaft geworden, ob derselbe überhaupt noch existire. Vor ungefähr zwölf Jahren wurde das letzte Mal ein Paar solcher Alken durch Isländer gefangen und kam in ein englisches Museum; seitdem ist der Vogel verschollen. Es wollen ihn zwar noch mittlerweile einige isländische Fischer gesehen haben, aber ihre Angaben sind nicht zuverlässig.

Gewißheit darüber zu erhalten, ob der Vogel noch existire oder nicht, ist nur möglich, wenn man ihm selbst auf jenen Klippen einen Besuch macht, ein Unternehmen, das, wenn es überhaupt ausführbar, mit den größten Schwierigkeiten und Gefahren verbunden ist.

Diese Klippen liegen ganz frei draußen im großen Ocean und haben bei der leisesten Bewegung der See schon starke Brandung; es kann viele Jahre gänzlich unmöglich sein, an sie zu kommen. Gleichwohl hatten sich die zwei englischen Herren diese Aufgabe gestellt; sie ließen sich an einem den Klippen nächstliegenden isländischen Küstenorte nieder und wollten den Sommer über die Gelegenheit abwarten, hinauszukommen. Aber sie haben während zweier Monate vergeblich gewartet; der heurige, besonders rauhe Sommer war zu solcher Expedition einer der allerungünstigsten. Ebenso waren ihre Bemühungen erfolglos, von Nordosten Islands her, dem andern Aufenthaltsort der Vögel, die gewünschten Aufschlüsse zu erhalten. Sie hatten dorthin einen für den Zweck von ihnen instruirten isländischen Studenten geschickt, der aber auch nach mehreren Monaten zurückkehren mußte, ohne etwas unternommen zu haben. Die

Opfer dieser Herren wären eines bessern Erfolges werth ge=
wesen.

Mittlerweile kamen wir um das Cap Reykjanäs; ein hef=
tiger Nordwind, voller Gegenwind, der vorher von Ost nach
West die Fahrt beschleunigt hatte, indem wir alle Segel bei=
gesetzt haben konnten, machte nun unsern schwachen Dampfer
keuchen und stöhnen, während er dabei doch nur langsam vor=
wärts kam.

Island tritt in Südwest mit einer Halbinsel, in der Form
eines Rechteckes, heraus in die See.   Die Ostweströhtung der
Südküste bricht am Cap rechtwinklig nach Nord ab; diese Richtung
hält drei Meilen weit an, wo sie wieder nach Ost zu den Buchten
von Havnesfjord und Reykjavik hineinbiegt. Damit ist vom Cap
aus den Schiffen der Weg gezeichnet, die nach Reykjavik wollen.

Wir fuhren nun parallel der Westküste dieser Halbinsel und
hielten uns dabei dem Lande viel näher, als wir vorher gethan.
Wir sind ihm nun so nahe, daß wir über seine wahren Züge
und Colorit nicht mehr im Zweifel bleiben können.

Eine niedere, nur einige Fuß hohe Felsbank zieht sich, so
weit man sehen kann, als Küstensaum hin, dahinter bläht sich
das Land weiterstreckt in flachen Hügeln in der Form von Drei=
ecken mit langgezogener Basis; tief im Hintergrunde stehen zwei
isolirte Berge, beide mit der vollkommensten Form von Pyra=
miden; über Alles verbreitet sich aber noch dieselbe düstere Farbe
oder Nichtfarbe, die wir vorher der Entfernung Schuld gaben,
nur an den Höhen zunächst über der Küste waren einige matt=
grüne Streifen eingewoben und einige Erhöhungen daran müssen
wir um ihrer Form willen für Häuser oder Hütten halten.

Wenn über dieses weite Hügelland einmal eine reiche Wald=
vegetation verbreitet gewesen und vor Jahren durch einen furcht=

baren Brand zerstört worden wäre, so konnte eine Landesphysio=
gnomie entstehen, wie die ist, welche wir vor uns sehen. Die
zwei Berge mit ihrer Pyramidenform im Hintergrunde ent=
sprechen ganz unsern Vorstellungen von Vulcanen und es kann
nicht fehlen, daß wir sie gleich Feuer und Flammen speien
lassen, um uns die düstere Oede, in der sie stehen, und das
schwarze Colorit, mit dem sie selbst und ihre Umgebung bedeckt
sind, zu erklären. Derselbe Ton und dieselben Formen der Land=
schaft verlassen uns nun nicht mehr bis Reykjavik.

War das, was ich in den letzten zwei Tagen von islän=
discher Landschaft gesehen, allerdings nicht schön und malerisch,
so war sein Charakter doch so eigenthümlich, daß mich Alles
auf's Höchste anzog. Nachts um 12 Uhr, als wir bereits in
die Bucht von Reykjavik eingelaufen und den Ort im Angesichte
hatten, stieg ich, an Geist und Körper müde, gern in die Cajüte
hinab und suchte meine Koje, nachdem ich noch einen langen
Blick hinüber an die Küste, auf Reykjavik, geworfen — um mit
der vollen Ueberzeugung mich niederlegen zu können, da finde
ich einen Ort, da finde ich Menschen.

———

II.

Reykjavik, Hauptort.

___

Die letzte Nacht auf dem Schiffe in der Bucht von Reyk=
javik schlief ich viel ruhiger, als bisher außen in der See.
Daran ist wohl nebst dem Aufhören jenes Durcheinander von
Tönen, welche beständig die Ohren eines Dampfschiffpassagiers
beleidigen, auch die Nähe des Landes und das damit erlangte
Sicherheitsgefühl Schuld gewesen.

Reykjavik hat keinen Hafen, sondern nur eine weite offene
Bucht. Einige flache Inseln, welche weiter außen liegen, bilden
eine kaum nennenswerthe Vormauer gegen die andrängenden
Wogen des Oceans. Schiffe, die hier liegen wollen, brauchen
gute Ankerketten, sonst kommt über Nacht der Sturm und sie
stranden oder werden in die See hinausgejagt. Es gibt da
auch keine Kais und Docks, daher man dem Ufer nicht nahe
kommen kann. Unser Schiff lag, mit bedeutendem Tiefgange,
wenigstens 800 Schritte weit vom Lande.

Wir Passagiere standen schon früh 6 Uhr auf dem Deck
und erwarteten mit Schmerzen, daß die Matrosen ein Bot bereit
machen und uns an's Land bringen möchten. Doch das mußte
dem Capitän gelegen sein, und wir sollten noch lange warten.
Mir ward die Zeit nicht lang, denn ich benützte sie, um mir

Reykjavik zu besehen. Anders ging es meinen Mitpassagieren, welche zwei dänische Kaufleute, die in Reykjavik Etablissements hatten, und zwei isländische Studenten waren. Diese kannten längst Alles und waren ganz überzeugt, daß Reykjavik eine schöne Stadt, wo man, wie sie mir auf der Reise schon oft genug wiederholten, Alles haben könne, deren Häuser jeden Comfort enthielten und deren Bewohner an Bildung denen jeder Stadt des Continents gleich kämen. Diese Leute hatten große Sehnsucht, an's Land zu kommen, um wieder einmal guten Kaffee zu genießen; die Kaufleute waren überdies neugierig, wie die Handelsgeschäfte den Winter über gegangen und wie viele Thaler ihre Factoren gesammelt. Bei den Studenten waren es Herzensangelegenheiten der zartesten Natur, welche ihnen das Warten langweilig machten.

Was sich als Reykjavik präsentirt, sind Häuser und Häuschen; der erstern einige groß genug, daß man sie als Gebäude bezeichnen möchte, die andern aber von einer Art, wie die Buben auf unsern Jahrmärkten.

Die Zahl der Häuser ist ungefähr die einer kleinen deutschen Stadt oder eines Marktfleckens, der Raum aber, den sie einnehmen, ist verhältnißmäßig größer, denn sie stehen nicht dicht beisammen, und das um so weniger, je weiter gegen die Grenze des Ortes hinaus.

Die Häuser und Häuschen verbreiten sich über eine schmale Fläche, die gen Westen am Meeresstrande abschneidet, gegen Süden und Norden aber bald von den Abhängen flach ansteigender Hügel begrenzt wird. Ueber diese erstreckt sich der Ort auch noch hinauf, so weit man sehen kann. Jener Stadttheil, welcher auf der Fläche liegt, und mit einer langen Häuserreihe an den Strand herantritt, ist regelmäßig angelegt. Die Häuser stehen in graden Linien und die Straßen durchkreuzen sich im rechten Winkel. Manche der letztern ist freilich nur auf die Zukunft berechnet, und zur Zeit nur mit einem Hause besetzt, doch tragen sie hochtrabende Namen. An den Hügelabhängen hinauf halten die Häuschen auch anfangs noch Ordnung, die meisten haben vor sich einen mit einem Stacketzaun umgebenen Raum, was einen Garten zu verrathen scheint. Höher hinauf kommen sie in Unordnung, rücken weiter auseinander, und Steinblöcke, oft nicht viel kleiner als sie selbst, haben sich dazwischen gestellt.

Die bessern Gebäude finden sich fast alle auf der Fläche beisammen. Unter den Häusern, welche hart am Strande eine grade Reihe bilden und mit der Front gegen die See hinaussehen, sind mehrere zweistöckige, nach Mustern, die weit über die See hergekommen sind. Sie prunken mit Gesimsen, Thoren, Giebeln und ein lichtfarbiger Anstrich erhält in der Täuschung, als wären sie aus soliden Mauern aufgeführt.

Ein Kirchthurm, mit Linien in aus= und einspringenden Winkeln, der über die Häuserreihe herübersieht, scheint auf ein architektonisch vollkommenes Tempelbauwerk vorbereiten zu wollen.

Mit den schmucken größern Häusern bilden die andern kleinen, die sich schon auf der Ebene einzumengen beginnen und dann über die Hügel hinauf verbreiten, einen sonderbaren Contrast. Auffallend ist schon die primitive Einfachheit der Anlage, am meisten aber ihr Colorit.

Diese Häuser, im Stil von Menageriebuden, lang und niedrig, aus Brettern erbaut, sind von der Schwelle bis zum Giebel mit Theer, schwarz, die Fensterstücke und Rahmen dagegen weiß angestrichen.

Das gezierte Wesen des Ortes, welches eigen gegen die ganz schmucklose nächste Umgebung absticht, machte auf mich keinen guten Eindruck. Sehen wir einmal über den Ort hinaus auf die Landschaft.

Diese Landschaft ist schön, eine der schönsten auf Island. Auf der einen Seite der Ocean, so ruhig, als ob das so seine Art immer wäre, als ob er sich noch nie bewegt und geregt, seit er ausgegossen worden; mit einem Farbenton, in dem sich das Frühlingsgrün der Wiese und das Blau des Himmels verschmolzen haben, so eben und glatt, daß es einem gelüstet, über ihn wegzuwandern in die endlose Weite. Auf der andern Seite aber Land voll Unruhe und Bewegung, Hügel drängen an Hügel, wogen vor und zurück, eröffnen hier ein weites Thal, springen dort in die See hinaus. Land und Meer lösen einander ab, einem Streifen Land folgt ein Streifen Meer und so fort, bis in weiter Ferne das Auge beide nicht mehr aus einander zu lösen vermag. Dies Alles von einem Kranz hoher Gebirge umschlossen, das ist die Landschaft von Reykjavik.

Diese Landschaft würde selbst anderswo zu den schönen zählen, besonders wenn Sonne und Nebel zusammenhelfen, einige Modificationen darin anzubringen. Wenn der Nebel Blößen bedeckt, wenn er über die See hinwogt und über das ferne Küstenland, wenn er den Fuß der Berge umsäumt, so daß man unter seinem Schleier Feld und Wald, Wiesen und Auen und alle andern Dinge, welche zum Reiz einer Landschaft gehören, verborgen denken kann, und wenn die Sonne die schneeigen Gipfel der Berge mit ihrem Morgenlichte sonntäglich aufputzt, dann ist die Landschaft von Reykjavik sehr schön. Mir war aber nur einmal an einem Junimorgen vergönnt, sie in der ganzen Pracht zu sehen.

Das Meer und Abwechslung in der Oberflächenform erheben sie über andere isländische Scenerien, sonst theilt sie mit

diesen den gänzlichen Mangel stärkerer Vegetation, so daß sie
bei aller Wohlgefälligkeit doch den Eindruck unheimlicher Oede
erzeugt. So weit das Auge reicht, wie scharf es sieht, es findet
hier keinen Baum, nicht einen Strauch!

Aber nun hinüber nach dem Lande; Gentlemen, if you
please! wendet sich der Capitän höflich an uns Passagiere. Da
gibt es wieder eine unbehagliche Arbeit, auf der Strickleiter in's
Bot hinabzukommen, bei so unruhiger See!

Endlich sind wir doch alle glücklich im Bote und lassen
uns fortschaukeln dem Lande zu.

Indem wir uns demselben nahen, haben wir wieder Noth,
aus dem Bote heraus auf den Brückensteg zu kommen, der in
die See hineingebaut ist. Auf dem Stege sind wir noch auf
fremdem Boden. Jedes Brett, das sich auf Island befindet, ist
weit hergeführt worden über die See, von Norwegen, Dänemark
oder Deutschland.

Bei dem ersten Schritt auf das Land wurde meine Auf=
merksamkeit sogleich von einer Anzahl Eingeborenen in Anspruch
genommen. Sieben bis acht Männer umringten uns. Die
einen waren klein und schmächtig, andere groß und hager, Alle
trugen rothe Bärte unter dem Kinn durch von einer Seite zur
andern. Die meisten hatten blasse Gesichter, einige dagegen
hochrothe, ohne weiter Auffallendes in Zügen oder Mienen.
Sie standen ganz ruhig, mit den Händen in den Hosentaschen;
selbst wenn sie mit einander sprachen, thaten sie es, ohne sich
zu rühren, ohne eine Miene zu verziehen. Eben so ruhig war
ihr Blick, wenig Interesse, kaum einige Neugierde verrathend.
Ihre Tracht hatte auch wenig Auffälliges. Sie bestand aus
einem runden, niedern, mit Wachsleinwand überzogenen Hute,
Jacke, Beinkleidern und Weste; letzteres aus schwarzem Wollen=

Reykjavik.

zeug. Eigenthümlich waren nur ihre Schuhe. Ein isländischer
Schuh bedarf kurzer Zeit zur Anfertigung, und jeder Isländer
versteht das selbst. Man schneidet von einem halbgegerbten
Lammfell ein Stück ab, wie es ungefähr für die Größe des
Fußes paßt, darauf setzt man denselben, schlägt die Enden herauf
und bestimmt so Weite und Form des Schuhes; zwei Nähte,
die eine vorn zum Riste, die andere hinten über die Fersen
machen den Schuh fertig. Nur für Sonntagsschuhe verwendet
man noch die Mühe und Kosten, sie mit Bändern zu säumen.
Diese Schuhe gewähren wenig Schutz gegen die Unebenheiten
des Bodens, und man glaubt selbst die Steine zu fühlen, auf
welche man die Leute treten sieht.

Da ich mit der Betrachtung dieser Isländer bald fertig
war und mich auch sonst nichts hinderte, weil mein Gepäck auf
dem Schiffe zurückgeblieben, so folgte ich um so lieber gleich
einem isländischen Studenten und Kaufmannssohn von Reykjavik in meine Wohnung, wohin mich zu führen derselbe sich
mit gewohnter nordländischer Freundlichkeit erboten hatte. Es
gab dahin einen ziemlich langen Weg; das Haus lag an dem
einen südlichen Hügelabhange, weit zurück gen Osten.

Wir waren ungefähr in der Mitte der Häuserreihe, welche
sich am Strande hinzieht und vor welcher eine breite Straße
läuft, an's Land gekommen. Unser Weg führte erst gegen
Süden an den Häusern vorbei. Es waren, wie ich mich jetzt
überzeugte, die größern Wohnhäuser der Kaufleute, die kleinern
Lagerhäuser und Verkaufsläden.

Meine neugierigen Blicke in das Innere der Wohnungen
belehrten mich auch, daß ich bezüglich ihrer Einrichtung von
meinen Mitpassagieren nicht falsch berichtet worden war. Es
war leicht, diese Beobachtung zu machen, da Hochparterre in

Reykjavik nicht vorkommt. Die Kunde, daß die Passagiere des Dampfbotes an's Land gekommen und darunter der schon erwartete Deutsche, hatte sich bereits durch den Ort verbreitet, so daß ich manches Fenster mit den Köpfen schöner neugieriger Reykjavikerinnen besetzt fand. Ihre blauen Augen schauten schon nicht mehr so gleichgiltig drein, wie die der Männer, welchen ich vorher am Strande begegnete.

Am Ende der Häuserreihe bogen wir in eine andere Straße ein, welche vom Strande weg in den Ort hineinläuft. Hier sah ich bald meine Ahnung sich erfüllen: zwei mächtige Crinolinen mit jungen isländischen Damen bewegten sich uns entgegen und füllten fast die ganze Straße aus, kaum blieb Raum, an denselben vorbeizukommen. Ich hatte zwar, bevor ich nach Island gekommen, auch nicht geglaubt, daß die Eisbären hier auf der Straße spazieren, doch keineswegs so hoch im Norden das Vorkommen des Reifrockes erwartet.

Endlich kam wieder etwas Neues für mich, nämlich ein Stück origineller isländischer Weibertracht. Es war eine Zipfelhaube auf dem Kopfe eines Dienstmädchens. Diese Kopfbedeckung der Isländerinnen ist ein Mittelding zwischen einer Zipfelhaube, wie sie die Bauern auf der baier'schen Hochebene unter dem Hute tragen, und einem türkischen Feß. Sie reicht nicht bis zum Gesicht herein, sondern in dem Haare mit Nadeln befestigt bedeckt sie fast nur das Hinterhaupt und an ihrem Ende hängt an einer mit einem Silber- oder Goldstreifen umfaßten Abschnürung eine lange aufgelöste Quaste bis auf die Schultern herunter.

Diese Haube ist das einzige noch im gemeinen Gebrauch gehende Trachtstück auf Island. Die übrige Kleidung des schönen Geschlechts ist völlig modernisirt. In Reykjavik trägt die Zipfel-

haube auch die demi-monde, und wird dieselbe von ihren In=
haberinnen oft mit viel Geschick zum Cokettiren benutzt.

Schöne Gesichter finden sich bei den isländischen Mädchen
ziemlich selten, eher, so lange dieselben im Alter unter fünfzehn
Jahren stehen. Sie sind meistens blaß und hager, oder auch
bausback und hochroth bis zum Bläulichen. Eine stumpfe Nase
ist typisch, dagegen besitzen sie oft ein reiches lichtgelbes Haar,
welches ihnen, gewöhnlich nur zum Theil in Zöpfe gebunden,
und das übrige frei über die Schultern herabwallend, neben den
blauen Augen schön läßt. Ebenso rühmen sie sich einer schlan=
ken Taille und kleiner Füße. Wenn nun letztere Eigenschaften
alle vereinigt und die Fehler ausnahmsweise nicht vorhanden
sind, wie man es in Reykjavik ziemlich oft beobachten kann,
dann muß das cokettisch schief getragene Häubchen die islän=
dische Schöne vollenden.

Mittlerweile war ich an meiner Wohnung angelangt, einem
kleinen schwarzen Häuschen. Bevor ich es betrat, machte ich
die Bemerkung, daß der Raum vor den Häusern in Reykjavik,
welcher mit einem Stacketenzaun umgeben ist, nicht eben ein
Gemüse=, noch weniger ein Blumengarten, sondern ein Kartoffel=
feld ist.

Nun lade ich den freundlichen Leser ein, sich zu mir auf
mein Stübchen zu begeben. Einen Stuhl habe ich ihm anzu=
bieten, wenngleich ich ihn bitten muß, denselben etwas vorsichtig
zu behandeln, da er eben nicht erst aus den Händen des Schrei=
ners gekommen; doch hoffe ich, daß er ihn so lange trägt, als
ich Zeit bedarf, ihm einige weitere Notizen über die isländische
Hauptstadt und ihre Einwohner zu geben.

Bekanntlich haben die Normänner auf ihren Fahrten in
dem nördlichen Ocean, wobei sie schon Grönland und die

nördlichen Küsten von Nordamerika kennen lernten, auch Island aufgefunden. Sie kamen in die Bucht von Reykjavik. Drei Viertelstunden nordöstlich von dem jetzigen Orte befindet sich eine heiße Quelle, aus der beständig Dampfwolken in die Luft aufsteigen. Die Normänner, welche zuerst hierherkamen, sahen auch diesen Dampf der Quelle und nahmen davon Veranlassung, die Bucht Rauchbucht zu nennen; Reykja bedeutet nämlich in der altnordischen und noch in der isländischen Sprache Rauch und Vik ist unsere Bucht. Der Name blieb dann auch der an der Bucht entstandenen Ansiedlung.

Auch der Name „Island," Eisland schreibt sich von einer ähnlichen Veranlassung her.

Jene Schifffahrer fanden zuerst den von tiefen Meerbusen zerschnittenen nordwestlichen Theil von Island, der als Halbinsel mit dem Hauptlande nur durch eine sehr schmale Landenge zusammenhängt. Sie trafen dort einen weit in's Land eindringenden Busen in später Sommerzeit noch mit Eis erfüllt und nannten daher das neugefundene Land Eisland und jenen Busen Eisbusen (Isefjord).

Die Namen der isländischen Orte oder vielmehr Einöden sind sonst sehr einfach und wiederholen sich häufig die gleichen. Es heißen viele Orte schlechtweg „Stadir," Stätte, Platz, „Steinstadir," steiniger Platz, andere „Holar," Hügel, oder Nupr, was einen höhern Hügel bedeutet. In wenigen solcher Bezeichnungen ist der Name des ersten Besitzergreifers aufgenommen, wie es bei den deutschen Ortsnamen so oft der Fall ist.

Reykjavik war schon am Anfange dieses Jahrhunderts eine der bedeutendsten Handelsstationen auf der ganzen Insel. Auch eine größere Zahl von Fischerfamilien hatte sich hier schon beisammen säßig gemacht, aber seine jetzige Bedeutung erlangte es

erst, als es der Siß der höchsten weltlichen und geistlichen Stellen
und der Schulen wurde. Die Zahl der Einwohner des Ortes
betrug im Jahre 1801 nur 307.

Die ganze Südküste von Island, deren Anblick von der
See aus ich im vorigen Abschnitte geschildert habe, bietet auf
einer Erstreckung von 120 Meilen keinen Plaß, wo Schiffe auf
mehrere Tage einen gegen Stürme gesicherten Aufenthalt finden
könnten.

Erst über dem südwestlichen Ende der Insel, das in Form
eines Rechteckes vorspringt, finden sich die Buchten von Havne=
fjord und Reykjavik, welche als Häfen benußt werden können.

An der Nordost= und Nordwestseite der Insel finden sich
viele solcher Plätze, und zwar von der günstigsten Art. Dort treten
hohe Berge an die Küste heran, und die Busen sind gleichsam
nur mit Meer erfüllte Thäler. Allein die Communication mit
dem Lande kann wegen des dort sich länger haltenden Polar=
eises erst in späterer Jahreszeit beginnen, während im Süden
selbst der Winter den Schiffen kein Hinderniß sett, sich zu
nähern.

Auch diese Verhältnisse wären indeß nicht vermögend ge=
wesen, Reykjavik zum Hauptorte zu machen; denn die weite
Bucht von Reykjavik ist bei Weitem nicht so günstig, als das
drei Meilen südlicher und darum schon vortheilhafter gelegene
Havnefjord, welches durch die eng umschließenden Hügel und
die große Tiefe des Meeres bis nahe an das Land den besten
Hafen ersetzt.

Auch für die Umgebung Reykjaviks hatte die Natur nichts
gethan, was die Hebung des Plaßes hätte begünstigen können.
Diese Umgebung bildet einen der sterilsten Flecken auf ganz
Island.

Die Hügel, auf welchen Reykjavik zum Theil liegt, setzen mit langgezogenem Rücken fort, einer am andern, nach verschiedenen Richtungen. Die seichten Thäler dazwischen sind mit Sümpfen erfüllt' und über die flachen Seiten und die weiten Plateaus auf den Rücken derselben verbreitet sich der Schutt des dunkeln Lavagesteins, aus welchem ihre Grundfeste besteht; dort und da klebt noch ein Rasenstück, Reste der allgemeinen Decke, die einmal das Ganze überzogen zu haben scheint, und in der Ferne ragen ungeheure Blöcke auf, gleich Häusern oder Thürmen. Auf zwei Stunden trifft man in dieser Richtung von Reykjavik keinen größern Flecken culturfähigen Bodens, so daß die nächsten Anwohner des Ortes, sowie die von Reykjavik selbst zu ihrer Erhaltung immer auf die nahe See, auf den Fischfang, angewiesen waren.

An Reykjavik und seine Umgebung knüpfen sich für die Isländer auch keine historischen Erinnerungen. Hier war nie eine Wahlstatt, wo alte Normännerhäuptlinge eine Fehde ausgefochten hätten. Hier war nicht die geringste Thingstätte, wo ihre Vorfahren zum Rathe zusammengekommen und über Verbrecher zu Gericht gesessen. Die zwei alten Bischoffsitze, hohe Verehrungsgegenstände der Isländer, waren weit davon, der eine über dem Gebirge, im Nordlande. Ja nicht eine Spukgeist- oder Elfengeschichte, wie sie sonst in Island fast an jedes Haus oder jeden Felsen sich knüpfen, weiß man von Reykjavik zu erzählen.

Um dieser gänzlichen Dunkelheit willen, in welcher der Ort immer geblieben, sehen die Isländer von wo anders her noch jetzt mit scheelen Augen auf dessen Emporkommen und machen ihrem Groll in Witzen und Spottgedichten Luft.

Andere Umstände waren also Veranlassung, daß Reykjavik der Hauptort der Insel wurde.

Die katholischen Kirchengüter, welche nach Einführung der Reformation vom Staate eingezogen wurden, hat derselbe zum Theil zur Dotation von Schulen und Beamtenstellen verwendet. Auch in der fernern Umgebung Reykjaviks erhielt der Staat Domänen aus solchen Gütern und diese wurden nun in Folge des Bedürfnisses schnellerer Communication mit dem Mutterlande, wie sie die Nähe Reykjaviks ermöglichte, zur Ausführung obiger Zwecke benutzt.

Auf diese Weise kam schon in früherer Zeit der Sitz des obersten Regierungsbeamten, des Oberlandesgerichtes, der Schulen und am Ende des vergangenen Jahrhunderts auch der Sitz des Bischofs, dieser durch Gütertausch, in die Nähe von Reykjavik.

Dasselbe Bedürfniß der Communication führte dann auch dazu, daß man die genannten Institutionen an einem Orte vereinigt wünschte, was die Anlage einer Stadt erforderte. Da war nun Reykjavik im Süden der einzige Platz, welcher außer einem doch hinlänglich gesicherten Aufenthaltsorte für die Schiffe solche Bodenbeschaffenheit bot, welche die Anlage eines größern Ortes möglich machte.

Mit der Vereinigung der höchsten Stellen und der einzigen Bildungsanstalten der Insel an dem Handelsplatze Reykjavik waren auch die Bedingungen für die Existenz einer größern Zahl von Familien gegeben; indem die Beamten noch durch Erleichterung der Ansässigmachung Ansiedler hinzuziehen suchten, ward Reykjavik zum nunmehrigen Städtchen emporgehoben und der erste, größte und wichtigste Ort der ganzen Insel.

Wenn man die Straßen Reykjaviks durchwandert, so erhält man zwar nicht den Eindruck, den ein deutsches Städchen macht, und daran ist besonders die Außenseite und die Bauart der Häuser Schuld. Diese verrathen zu sehr, daß sie doch eigentlich nur Bretterbuden, wenngleich mit doppelten Wänden. Die meisten sind, wie gesagt, sehr niedrig und dabei langgestreckt; man sucht nämlich hier Raum in der horizontalen Richtung zu gewinnen, durch Gemächer neben einander, nicht wie bei uns in der verticalen, durch Stockwerke über einander. Es kostet in Reykjavik der Baugrund nichts, und hohe Häuser würden sich auch bei den fast nie schweigenden Winden als unpraktisch erweisen.

Das einzige Wohnungsgebäude des Stiftamtmanns und die Kirche in Reykjavik sind ganz aus Backsteinen aufgebaut, und einige andere Häuser stehen auf einer gemauerten Grundfeste. Außerhalb Reykjavik ist nur ein einziges gemauertes Gebäude auf Island, nämlich die Kirche an dem ehemaligen Bischofssitze Holar im Nordlande.

Reykjavik hat sein reiches und sein armes Quartier, eine Alt= und eine Neustadt, seine Paläste und seine Hütten.

Im Jahre 1855 zählte Reykjavik 1354 Einwohner, jetzt wahrscheinlich die vollen 1400.

Der Flächenraum der ganzen Insel Island beträgt 2000 Quadratmeilen. Werden alle die kleinen Einbuchtungen an der Küste weggerechtet, so bleiben circa 1800 Quadratmeilen, also immerhin noch 400 mehr, als das Königreich Baiern besitzt. Darauf leben 63,000 Menschen.

Die Insel, der Krone Dänemark einverleibt, ist politisch in drei Aemter abgetheilt, oder, wie wir sagen würden, Regierungsbezirke. Ein Amt ist im Südlande, ein anderes im Westlande und ein drittes im Nord= und Ostlande.

Die drei Vorstände dieser Aemter (Amtmänner) sind ganz

unabhängig von einander. Der Amtmann des Südlandes zeichnet sich nur dadurch vor den andern aus, daß er allein mit dem Bischofe die Verwaltung der geistlichen Dinge der ganzen Insel zu besorgen hat. Er führt darum den Titel Stiftsamtmann.

Jedes Amt ist wieder in mehrere kleinere Districte, Syssel, getheilt. Der Beamte eines solchen Districtes, der Syffelmann, ist zugleich Richter, Polizei- und Steuerbeamter. Jedes Syssel zerfällt in mehrere Gemeinden, Hreppe, deren Vorstände, Hreppstorri, die Bauern aus sich durch Wahl bestimmen.

Für die Insel besteht ferner ein oberster Gerichtshof, aus einem Vorstande und zwei Assessoren zusammengesetzt; eben so ein Obersteuerperceptionsamt, die Landvogtei.

Ueber ganz Island sind zehn praktische Aerzte vertheilt, deren mancher einen Bezirk von der Größe eines kleinen deutschen Königreiches hat. Für die Leitung des Medicinalwesens ist ein Landphysikus bestellt.

In kirchlicher Beziehung bildet die ganze Insel ein Bisthum, „Stift.“ Dies zerfällt in Probsteien und Pfarreien. Die Grenzen einer Probstei fallen mit denen eines Syssel zusammen, und deren Vorstand wählen die Pfarrer aus sich.

Von Bildungsanstalten bestehen für ganz Island eine Lateinschule und eine Theologenschule. An der erstern sind ein Rector und fünf Professoren thätig und ist die Dauer der Studienzeit sechs Jahre. Das Absolutorium von dieser Schule befähigt zum Uebertritt an eine höhere Lehranstalt, behufs eines Fachstudiums. An der Theologenschule sind drei Professoren angestellt; der Besuch ist auf zwei Jahre festgesetzt.

Reykjavik ist der Sitz des Stiftamtmannes mit einem Secretär, des Oberlandesgerichtes, des Obersteuerbeamten, des Landphysikus, des Bischofs mit Secretär und der Schulen; ferner sind da ein Syffelmann und ein Probst.

In Reykjavik sind breizehn Kaufleute, Isländer, Dänen und ein Deutscher aus Hamburg. Die leßtern wohnen selbst nicht dort, sondern besuchen nur im Sommer die Insel; die Geschäfte führen ihre Factoren.

An dem Orte ist die Apotheke für das Südamt und die königliche Buchdruckerei.

Von Handwerkern finden sich hier ein Buchbinder, ein Sattler, ein Bäcker (Deutscher), ein Goldschmied, ein Schmied, ein Spängler (Deutscher).

Es erscheint eine isländische Zeitung (Monatsblatt, betitelt „Der Nationale"), und deren Redacteur wohnt da.

In Reykjavik ist das einzige Gasthaus auf Island, im Besiß einer Actiengesellschaft. Die noch übrige Bevölkerung nährt sich hauptsächlich vom Fischfang. Ein nahes Torfmoor, Laden der Schiffe, Fremdenführung geben auch noch Einzelnen Verdienst.

So glaube ich denn dem Leser einen Ueberblick von der Art der Bevölkerung der isländischen Hauptstadt gegeben zu haben.

Außer dem Stiftsamtmann, nunmehr Graf Drampe, mit seiner Familie und den dänischen Factoren der Kaufleute besteht diese Bevölkerung ganz aus geborenen Isländern. Weder der Aufenthalt auf dieser Insel, noch hohe Besoldungen sind für die Dänen verlockend, hier Staats= oder Kirchendienst zu suchen. Dazu kommt, daß die isländische Sprache, Gerichts= und Kirchensprache, welche von dänischen Zungen, von dem Weichen und Abgeschliffenen ihrer Sprache verwöhnt, sehr schwer zu ge= brauchen ist. Dagegen haben die meisten isländischen Beamten

3*

und die Lehrer an den Schulen ihre Studien in Kopenhagen gemacht, und da die Isländer fast nur, wenigstens auf längere Zeit, mit Dänen in Berührung kommen, und zudem sehr viele Neigung haben, fremdes, geschliffenes Wesen anzunehmen, so kam es, daß in Reykjavik allgemein, auch in rein isländischen Familien, trotz der sonstigen Abneigung gegen das Dänenthum, die dänische Sitte herrschend geworden.

Diese Sitte ist zu verwandt mit der norddeutschen, als daß es nothwendig wäre, mehr davon zu sagen. Ich bemerkte, daß man in Reykjavik Alles davon bis in's kleinste Detail nachzuahmen bestrebt ist, wobei es aber oft nur bei einem wenig gelungenen Versuche bleiben muß. So hat man die Abend= theegesellschaften auf's Genaueste copirt, bis auf's Töchterchen des Hauses, welches auf dem Clavier klimpert und die Lieder vom Dachstein und schönen Steiermark singt.

Gleichwohl ist es sonst mit der Musik in Island sehr schlecht bestellt; es gibt da nur einen einzigen musikalisch ge= schulten Mann, den Organisten von Reykjavik.

Alle Nordländer sind bekanntlich große Liebhaber von gei= stigen Getränken und in diesem Punkte stehen die Isländer ihren Stammesbrüdern wohl nicht nach. Davon kann man sich schon in den Straßen Reykjaviks überzeugen.

Viele Isländer haben die Ansicht, in Reykjavik sei eine größere Sittenverderbniß als anderswo im Lande, und das sei eine nothwendige Folge der „großen Stadt," wie das auch in Paris und London der Fall. Es wurde einmal ernstlich in Frage gezogen, ob man die Schulen nach Reykjavik verlegen könne, denn die Jünglinge möchten leiden unter der Corruption der Hauptstadt! Dort ist eine Kneipe, wohl die einzige gefähr= liche Klippe für die studirende Jugend.

Ein Gutsbesitzer des Nordwestlandes, gewiß einer der wackersten Männer und tüchtigsten Oekonomen auf der Insel, sagte mir: Die Indolenz der dänischen Regierung und der übermäßige Genuß von Branntwein und Kaffee seiner Landsleute seien ihr Nationalunglück. Der Mann wird Recht gehabt haben. Wie die Chinesen mit Opium, so versetzen sich die Isländer durch dänischen Fusel in einen Zustand irdischer Seligkeit; zwar nach ihrem Grundsatze: Wir haben sonst kein anderes Vergnügen.

Der Winter muß in Island freilich eine sehr langweilige Zeit sein, nur sechs Stunden Licht, kein wahrer Tag. Da vertreibt man sich in Reykjavik die langen Abende durch Visiten und das Lesen von deutschen und französischen Romanen in dänischen Uebersetzungen. Manchen Winter hat sich auch schon das junge Volk durch theatralische Vorstellungen, die im Gasthause aufgeführt wurden, abgekürzt. Bälle, wobei die Musik eine Drehorgel besorgt, gibt es immer mehrere für die verschiedenen Classen der Gesellschaft; so gibt es einen Ball der Dienstmädchen.

Der Frühling schmückt auf Island keinen Baum mit grünem Laub und rosigen Blüthen, er weckt nicht den Lerchengesang auf den Fluren, es kehren die Schwalben nicht wieder, aber Schiffe kehren wieder, mit Zeitungen, Büchern, manchmal mit englischen Touristen und deutschen Gelehrten. Der Kreislauf geistigen Lebens zwischen Island und Europa, der den Winter über gestockt hatte, beginnt wieder. Das ist ganz ein anderes Frühlingswehen auf dieser nordischen Insel als bei uns.

Fremde werden in Reykjavik, besonders wenn sie in wissenschaftlichen Zwecken dahin kommen, auf's Zuvorkommendste behandelt. So waren wir Deutschen zu wiederholten Malen Gäste des Stiftamtmanns, des Bischofs, und zu unserm Abschiede lud uns die ganze Honoratiorenwelt zu einem Abschiedsfeste im Gasthofe.

Bei einem Diner in Island wird ziemlich viel getrunken und werden viele Reden gehalten. Was der Süddeutsche lustig oder gemüthlich nennt, kennt man nicht. Der Angriff auf die Flüssigkeiten geschieht immer in Colonnen. Von den Zweien, welche sich zutrinken, ist Jeder verpflichtet, für sich sieben bis acht Andere oder die ganze Versammlung als Zeugen aufzubieten für den vorzunehmenden Act, und da die Zeugenschaft im Mittrinken besteht, so wird immer fast die ganze Tafel in Mitleidenschaft gezogen. Die Toaste, welche die Zeiträume zwischen dem Trinken ausfüllen, entwickeln sich gern zu langen Panegyriken der Gesellschaftsmitglieder unter einander.

Außerdem wird man aber leicht eine Reihe von Zügen entdecken, sowohl in den physischen als geistigen Seiten dieses Volkes, welche Zeugniß geben, daß hier noch ein echtes Zweiglein der großen germanischen Völkerfamilie lebt, eben so berufen zu einem höhern Culturleben und geistiger Weltherrschaft, wie das Ganze, dessen ein Theil es ist. Dieses aber weiter auszuführen, ist nicht meine Aufgabe, ich werde dagegen versuchen, den Leser zu einem Tagesritt in's Innere der Insel vorzubereiten.

III.

Das Land.

Die Art, ein Land zu bereisen, hängt sehr von der Beschaffenheit seiner Oberfläche ab. Ich habe dem Leser versprochen, ihn auf einem Ritt in's Land mit mir zu nehmen.

Man muß in Island reiten, es ist dort auf keine andere Art fortzukommen, als zu Pferde. Ein Wagen oder ein Weg für einen Wagen existiren durch die ganze Insel nicht. Ein Wandern zu Fuß nur auf wenig erhebliche Strecken, etwa von einem Hause zum Nachbarhause, würde manchmal eine Unmöglichkeit sein.

Man denke sich ein Land von einer Größe, welche die des Königreichs Baiern noch ziemlich übertrifft. Dieses Land wäre ganz mit Gebirgen erfüllt, welche an Höhe dem Harze oder Riesengebirge gleich kämen, in einzelnen Gipfeln dieselben aber noch überträfen. In den Thälern strömten Flüsse, welche an Wassermenge dem Main, der obern Donau, an Schnelligkeit des Laufes aber den reißendsten Alpenflüssen, wie dem Inn oder der Isar, gleich wären.

Ein solches Land denke man sich ohne Straßen und Brücken, die menschlichen Wohnungen darauf zwei bis drei Stunden, ja mitunter eben so viele Tagereisen von einander entfernt, so hat man ein ungefähres Bild von Island.

Nur den Wald, welcher die deutschen Landschaften und Gebirge schmückt, darf man in dieses Bild nicht aufnehmen.

Der Abgang der Wälder ist aber von großer Bedeutung beim Reisen in einem Lande, in welchem es nicht Straßen und Brücken gibt.

In einem solchen Lande hat begreiflich die Nachbarschaft viel weitere Grenzen als wie bei uns. Auf vier, fünf und noch mehr Stunden begegnen sich dort die Leute mit dem wärmern Händedruck des Nachbarn.

Nehmen wir eine Karte von Europa in die Hand und besehen uns darauf Island. Es liegt hoch oben in dem Ocean, der Europa von Amerika scheidet und der Atlantische heißt. Ehe sich derselbe in dem weiten Raume an dem Nordpole ausdehnt, wo die Grenzen der Continente sich im ewigen Eise verbergen, liegt zwischen Norwegen und Grönland die Insel „Eisland" ausgebreitet, gleichsam eine Brücke zwischen der alten und neuen Welt.

Ein Punkt, in der Mitte der Insel gedacht, liegt 80 Meilen von einem nächsten Punkte an der Küste Grönlands, 180 Meilen von einem an der Küste Norwegens, 140 Meilen vom Cap Wrath, dem äußersten nördlichen Ende Schottlands, und 60 Meilen von den Färinseln.

Der Meridian von Ferro durchschneidet Island in der Art, daß die eine Küste 7 Grad westlich, die andere 4 Grad östlich davon liegt. Seine Breite ist vom 63sten bis zum 66sten Grade nördlich des Aequators.

Die große Insel ist aber auf der Karte nur ein kleiner Fleck, den wir mit dem Daumen zudecken mögen. Die Größe

hängt da vom Maßstab der Karte ab. Verzeichnet findet man
daran gewöhnlich nur außer einigen Caps den Ort Reykjavik,
den Berg Hekla und einige weitere Striche, die anzeigen sollen,
daß das Land gebirgig ist. Ihrer Form nach bildet die Insel
ein Rechteck, welches sich nach dem längern Durchmesser von
Nordost nach Südwest erstreckt. In Nordwest hängt eine durch
Meerbusen vielfach zerschnittene Halbinsel am Hauptlande. Die
Länge des letztern von Nordost nach Südwest beträgt circa fünf-
undvierzig, die Breite dreißig geographische Meilen.

Wie groß auch nun dieses Land auf der Karte erscheinen
möchte, das, was von demselben bewohnt wird, ist im Verhältniß zum Ganzen sehr wenig. Es ist ein kaum einige Meilen
breiter Saum, der Küste entlang, um einen ungeheuren unbewohnten innern Kern.

Am schmalsten ist dieser Saum in einer Erstreckung. von
circa fünfundzwanzig Meilen an der Südostküste, wo die hohen
Gletscherplateau's fast unmittelbar aus der See aufsteigen, wie
ich das schon geschildert habe. An den andern Grenzen des
Hauptlandes steigen die Wohnungen in manchen Thälern tiefer
in's Innere hinauf, aber am weitesten auch nur sieben bis acht
Meilen.

Auch auf der ganzen nordwestlichen Halbinsel kann nur
der unmittelbare Küstensaum, oder eigentlich der Fuß der Berge,
ehe sie sich im Meere verbergen, bewohnt werden.

Wenn man vom Flächenraum der ganzen Insel (1800
Quadratmeilen) 900 Quadratmeilen als durchaus steril, wie
die Gletscher, das mit Steinschutt bedeckte Hochland und die Felsen in Abzug bringt, so bleiben noch 900 Geviertmeilen als
bewohnbares Land. Unter diesen 900 Meilen sind aber ungeheure Striche, welche den Bewohnern nur als Weide für Schafe

und das nur höchst spärlich, nutzbar werden. Auch dieses wohn-
und nutzbare Land ist durchaus mit Gebirgen erfüllt, und nur
in ganz kleinen Bezirken, in West und Südwest, sinken die
Berge zur Höhe von Hügeln herab, die aber wegen ihres felsigen Grundes der Cultur hinderlich sind.

Tirol hat circa 850,000 Einwohner. Wäre der bewohnte
Theil dieses Alpenlandes durchaus in eine Höhe von 3000 bis
4000 Fuß über die Meeresfläche hinaufgerückt, so möchte seine
Bevölkerung um die Hälfte geringer sein. Bei einer solchen
Höhenlage würde es aber, abgesehen von andern Einflüssen, ein
Klima ähnlich dem von Island haben. Würde Island in dem
Maße wie Tyrol, mit der angenommenen Höhenlage, bevölkert
sein, so möchte es ungefähr eine Million Einwohner zählen.

In der Natur ist nirgends Willkür oder Unordnung, bei
allen ihren Hervorbringungen ist sie nach Gesetzen verfahren,
wenn der Mensch dieselben auch nicht überall aufzufinden und
darzulegen vermag. Auch in der Gestaltung der Oberfläche
eines Landes, im Bau der Gebirge, in deren Vertheilung, An-
ordnung und Form ist eine Gesetzmäßigkeit zu erkennen.

In Island kann man vier Hauptgebirgszüge unterscheiden,
einen südöstlichen, westlichen, nördlichen und nordwestlichen. Am
untern Laufe des größten Flusses der Insel, im Süden, erhebt
sich mit zwei mächtigen Grenzpfeilern, dem Hekla und dem
Eyjafiallajökul, ein Gebirgszug in einer Breite von acht Meilen,
der von da in ostostnördlicher Richtung fortsetzt. Erst kleinere
Gebirgstöcke oder Rücken an einander reihend, schließt er sich
bald in der unbekannten Gletscherwüste des Klofajökul (Kluft-
gletscher) zu einem einzigen, 150 Geviertmeilen, fast die halbe
Breite der ganzen Insel einnehmenden Gebirgstock zusammen.
Ueber dem nördlichen Rande dieses Eisplateau's, welcher in

einer Erstreckung von achtzehn geographischen Meilen in westlicher Richtung vom Innern der Insel an die Ostküste hinüberzieht, setzt derselbe Gebirgszug in einzelnen Kegelbergen und Rücken an die nordöstliche Küste fort.

In diesem Südostgebirge erhebt sich die Insel am höchsten. Der Südrand des Klofajökul steigt in dem Eisgewölbe des Oräfa bis zu 6000 Pariser Fuß Höhe über die Meeresfläche auf. Fast das ganze Gebirge ist vulcanisch, und von hier gingen die größten Verheerungen aus, welche die Insel im Laufe der Jahrhunderte betroffen haben. In diesem Gebirge sind die Vulcane Hekla, Eyjafiallajökul, Skaptarfelljökul, Oräfa, Trollabyngja, Herbubreid. Die letztern beiden ergossen die größten Lavaströme, die nun einen Flächenraum von einem halben Hundert Quadratmeilen bedecken.

Der westliche Gebirgszug erhebt sich nördlich von Reykjavik an zwei engen, tief eingeschnittenen Meerbusen mit dem Esja- und Skarbgebirge zu einer ansehnlichen Höhe, mit einer Breite von fünf Meilen. Er zieht, anfangs mannigfach gegliedert, in Ost-Nord-Ostrichtung fort, schließt sich aber auch bald in den Eisplateaus, erstlich des Längajökul, dann östlicher, in der Mitte der Insel, des Arnafells- oder Hofjökul, zu einzigen ungeheuren Stöcken zusammen. Der Ostrand des Hofjökul steht dem Westrande des Klofajökul gegenüber. Zwischenburch steigt das Thal der Thiorsau herauf, zum berüchtigten Sprengisandewege, vom Süd- nach dem Norblande.

Im westlichen Theile dieses Gebirges finden sich manche freundliche Wiesenthäler, wie die Berge oft in kühnen imposanten Formen aufstreben, so daß dort und da großartige und dabei anmuthige Alpenlandschaften entstehen.

In seiner mittlern Region ist das Gebirge größtentheils

vulcanisch und finden sich da ausgedehnte Lavaströme, welche aber alle der vorhistorischen, jener Zeit angehören, wo die Insel noch nicht aufgefunden und nicht bewohnt war.

Nördlich vor diesem Gebirge und noch zum Theil an den Abhängen des Klofajökul, breitet sich ein weites Hochland aus. Dieses Hochland streckt sich mit einer mittlern Höhe von 1600 Pariser Fuß über dem Meere, mit einer Breite von zehn bis zwölf und einer Länge von fünfundzwanzig bis dreißig geographischen Meilen, von West nach Ost. Seine Oberfläche in langgezogenen Hügelrücken wellig gebrochen, ist ganz mit feinern und gröbern Gesteinstrümmern bedeckt, völlig steril. Deren östliches Drittheil nehmen die Lavamassen des Trölladyngja und Herdubreid ein.

Einige tiefe Felsschluchten schneiden quer in dieses Hochland. In ihnen sammeln sich die Wasser von den dahinter liegenden Eisplateau's zu mächtigen, milchweißen Gletscherflüssen, um zu dem nördlichen Meere hinabzuströmen.

Die Ränder dieser Schluchten werden allmälig höher, auch quer eingeschnitten, und vermitteln so die Verbindung des Hochlandes mit dem Gebirge des Nordlandes.

Das nördliche Gebirge läßt ein eigenes abgeschlossenes Ländchen entstehen, welches, wie geographisch, so auch hinsichtlich der Bevölkerung, so manches Eigenthümliche gegen andere Theile Islands besitzt.

Dieses Gebirge ist durch viele von Süd gegen Nord ziehende Thäler, welche sich in langen Meerbusen fortsetzen, vielfach zerschnitten und gegliedert. Die Plateauformen treten an seinen Bergen zurück gegen Gipfel und Rückenformen. Selbst Kammformen kommen vor. Der Vegetation bietet es eine viel entwickeltere und größere Oberfläche, als das an irgend einem

Steinstadt im Degnadalr, Nordland.

andern Theile der Insel der Fall ist. Nur wenige Gipfel erreichen die Grenzen des ewigen Schnees; die meisten Berge sind
mit Weiden bedeckt und rahmen Thäler ein, deren Sohle fette
Wiesen bildet.

Diese Thäler und die breiten Säume der Meerbusen sind
reich mit Ansiedlungen bedeckt, bis tief in's Innere hinein, und
so kommt es, daß der Reisende wider sein Vermuthen im Norden
der Insel ein Gebirgsländchen findet, das die bevölkertsten und
cultivirtesten Districte des ganzen Landes enthält. Daran ist
aber die Gestaltung der Landesoberfläche Schuld.

Nur ein kleiner Theil des nördlichen Gebirges, an seiner
Grenze gegen das Hochland im Osten, am See Mywatn (Fliegensee) ist vulcanisch, doch ruht die vulcanische Thätigkeit da,
außer in den heißen Schwefel erzeugenden Quellen, auch schon
seit vielen Jahrhunderten.

Ein vierter größerer Gebirgszug erfüllt die nordwestliche
Halbinsel, welche, von tiefen Busen zerschnitten, nicht unähnlich
einer Riesenkrebsscheere, sich in's Meer hinausstreckt.

In diesem Gebirge ist das Auftreten des basaltischen Ge-
steins, aus welchem die Insel besteht, in horizontal erstreckten
Lagen am großartigsten und deutlichsten entwickelt. Daher die
Gestaltung des Gebirges. Entweder sind die bis zu 2000 Pariser Fuß und darüber aufgeschichteten Lagen grade, senkrecht abgeschnitten, so daß am Fuß ihrer Berge zum Meere ein kaum
einige hundert Schritte breiter Saum übrig blieb, den die
Menschen für ihre Niederlassungen benutzen konnten, oder sie
bilden regelmäßige Terrassen von der schönsten Treppenform,
welche zu oberst in weiten Plateau's endigen. In zwei Punkten,
im Glamu und Drangajökul (1941 Pariser Fuß) steigt das
Gebirge über die Grenze des ewigen Schnees hinauf. Die

Bewohner dieses Landtheiles sind als die besten Schiffsleute gerühmt, denn hier ist das Meer fast die einzige Straße.

Südlich von der großen nordwestlichen Halbinsel tritt eine andere kleinere als ein schmaler, aber sehr langer Streifen in das Meer hinaus. Diese Halbinsel ist mit einem Gebirge erfüllt, welches mit den bisher beschriebenen in keiner unmittelbaren Verbindung steht.

Im äußersten Westen dieser Halbinsel erhebt sich die Gletscherpyramide des Snaefellsjökul zur Höhe von 4300 Pariser Fuß und leuchtet geisterhaft weit hinaus in den Ocean. Von da setzt das Gebirge an fünfzehn Meilen in Rücken und Kegelformen nach Osten fort, bis es an dem hehren Trachytkegel des Bäula gegen das Innere sein Ende findet. Der Snaefellsjökul ist ein Vulcan und über das ganze Gebirge sind solche Herde vertheilt, deren Thätigkeit aber auch in die vorhistorische Zeit zurückfällt.

Ein ähnliches isolirtes und vulcanisches Gebirge bedeckt die Halbinsel, womit Island im äußersten Südwesten endigt.

Die ganze Insel ist also ein weites Gebirgsland mit einem in seiner Art einzigen Bau auf der ganzen Erdfeste. Bei diesem Bau ist eine bestimmte Richtung der Züge nur versteckt angedeutet, oder wenn sie in einem Theile ausgesprochen, wie zum Beispiel im Hekla und seinen Parallelrücken, so ist sie in einem andern gleich anliegenden wieder gänzlich verwischt, wie in den vom Hekla südlichen eisbedeckten Stöcken des Torfajökul, Tindfiallajökul und andern. So gewiß als diese Gebirge unter Meeresbedeckung entstanden, eben so sicher war es ein tiefes und ruhiges Wasser. An den Gebirgen Islands mit ihrer vorherrschenden Neigung zur Plateaubildung, zum Zusammenschließen in großen massigen Stöcken, erscheinen die kurzen, radial eingesenkten Thäler regelmäßig an den Rand hinausgedrängt, und jeder Theil des Gebirges, der innerste wie der äußerste, erhält gleichen Werth. Durch diesen Bau stehen sie im grellsten Gegensatze zum Alpengebirge, welches die reichste Gliederung in regelmäßiger Folge der verschiedenwerthigen Thäler und Ketten darstellt. Auffallend haben jene Gebirge zum großen Theil Aehnlichkeit mit dem aus so verschiedenen Gesteinselementen bestehenden süddeutschen Juragebirge, welches auch unter ruhigen äußern Verhältnissen entstanden ist.

Die große Eisprovinz des Klofajöful ist nichts Anderes als ein zusammenhängendes Plateau, gewiß mit vielen Unebenheiten, mit Tiefen und Höhen, aber keineswegs sind innerhalb seiner unüberschreitbaren Grenzen eisfreie Thäler zu vermuthen, wenn nicht schon aus physikalischen Gründen, aus solchen, welche die Art des ganzen Gebirgbaues an die Hand gibt.

Die Strom- oder Flußgebiete eines Landes, das heißt die Hauptflüsse mit ihren Nebenflüssen, stehen durch ihre Richtung, Vertheilung, Gliederung in der innigsten Wechselbeziehung zum topischen Bau desselben, zum Bau seiner Gebirge. Um die geographische Skizze von Island zu vollenden, muß ich daher noch Einiges von seinen Flußgebieten sagen.

Man unterscheidet bei Strömen nach dem Charakter der Landschaften, durch welche sie fließen, gewöhnlich drei Abtheilungen ihres Laufes, nämlich einen obern, mittlern und untern Lauf. So hat die Donau am Saume der schwäbisch baier'schen Hochebene hin ihren obern, durch das österreichische Stufenland ihren mittlern und durch die Tiefebenen Ungarns und der Wallachei ihren untern Lauf. In Island ist ein einziges Stromgebiet, *)

*) Das „Längenthal" Krug's von Nidda, welches also wirklich vorhanden, nur nicht in der Ausdehnung, wie jener es vermuthete und nicht im Trachytgebirge.

Storhøpe an der Thjorsau, Südland.

welches jene drei charakteristischen Verschiedenheiten des Laufes nachweisen läßt, nämlich das Stromgebiet der Thiorsau.

Die Thiorsau entspringt in der Mitte der Insel auf dem Hochlande, am Nordfuße des Tungnaujökul, an der Hauptwasserscheide. Nachdem sie das Land in einem Laufe von zwanzig geographischen Meilen, in der Richtung von Nordost nach Südwest, parallel den beiderseitigen Gebirgszügen durchströmt hat, ergießt sie sich im Südwesten der Insel in's Meer. In ihrem obern Laufe liegt das breite unstäte Bett in einem Hügellande, im mittlern Laufe durcheilt sie ein sehr allmälig absteigendes Stufenland und ihre Waffer sind in einer Schlucht zusammengedrängt, im untern Laufe durchfließt sie das Tiefland, welches sich zwischen dem Rande des Südostgebirges, dem vulcanischen Plateau im Südwesten und dem Ocean ausbreitet.

Zum nördlichen Meere fließen drei mächtige Ströme ab, welche ihre Nahrung aus den Eismassen des Innern ziehen. In engen Schluchten eilen sie durch das Hochland hinab, ohne Nebenflüsse zu empfangen. Von den Thälern des Nordlandes aufgenommen, münden sie bald in den ihnen entgegenkommenden Meerbusen.

Auffallend und höchst charakteristisch für den geographischen Bau der Insel ist die Richtung des Laufes der Flüsse, welche dem nördlichen Meere zuströmen, eine rein nördliche oder nordnordwestliche, während die Flüsse des Südens eine südwestliche Richtung des Laufes haben, so daß die Flußrichtungen in der Mitte der Insel einen stumpfen Winkel bilden.

Die Art des Baues der Gebirge in Island hat nicht nur durch seine beschränkte Thalbildung der Besitznahme des Landes durch den Menschen ungleich engere Schranken gesetzt, als es bei anderer Gebirgsbildung der Fall wäre, sondern auch auf

das Klima der Insel einen wesentlichen und zwar sehr ungün=
stigen Einfluß ausgeübt. Die Plateaubildung trägt einen großen
Theil der Schuld, daß nun so ungeheure Eismassen das Gebirge
bedecken. Ein mehr gegliedertes Gebirge würde auch eine üppi=
gere Vegetation haben, wie dafür der Norden Islands selbst
den Beweis liefert. Durch diese Verhältnisse kommt die Insel
in Nachtheil gegen andere Gebirgsländer, zum Beispiel gegen
Tirol, wenn dieselben auch, von einem günstigern Gebirgsbau
abgesehen, sich in ganz gleichen Verhältnissen befinden würden.

Wenn Island bei gleichem Gebirgsbau wie Tirol im Ver=
hältnisse wie dieses Land bevölkert, einer Million Menschen
Raum und Nahrung geben könnte, so würde diese Zahl bei
dem Gebirgsbau, den es besitzt, um ein Gutes herabzusetzen
sein. Island hat in Wirklichkeit 63,000 Einwohner, ein an=
derer Gebirgsbau möchte diese Zahl um 10,000 erhöhen können.

Es kommt aber noch etwas hinzu, was die isländischen
Berge und Thäler den Wohnsitzen von Menschen und der Bo=
dencultur feindlicher macht, nämlich die Aeußerungen des fast
über die ganze Insel, über Höhe und Tiefe, Berge, Thäler und
Küsten verbreiteten Bulcanismus. Zuweilen wird es nämlich,
freilich oft erst nach Ablauf eines Jahrhunderts, unruhig im
Schoße der isländischen Berge, das eine Mal im Hekla, ein
anderes Mal im Snaefellsjökul oder im Skaptarfellsjökul. Erst
vernehmen die Anwohner solcher Gebirge nur von Zeit zu Zeit
ein dumpfes Donnern aus ihrem Innern heraus, oder der fol=
gende Paroxismus verkündet seine Nähe in den Schwingungen
eines furchtbaren Erdbebens, wie an einem galvanischen Drahte
durch die ganze Insel hin, dann bringt Dampf wie aus hundert
unsichtbaren Poren an ihren Seiten hervor, endlich brechen sie
auf, an einer oder an mehreren Stellen, am Gipfel oder an

4 *

den Seiten; tiefe Schlünde, Krater öffnen sich, und daraus
wird heißes, schmelzendes Gestein (Lava) herausgestoßen, welches
in Strömen über die Bergseiten hinunterfließt, und oft auch
noch weit fort in den Thälern. Mit dem schmelzenden Lava-
bräu wird aber auch dieselbe Masse, zu feinstem Sand zerrieben,
aus den Kratern emporgeschleudert. Mitten am Tage hüllt sich
eine Landschaft in die dichteste Finsterniß, als ob die Sonne erloschen wäre. Es ist eine Wolke Lavastaub, wie man es heißt,
vulcanischer Asche, welche, vom Winde gefaßt, Hunderte und
mehr Stunden über die Insel forttreibt und endlich über einer
nahen oder fernen Landschaft ausgeschüttet wird. Solcher Aschenregen hat Pompeji und Herculanum begraben, nicht besser er-
geht es den isländischen Alpentriften.

In der ältern Zeit waren es oft nicht nur Berge, mit
denen solche Dinge vorgingen, sondern im ebenen Thalgrunde
eröffneten sich Schlünde, aus welchen sich der feuerflüssige Inhalt
über das schöne Wiesenland ergoß. Solche Thalvulcane
beobachtet man häufig im Westen und Nordosten Islands.

Auf der Insel sind einige hundert Quadratmeilen Landes,
welche durch darüber gegossene Lava aus fetten Wiesengründen in
Steinwüsten verwandelt wurden. Auf diese sterilen Lavastrecken
kommt wieder eine Anzahl Menschen, die von der Summe ab-
gezogen werden muß, die wir durch Vergleich mit Tyrol als
die dort mögliche gefunden haben.

Die übrig bleibende Summe kann, wenn die geographischen
und physikalischen Verhältnisse in die Wagschale gelegt werden,
höchstens auf hundert und einige zwanzigtausend geschätzt werden.

Island hat aber in Wirklichkeit jetzt nur 63,000 Seelen,
und in vergangenen Jahrhunderten stand diese Zahl noch niedriger. Krankheiten und Hungersnoth haben besonders im

vorigen Jahrhundert die Bevölkerung decimirt; gewiß gibt es
noch andere Ursachen für den geringen Stand, deren Auffinden
aber nicht mittelst der Geographie möglich ist.

Wird mir der freundliche Leser nicht schon lange gegrollt
haben, daß ich ihn mit einem zu trocknen Vortrag isländischer
Geographie behelligt habe, während ich versprochen, ihn zu einem
Ritt in's Land mit mir zu nehmen? Wenn sich derselbe eine
lustige Cavalcade erwartet hätte, wobei die Unterhaltung, welche
ein flüchtiges, wohldressirtes Pferd gewährt, mit malerischen
Ansichten des Landes, von Thälern und Bergen, abwechselte,
da wäre er im großen Irrthum gewesen. Kunstbravouren auszuführen, haben die isländischen Pferde einmal keine Bestimmung, höchstens daß man, wenn in Gesellschaft geritten wird,
sie auf einer Wiesenfläche ihre Schnelligkeit gegen einander
messen läßt.

Ein Spazierritt in Island nähme sich ungefähr aus, als
ob wir etwa die Reise von München nach Augsburg zu unserm Vergnügen zu Fuß neben der Eisenbahn her machen wollten.

Der malerischen Ansichten trifft man dort sehr wenig.

Die geographische Skizze wird einen Vorgeschmack gegeben
haben, welcher Art eine Reise in diesem Lande sein müsse. Auch
in cultivirten Ländern reist man anders in Gebirgen als im
flachen Lande.

In Island gibt es einige Passagen, welche nirgends als
in Island, und andere, die wenigstens nicht in einem Culturlande auf der Reise vorkommen. Dieselben können alle bei einem
Tagesritte durchzumachen sein, ja es kann sich die eine oder
andere wiederholen. Mit diesen wollte ich im Folgenden bekannt machen. Ich bitte den Leser, sich für's Erste mit mir auf
die große nordwestliche Halbinsel zu versetzen.

Das Innerste eines Meerbusens setzt sich als enges Thal im Lande einwärts fort, zwischen 700 bis 800 Fuß hohen lang-gestreckten Bergen. Sie steigen mit steilen Seiten auf, von freundlichen Grashängen bedeckt, an welchen nur dort und da die Felsringe des Trappes zum Vorschein kommen und ihren dunkeln Schutt in das lebhafte Grün der Weide mischen. Zu oberst endigen diese Berge mit einem scharfen Rande, sie sind wagerecht abgeschnitten und gleichen mehr einem System von Festungswällen, die mit ihren bedeckten Geschützen die Einfahrt in den Meerbusen beherrschen sollen.

Unsere kleine Karawane zieht das Thal hinauf. Auf der grünen Wiesenfläche greifen die Pferde tüchtig aus, dann suchen sie wieder tastend durch einen Sumpf zu kommen, bis endlich der Zug sich dem nördlichen Bergfuße zuwendet. Da nimmt die Spur, welche wir das Thal herauf verfolgten, mehr die Art eines Weges an. Die Karawanen, welche seit Jahrhunderten hierher nach dem Handelsplatz im Isefjord ziehen, haben den Berg hinauf die eine bequemste Richtung befolgt. Dieser Weg windet sich im Zickzack aufwärts, und wenn er stellenweise grade ansteigt, ist er so steil, daß unsere Nase, um das Gleichgewicht zu erhalten, mit den Pferdeohren die engste Bekanntschaft machen muß.

Die Gedanken können sich nur mit der Passage, oder viel-mehr mit dem Pferde und der eignen Person beschäftigen. Man kömmt oben an und reitet eine Weile fast eben fort, ohne es zu bemerken. Endlich sieht man wieder um sich. Aber welche Ueberraschung! Welch' veränderte Scenerie! Das Auge sucht vergebens die Berge, die Einen noch vor wenig Augenblicken so sehr beengten. Wir sehen unwillkürlich um uns, Nichts verräth mehr die eben überwundene steile Höhe, so daß sich ein Abgrund

hinter uns geschloffen zu haben scheint. Das neue Terrain ist
eine Hochebene, nach isländischer Ausdrucksweise eine „Heidi."

Den Zügel straffer angezogen, laffen wir den Gaul eine
Weile fortstolpern. Augen und Sinne sind ganz beschäftigt, die
Eindrücke der neuen Welt in die Seele aufzunehmen.

Vor uns dehnt sich der Boden, wie an eine Schnur ge=
faßte Hügel, vielleicht sechs Meilen weit. Kaum gewahrt noch
das Auge, wie er zu äußerst an einem dunkeln Streifen, der
ihn vom Horizont scheidet, plötzlich abbricht. Darüber hinaus
fluthen die Wellen des kalten Oceans nach Grönland hinüber.

Nur einzelne matte Schatten zeigen an, daß dieses Land
keine geschloffene Oberfläche bildet, sondern tiefe Schnitte von
der fernen Grenze hereinziehen. Zunächst um uns ist der Boden
mit Steintrümmern bedeckt und der Weg gleicht einem Gebirgs=
bachbette. Die Trümmer wechseln von der Größe des Sand=
korns bis zu der der größten Blöcke, nur dort und da wagt ein
Grasbüschel dazwischen hervorzublicken.

Das Colorit dieser Grusmaffen löst sich in der Ferne all=
mälig in eine unentschiedene graubraune Tinte, von dunkeln und
lichten Streifen durchwoben, wie sie der Schein der nordischen
Sonne trifft. Die flachen Bodenwellen folgen sich schnell, eine
nach der andern, bald reiten wir in einem Wellenthale, bald
auf ihrem Scheitel, und über sie weg schlängelt sich ein dunkler
Faden von Steinpyramiden, deren äußerste kaum noch einem
schwachen Punkte gleicht — die Wegweiser für den Reisenden,
der im Nebel diese Straße zieht.

Zur Rechten erheben sich die Wellen immer höher, bis sie
endlich in einer Entfernung von fünf Stunden zu einem hohen
weißen Schaumgewölbe sich aufthürmen in dem langgedehnten
Rücken des Drangajökul.

Zur Linken wird das Bild eben so von den eisgegürteten Terrassen des Glamugletschers geschlossen.

Tiefe Ruhe herrscht in dieser Wüste, nur vom Hufschlag der Pferde und dem mahnenden Haho ihrer Treiber unterbrochen. Die Luft weht kalt von Nordost her, der Himmel ist blau und nur dann und wann schleicht sich eine leichte Wolke an die Silberstirne des Drangagletschers heran, einen Kuß darauf zu drücken und dann gleich wieder zu zerfließen. Dieser Natur ist ein Zug herber Resignation aufgeprägt!

Man bringt mit dem Ritt über die eben geschilderte Steingrimssjörder Heibi nahe drei Stunden zu. Am andern Ende fällt sie minder steil zu dem engen, tiefen Thal des Isefjördr hinab.

Eine Heibi ist ein Plateau, eine Hochebene, eine der in Island am häufigsten vorkommenden Formen des Gebirgsbaues. Es sind eigentlich dort alle Berge zu oberst Plateau's, nur von verschiedenem Umfang und verschiedener Höhe über dem Meere.

Sollte es den Leser nicht auch interessiren zu erfahren, aus was für einer Masse die ungeheuren Gebirgsstöcke der Insel bestehen, und welcher Art die Gesteine sind?

Ganz das gleiche Gestein wie das, welches vorherrschend die isländischen Berge bildet, so weit seine Art äußerlich mit den Augen beurtheilt werden kann, haben wir in Deutschland nicht. Aber seiner mineralogischen Natur nach fast ganz dasselbe ist unser Basalt.

In Deutschland bildet das Basaltgestein vereinzelte kegelförmige Berge. So kann man einen Zug solcher isolirter Basaltkegel vom Bodensee an durch Würtemberg, Baiern, Böhmen bis nach Schlesien verfolgen. Ein anderer, nördlicher Zug beginnt am Rhein und geht durch ganz Mitteldeutschland. Im

hessischen Vogelsgebirge bildet der Basalt auch eine viele Quadratmeilen große zusammenhängende Gebirgsmasse.

Der Basalt ist ein schwarzes, sehr festes Gestein und macht
sich besonders auffallend durch die Art der Zerklüftung seiner
Felsen. Durch die oft sehr regelmäßig durchgehenden Absonde-
rungen entstanden fünf- oder sechsseitige, einige Zoll bis einen
Schuh und noch dickere, mehr und minder hohe Säulen, so daß
die Felsen oft einem höchst kunstreich aufgeführten Bau gleichen.
Manchmal sind durch die Lage der Säulen die merkwürdigsten
und schönsten Figuren dargestellt. Als ausgezeichnetste Beispiele
von diesen Bildungen findet man in geologischen Büchern gewöhnlich die Basalthöhlen auf der Insel Staffa an der schottischen Küste abgebildet.

Der isländische Basalt, welcher sich auch oft in die schönsten regelmäßigen Säulen geklüftet findet, ist lichter als der
deutsche. Er ist graulich, grünlich, bräunlich und wird von den
Geologen in seiner dichten geschlossenen Form Trapp, in seiner
trümmerigen und sandartigen, Tuff genannt.

Ein anderes Gestein, weiß, gelblich und auch sehr fest,
welches aber nur an einigen Punkten der Insel vorkommt, heißt
Trachyt und ist bei uns vom Siebengebirge bei Bonn am Rhein
bekannt.

Diese beiden Gesteinarten sollen, wie es die meisten Geologen annehmen, durch Hitze schmelzend aus dem Innern der
Erde hervorgepreßt worden sein, so wie die Lava, welche aus
den feuerspeienden Bergen ausfließt, auch von dorther kommen
soll. Das sind Hypothesen, wissenschaftliche Meinungen, die
man dort zu Hilfe nimmt, wo man nichts oder wenig beweisen
kann. Die meisten Geologen, aber nicht alle, theilen die an-
geführte Meinung über den Ursprung des Basalts, Trachyts

und der Lava. Die Gegner der Ansicht berufen sich namentlich auf die geognostische Bauart der isländischen Gebirge. Ich werde später noch bessere Gelegenheit haben, dem Leser jene geologische Streitfrage näher darzulegen. Der innere geognostische Bau eines Gebirges ist wieder etwas Anderes, als der äußere geographische, wenngleich letzterer vom erstern abhängig.

Das isländische Basaltgebirge ist ganz anders gebaut, als die isolirten Basaltberge anderer Länder. Seine Bauart gleicht derjenigen von solchen Gebirgen, deren Gesteine sich nach über= einstimmender Annahme der Geologen aus einem Meere, in Schichten über einander, allmälig in großen Zeiträumen abgesetzt haben, wie sie die Beweise von dieser Art Bildung noch in den versteinerten Thierresten in sich aufbewahren.

Der Trapp bildet in Island Lagen, die sich wagerecht an hundert Meilen weit erstrecken, und senkrecht eine Dicke, oder wie die Geologen sagen, eine Mächtigkeit von drei bis zwanzig Fuß haben. Eine Lage liegt auf der andern, wie die Bretter in einer Bretterbeuge. Die oberste bildet ein Plateau. Durch diesen Bau entstehen Bergformen, gleich Festungswällen, Forts, Särgen, wenn die Lagen mehr oder weniger grade in der senk= rechten Richtung abgeschnitten sind. Wenn am Gebirge die nach aufwärts sich folgenden Lagen immer eine um die andere schmä= ler werden, so daß die obere mit ihrem Rande gegen die untere zurücktritt, dann entstehen Terrassen, Treppenformen an den Bergseiten.

Letztere an den Trappbergen sehr häufig vorkommende Bau= art gab einem schwedischen Geologen Veranlassung, dem Gestein den Namen Trapp, deutsch Treppe, zu geben.

Wenn die Abstände zwischen den Terrassenrändern weit und durch Schutt ausgefüllt sind, so bedecken sie sich mit Vege=

tation und es entstehen langgezogene, sehr allmälig abdachende Berg= und Hügelrücken, von der größten Einförmigkeit, wie das in Island auch sehr oft der Fall ist. Selten folgen sich die Lagen schmal und steil abgerissen auf einander, so daß Berg= formen entstanden, wie man sie in andern Gebirgen Kämme, Spitzen, Hörner nennt. Meistens entstehen die weit erstreckten Plateaus, die Heidis, die dann gewöhnlich die Pässe zwischen verschiedenen Thälern bilden.

Nicht jede Heidi ist ganz so beschaffen wie die oben ge= schilderte. Verschiedene Höhenlage über dem Meere, mehr oder weniger Vegetation kann zwar den allgemeinen Charakter wenig ändern, aber den Boden und damit den Weg, die Passage über dieselbe.

Jeder in Island Reisende, und wenn sein Reiseziel nur die Quellen des Geistr sind, macht alsobald in ein paar Stun= den, nachdem er Reykjavik verlassen, Bekanntschaft mit einer Heidi, mit der sogenannten Mosfellsheidi. Dieses Plateau liegt vielleicht 400 bis 500 Fuß über dem Meere.

Seine Oberfläche, welche sich in sanften Wellenhügeln fort= erstreckt, ist mit einer kaum einige Zoll dicken und überall durch= löcherten und zerrissenen Rasendecke überzogen, und darüber her liegt kleiner Gesteinschutt ausgestreut. Nur dort und da ragt eine größere Felsbank hervor. Die Spuren der Pferde, welche seit Jahrhunderten dahinüberziehen, laufen als schmale seichte Rinnen, mit scharfkantigen Steinen erfüllt, parallel und netzför= mig verschlungen darüber, und bilden zusammen eine einige hundert Schritte breite Straße. Da hat eine Karawane Noth, die nicht gerittenen Pferde zusammenzuhalten und vorwärts zu bringen; die einen wollen sich die Wege wählen, wie sie eben ein besonders grüner Fleck anzieht, andere stehen schon und

thun sich gütlich. Das müssen dann die Thiere der Treiber ent=
gelten. Diese jagen vor und zurück, nach rechts und links aus
einander, ihren Peitschenhieben mit dem nicht melodisch ge=
schrieenen Haho Nachdruck gebend. Der solcher Passage un=
gewohnte Reiter braucht seine ganze Aufmerksamkeit dafür, sein
Pferd durch das Labyrinth der doch mehr oder weniger bessern
Weglein durchzuleiten, um mit der Karawane gleichen Schritt
zu halten. Es ist gut für ihn, daß hier Alles dazu angethan,
seine Augen und Gedanken nicht von Pferd und Weg abzulen=
ken. Es herrscht die tiefste Ruhe, nicht einmal das melan=
cholische Tippen eines Brachvogels, oder der grelle Schrei eines
aufgeschreckten Schneehuhnes, wie oft in isländischen Niederun=
gen, läßt sich vernehmen.

Die Landschaft ist echt isländisch. Von Nordwest schauen
die Vorwälle des Esjagebirges herüber, gegen Süden schneidet
das Plateau am schwarzen Kegel des alten Vulcans Hengil
ab, den andern Rahmen bildet das graue Firmament. Glücklich
preist man sich, wenn man nach mehrstündigem höchst mühsamen
Ritt am andern Rande der Heidi angekommen, wo dann die
dunkelgrünen Wasser des Sees von Dingvellir heraufgrüßen
und die Seele aus dem Schlummer wecken, in den sie ob des
körperlichen Mißbehagens verfallen war.

Wer noch nicht selbst in Island gereist ist, der kann sich
von der Beschaffenheit einer solchen Heidi keine Vorstellung
machen. Plateaus sind zwar sonst keine seltenen Landesformen,
aber mit solcher Oberfläche, solcher Spärlichkeit der Vegetation,
solcher Einsamkeit, Einförmigkeit und Ausdehnung in nächster
Nähe ewigen Eises, sind sie nur Island eigen.

Eine noch häufiger dort vorkommende Passage, als die
über eine Heidi, ist die durch ein Lavafeld, eine Hraun, wie es

die Isländer nennen. Lavafelder mögen manche der Leser schon gesehen haben. Ueber die Abhänge des Aetna und Vesuv herab hat sich im Laufe der Jahrhunderte schon mancher Lavastrom ergossen, in einem Lande, das das Reiseziel für so Viele ist.

Zwischen Lava vom Vesuv und Lava vom Hekla mag für einen Nichtmineralogen kein erkennbarer Unterschied sein, aber welch' eine Verschiedenheit ist zwischen der etrurischen Halbinsel, wo im dunkeln Laub die Goldorangen glühen und dem ultima Thule, wo die eintönigen Gras- und Steinflächen kaum nach Hunderten von Stunden von der Oase eines Zwergbirkenhaines unterbrochen werden.

Während in Italien ein Lavastrom nicht lange die Physiognomie behält, die er beim Erstarren erhalten, sondern durch Kastanienwälder und Pflanzungen des edelsten Weines in einen Lustgarten verwandelt ist, zeigt mancher Lavastrom auf Island noch nach einem Jahrtausend dasselbe nackte narbenvolle Antlitz, wie es einmal geworden war.

In Island waren es nicht nur ein paar Vulcane, welche sich und ihre Umgebung mit dem feuerflüssigen Steinbräu bedeckt haben, hier liegt der erstarrte Teig über Hunderte von Geviertmeilen verbreitet, über Höhen und Tiefen, und weit, weit über den Ort seines Ursprunges hinaus. Die Lavaströme in Island, welche sich dem Reisenden so oft in den Weg wälzen, sind diesem Lande eigenthümliche Passagen.

Als ich zum ersten Mal in einen solchen Strom einritt, überkam es mich wie heilige Scheu, der ähnlich, als ich zuerst den Hekla gesehen. Ich verlor mich so in der Betrachtung der hunderterlei abenteuerlichen Formen und Figuren, mit welchen seine Oberfläche sich vor mir ausstreckte, daß ich ein paar Mal Gefahr lief, sammt meinem Pferde über eine glatte Platte hinab in eine der tiefen Gruben zu stürzen, die dort und da neben dem Wege heraufgähnen. Wenn man nur einige Tage in Island gereist ist, wird Einem dergleichen nicht mehr passiren; die Begeisterung für den Lavastrom schlägt bald in eine völlige Antipathie um, und man lernt auf Pferd und Weg merken.

Ich will eine kleine Episode aus meiner Reise erzählen. Der Schauplatz liegt im äußersten Südwesten der Insel.

Schon etwas müde kam ich eines nicht schönen, sondern stürmischen regenvollen Tages am Ende der Hellisheidi, auf dem vulcanischen Gebirge südwestlich von Reykjavik, an. Wir waren an drei Stunden über die Heidi auf dem Wege gewesen. Eine grüne Wiesenfläche ließ sich über den nicht sehr hohen, aber sehr steilen Rand des Plateaus hinab bald erreichen. Dort fand es mein Führer für geeignet, einige Zeit Halt zu machen, wie das bei einem Tagesritt, wenn nicht um der Reiter, doch um der Pferde willen öfter nothwendig ist. Man wählt dazu natürlich Plätze, wo die Pferde Futter finden. Der Mann holte die Reste von einigen Zwiebackbroten aus dem Mantelsacke hervor, und damit hielten wir, auf den Rasen hingestreckt, unsere vergnügte und genügsame Mahlzeit. Es regnete dabei. In Island fällt nie Regen in einer Art von Platzregen oder schwerem Regen, sondern immer nur in kleinen Tropfen, aber das mit großer Beharrlichkeit und Gleichförmigkeit Tage und Wochen lang. „Nun, Olawer (so hieß mein Führer), behalten wir doch guten Weg bis nach Reykjavik." Reykjavik war das Ziel des Tages. Olawer erwiederte: „Bisher ist der Weg nicht so schlecht gewesen," und dabei zeigte er in die Richtung, wo wir hin mußten, „gleich dort beginnt eine Hraun, wodurch wir wenigstens anderthalb Stunden zu reiten haben, und sollten wir noch so gut reiten." Ich hatte mich bis da nicht umgesehen.

Einige hundert Schritte von uns schnitt die Wiesenfläche an einem schwarzen Striche ab.

Ich ward von der Nachricht Olawer's zwar nicht sehr angenehm berührt, ließ mich aber weder dadurch, noch durch den Regen abhalten, die ganze Umgebung, in der ich mich befand, nun näher zu untersuchen. Außer im Regen sah ich ohnedies wenige Landschaften in Island. Hier stand eines jener Bilder vor mir, wie man sie wohl nirgend anders auf der Erde so findet.

Der steile Plateaurand, über den wir herabgekommen, verbarg sich gen Norden bald in den tief hängenden Wolken. Diese verschmolzen mit dem Berge in einer Farbe. Der Abhang ist ganz mit dem Schutt schwarzgrauen Lavatrappes bedeckt, der auch in großen abgefallenen Blöcken auf dem Wiesengrunde herumliegt. Nach links, gegen Nord und West, war die Ebene von der Hraun bedeckt. Diese ist nicht zu beschreiben. Ihr Anfang ist ein schwarzer Strich; ihr Ende läuft in die Wolken hinein, die der Wind über sie herjagt. Wolken und Hraun haben wieder dieselbe Farbe. Was zwischen Anfang und Ende liegt, hat Aehnlichkeit, eine andere fällt mir eben nicht ein, mit einem ungeheuren Badeschwamm, der seine tausend Poren den Wolken entgegenstreckt, um ihre Flüssigkeit aufzunehmen, es ist ein graubraunes Etwas, mit schwarzen Flecken besäet.

Welchen Wesen möchte ein Dichter diese Landschaft zur Wohnstätte anweisen? Für welche Handlung könnte sie einem Maler zur Staffage dienen?

Zur Linken, gegen Süden, erhebt sich ein schwarzer, niederer Berg, in zwei Hörner getheilt, deren Spitzen in die Wolken tauchen. Zwischen denselben hervor kommt eine graue Masse. Sie scheint sich hinter dem östlichen Horn hervorzuwälzen, heran

an das westliche, um von ihm abgestoßen zu werden. Dann
wendet sie sich wieder herum zu dem andern und fließt an
dessen Fuß zur Ebene herab, auf der sie sich ausbreitet. Man
vermeint zu sehen, wie diese Masse den Berg herunterströmt,
und doch thut sie es nicht, sondern es ist die starrste Steinmasse.
Aber daß sie einmal weich war, ja sogar flüssig, wenn auch
vor vielen hundert Jahren, das sieht man ihr in der Entfernung
noch wohl an.

Es ist die Wurzel des Lavastromes, der Hraun, durch
welche geritten werden soll. Ueber ihn führt der Karawanen-
weg von der Südwestküste nach Reykjavik.

Der Ritt durch einen Lavastrom ist eine mühselige, langweilige Arbeit. Wenn man eine Eischale auf einer Tischfläche
zerdrückt, so gäbe das eine Oberfläche, die ungefähr der eines
solchen erstarrten Gesteinstromes ähnlich wäre. Wie eine Schale
liegt die einst flüssige Masse nun auf den Boden gedeckt, keineswegs dessen Gestalt nachahmend, sondern eine unübersehbare
Abwechslung von Buckeln, Löchern, Klüften, Rinnen, Spitzen
und Zacken.

Die Gesteinmasse der Lava ist sehr hart und von derselben
mineralischen Art wie das Basaltgestein.

Im Zustande des Schmelzens, in welchem sie sich über
den Boden ergoß, blähte sie sich auf und die Blasen rissen auf,
schäumte sie auf und floß, oft tropfenweise, wieder zurück, das
mehr und das minder flüssige sperrte sich gegen einander, rieb
sich an einander, das flüssige rollte sich auf oder floß über das
andere hinweg. In diesem Zustande erstarrte die Masse durch
das Nachlassen der Hitze, und es blieb ihre so unruhig bewegte
Oberfläche versteinert für immer erhalten. Die Erstarrung selbst

aber veranlaßte wieder Vorgänge, welche diese Oberfläche noch unebener machten.

Hier ist dieselbe, wie aus hundert feinen Fäden getrieben, die sich innerhalb eines schwarzen glänzenden Rahmens in Knoten und Maschen verschlingen, eine kunstreiche Agraffe für den Mantel Pluto's des Unterweltfürsten, dort zeigt sie eine Zusammensetzung von Höhlungen und Schnörkeln in den absonderlichsten Formen, wie das überladenste Roccoco, dann ist sie wie eine Treppe, nach der Länge auf den Weg hingelegt, eine viereckige Grube nach der andern, in welche die Pferde nach einander steigen müssen. Ueber Alles hinweg setzen breite und schmale Klüfte, dazwischen tiefe Gruben, welche sich als Höhlen unter die Schale hineinziehen. Auf dem Zusammenhängenden liegt ein Chaos scharfkantiger, löcheriger, gezackter Lavaschlacken umher. Das ist die Oberfläche eines Lavafeldes, worüber in Island so oft die Wege führen. Wenn es mir gelungen ist, dem Leser zu einer richtigen Vorstellung davon zu verhelfen, so wird er mir auch gern glauben, daß der Ritt durch ein solches Feld respectabel mühselig und langweilig ist.

Zwar ist nicht jede Hraun gleich schlimm zu passiren. Als Regel fand ich, je jünger die Lava, um so schlimmer. Die ältern Laven sind weniger uneben und zerrissen, sie scheinen leichter und ruhiger geflossen zu sein, aber auch viel weiter. Das Lavafeld auf der Hellisheidi hat eine ganz ruhig flachwellige Oberfläche, mit sehr wenig Schlacken bedeckt, und ihre Masse ist so weich, daß sich die Pferde in der langen Zeit weit fortlaufende seichte Rinnen hineingetreten haben.

In Island gibt es nicht eine Brücke, und doch so viele tiefe, wilde reißende Ströme, Flüsse und Bäche, welche dem Reisenden quer in den Weg kommen, wie die Lava. Eine

Brücke gibt es dort in einem Flusse, aber nicht über denselben,
und das soll später näher beschrieben werden. Dieser Fluß führt
den Namen Brückenachen, Bruarau. Auch gibt es einige Stel=
len im Lande, zum Beispiel am untern Laufe der Thiorsau,
wo Bote zum Uebersetzen der Menschen benutzt werden.

Die Flußpassagen sind sehr verschieden, je nach der Ge=
schwindigkeit des Laufes, der Tiefe des Flusses und seines Grun=
des. Das eine Mal ist es ein reißender Bergbach, voll tiefer
Gruben und großer Blöcke, aber mit krystallklarem Wasser, ein
ander Mal ist es ein milchiger trüber Gletscherstrom, den man
nur auf einer Furth durchsetzen kann, oder auch der Fluß ist zu
einem See angeschwellt, dessen Wasser vom Winde in Wellen
gefaltet wird. Das Letztere ist oft in der Nähe der Küste der
Fall, wo die Flüsse von der See aufgestaut werden. Ein san=
diger Grund des Bettes, welcher dem Fußtritt der Pferde nach=
gibt, kann gefährlich sein beim Uebersetzen.

Ich hatte oftmals solche Passagen durchzumachen, aber nur
ein paar Mal aus Schuld von Nebenumständen bestieg ich die
fliegende Brücke, mein Pferd, mit einiger Beklommenheit oder
doch Mißbehagen.

So erging es mir einmal im Südlande.

Im Hause, das mir zum Nachtquartier gedient hatte, war
schon Abends vorher die Rede davon gewesen, daß am nächsten
Tage alsobald ein großes Wasser zu übersetzen sein würde.
Wenn mir mein Führer so lange vorher von etwas sprach, was
das Reisen betraf, so wußte ich immer, daß es nicht ganz ge=
heuer sein würde. Derselbe hatte mir gesagt: man reite ge=
wöhnlich durch das Wasser, obwohl es sehr tief sei. Doch
könnte man auch ein Bot benutzen, nur wäre im letztern Falle
ein kleiner Umweg zu machen. Am andern Morgen wurde be=

schlossen, das Bot zu benutzen und nach dem Hause zu reiten, dessen Bewohner das Geschäft des Ueberfahrens besorgten.

Der Bauer, mein Gastfreund, erbot sich, wie das die Is= länder allen Gästen thun, welche sie ehren wollen, uns bis zu jenem Hause zu begleiten. Es war damals bereits der 20. Sep= tember und dies der letzte Tagesritt, der mir in Island bevor= stand. In der Familie, welche ich verlassen mußte, war mir ein Empfang und eine Sorge zu Theil geworden, von der freundlichsten und besten Art, wie nicht sehr oft während meiner Reise auf der Insel. Der Abschied war auch ein herzlicher. Die junge Frau meines Gastfreundes, eine kräftige, frische Ge= stalt, wie man sie bei uns im Hochlande findet, brachte ihre beiden gesunden rothbackigen Kinder herbei, und ich konnte mich da der isländischen Sitte nicht entschlagen, mit einem herzlichen Kuß auf Nimmerwiedersehen von ihnen Abschied zu nehmen.

Wir ritten hinaus in den trüben Tag, mein Führer und der Bauer plaudernd voran, ich meinen Gedanken nachhängend hinterdrein. Nach einiger Zeit wenden die beiden ihre Pferde gegen mich, und Olaver schickt sich an, mir mit etwas verlegener Miene den Vorschlag zu machen, ich möchte mich entschließen, das Wasser zu durchreiten, der Umweg, den wir zur Ueberfahrt machen müßten, sei sehr bedeutend, wir hätten noch eine große Tagereise vor uns, und was das Mißlichste, unsere Pferde könnten nicht mehr viel aushalten, ja von einem sei zu befürch= ten, daß es bald hinkend würde, und das Reiten veranlasse durchaus keine Gefahr. Letzteres schien der Bauer durch seine aufrichtige lachende Miene bestätigen zu wollen. Olaver's Gründe waren zu schlagend und gewichtig, als daß ich ihnen hätte wi= derstehen können, um so mehr, als ich mich nicht mehr ent= schließen konnte, in der armen Umgegend von Reykjavik nochmal

5*

ein Nachtquartier zu nehmen. Mit dem Gedanken, „können Die es, so kannst Du es auch," der mir in mancher Ungewiß= heit zur Entscheidung geholfen, erklärte ich mich zum Reiten bereit. Die zwei eilen wieder voraus und ich kehre zu meinen Gedanken zurück. Es geht gemach fort durch eine sparsam mit Moos und Birkengestrüpp bedeckte alte Hraun. Von rechts, gar nicht ferne, schaut ein niederer Krater herüber, aus dem diese Lava gekommen war. Nach einer Weile sehe ich auf, da liegt in einiger Entfernung eine weite Wasserfläche vor mir, ein nicht unansehnlicher See; das wird doch nicht das Wasser sein, durch welches wir reiten sollen?

Mein Blick hängt eine Weile wie festgebannt an der durch den Sturm in schäumende Wellen gekräuselten Fläche. Ein Thier, wahrscheinlich ein Pferd, sehe ich eben auf dem Wege dahindurch und grade wo das Wasser am breitesten. Es scheint zu schwimmen, denn nur den Kopf hält es über die Ober= fläche empor.

Während ich mir so diese Scene betrachte, kommt der Bauer an mich herangeritten, deutet auf den See hinab und ich verstehe zu meiner nicht angenehmen Ueberraschung eben so viel von seinem Isländisch und seinen Geberden: wir müssen in der Richtung durch den See, welche das Pferd nimmt.

Was mich aber nun bei dieser Nachricht ernstlich beun= ruhigte, war der Zustand meiner Stiefel, denen ich nicht mehr viel zutrauen durfte. Hätte ich nicht gefürchtet, daß man den Abhaltungsgrund von dieser Seite nur für eine Ausrede aus= legte, so würde ich noch mein Wort zurückgenommen haben. Als ich nach einer guten Weile meine Blicke wieder aufrichtete, war das Pferd noch immer nicht am jenseitigen Ufer angekom= men und noch immer gleich wenig von ihm sichtbar, so daß mein Respect vor der Breite und Tiefe des Sees immer größer wurde, je näher wir ihm kamen. Endlich erreichten wir das Ufer selbst. Da wird abgesessen, die Pferde werden gemustert und die Sattelgurten und Mantelsäcke fester geschnallt, die eignen Kleider richtet man strammer und dichter. In einigen Augenblicken wieder zu Pferde, nimmt man die Zügel in der gehörigen Länge, bringt sie in die rechte Lage und so geht es hinein in die Fluth, mit derselben Sicherheit, wie man anderswo eine Brücke betritt. Erst werden die losen Pferde hineingetrieben, die Führer folgen nach, dann kommen die Reisenden. Ich hielt mich an der Seite des Bauers. Als wir kaum zehn Schritte weit im Wasser geritten, lief es schon den Pferden nahe über dem Rücken zusammen. Der Wind wälzte die schäumenden Wellen uns grade entgegen. Wenn ein Fluß so tief ist, daß die Pferde fast schwimmen müssen, ist das anfangs immer etwas unheimlich. In diesem Falle war der Grund des Bettes ausgezeichnet gut, ganz fester Lehmboden, so daß man den Fußtritt der Pferde heraufschallen hörte, und das machte den Ritt völlig gefahrlos.

Während der Passage gab sich der Bauer alle Mühe, mich zu unterhalten, und dabei dem Vorgang den letzten Schein von Gefährlichkeit zu benehmen. Er erzählte mir, wie zur Zeit der Heuernte die Pferde in Schaaren, mit schweren Heubündeln bepackt, ungefährdet daherüberzögen. Ich überzeugte mich auch selbst bald, daß wirklich keine Gefahr vorhanden, und würde über unserer Unterhaltung ganz vergessen haben, in welcher Lage ich mich befand, wenn mich nicht meine Stiefel gemahnt hätten. Diese fingen bald an, an mehreren Stellen dem flüssigen Element den ungehindertsten Zutritt zu gestatten. Eine schöne Aussicht für den noch bevorstehenden Ritt!

Als wir am jenseitigen Ufer ankamen, beobachtete ich wieder meine Uhr, wie ich beim Einreiten gethan, und es zeigte sich, daß wir dreiunddreißig Minuten durch den aufgestauten Fluß auf dem Wege gewesen waren. Es war 10 Uhr Vormittags, und nach Reykjavik, dem Ziel des Tages, noch zwölf Stunden.

Das Wasser, wodurch wir gekommen, heißt Alftavatn und ist der Ausfluß des Sees von Dingvellir, welcher sich in der Niederung seeartig ausbreitet. Man wählt die breiteste Stelle, weil da die geringste Tiefe ist.

Den Isländern ist es nichts Ungewohntes, tagelang in nassen Schuhen und Strümpfen zu reiten. Die einfache Operation, welche sie ausführen, wenn sie sich bei einem Flußüber=gang durchnäßt haben, ist, sich der Schuhe und Strümpfe zu entledigen und letztere auszuwinden, dann bedienen sie sich eben derselben wieder. Mir blieb im obigen Falle auch nichts Anderes über, und nachdem ich mit Hilfe meiner Begleiter die Operation vorgenommen und von meinem Gastfreunde Abschied genommen hatte, bestieg ich wohlgemuth wieder mein Pferd. Ich kam den=selben Tag noch, Nachts 9 Uhr, nach ununterbrochenem Ritte und unter fortwährendem Regen in Reykjavik an.

Ich werde später noch veranlaßt sein, einige andere Fluß=passagen zu erwähnen. Eine weniger gefährliche, aber nicht minder unbehagliche Passage als obige ist die durch den Sumpf, „Myri" auf isländisch.

Aller Boden ist in Island mehr oder weniger mit Wasser getränkt, und weite Striche sind wahre Sümpfe, besonders die flachen Abdachungen von Hügeln und die ebenen Gründe in den Flußthälern. Es ist dies kein Wunder in einem Lande, wo es so viel regnet und in Folge dessen die von den Gebirgen aufgenommenen Wasser an ihrem Fuße in so vielen Quellen wiebergegeben werden, und wo Niemand daran denkt, auch in dieser Beziehung der Natur nur im Geringsten Gewalt anzuthun. In Island gibt es keine Wiesenentwässerungsmaschinen, da denkt Niemand daran zu drainiren.

Wenn man die Feuerprobe eines Lavarittes während eines Tages öfter überstanden, den Verlockungen einer isländischen Lorelei glücklich obgesiegt hat, und endlich ein gastlicher Hof, das Ende der Mühsale versprechend, vom Hügel herüberwinkt, dann beginnt noch eine Noth, zwar kürzer als die schon bestandenen, aber so lange sie währt, nicht minder groß. Ein Myri trennt uns noch vom Ziele.

Um die Passage durch einen Sumpf zu finden, ist ein landeskundiger Führer am allernothwendigsten, denn am Myri endet alle Spur eines Weges, wie an einem Flusse. Es führt auch eine Furth hindurch, die gesucht werden muß. Bei manchen Sümpfen sollen, wie man mir sagte, gewisse Pflanzenarten erkennen lassen, wo sie zu passiren möglich und wo nicht. Es ist immer eine höchst unbehagliche Lage, man reitet wie auf Gummi elasticum, der Boden schwankt auf und nieder unter dem Fußtritt des Pferdes. Das Pferd versinkt mit den Hinterfüßen, und indem es sich anstrengt, wieder frei zu werden, geht es ihm vorne eben so. Dabei wird es unruhig und der Reiter muß sich beeilen, dessen Rücken frei zu machen, um seine eignen Füße vor dessen Schlägen in Sicherheit zu bringen. Bei der ersten Begegnung dieser Art erinnerte ich mich recht lebhaft an den glücklichen Einfall Baron Münchhausen's, mit dem eignen Schopf sich selbst und sein Pferd aus dem Sumpf zu ziehen. Ich brachte das nicht zu Stande.

Es kam vor, daß ich einmal einen Lootsen brauchte, um durch ein Myri zu kommen. Dasselbe war nur einige hundert

Schritte breit, und jenseits lag ein Haus, zu welchem ich ge=
langen wollte. Das hieß Flugumyri und befand sich im Nord=
lande. Ich hatte damals zwei Führer, von denen einer aus
der Gegend selbst zu Hause war, aber beide machten vergebliche
Anstrengungen, eine Furth zu finden. Ueberall, wo sie einzu=
bringen versuchten, brachen die Pferde durch. Die Bewohner
von Flugumyri hatten sich mittlerweile versammelt und sahen
unsern Nöthen zu. Sie suchten durch Winke auf die rechte
Spur zu helfen. Aber es war vergeblich, bis einer von ihnen
selbst ein Pferd bestieg, zu uns herüberkam und uns durch's
Myri lootste.

Im Nordlande kommen mehrere Stunden lang fortziehende
Hügel vor, deren Rücken ein weites Plateau bildet. Es sind
eigentlich Heidi's, nur mit geringer Höhe über dem Meere und
überwiegender Ausdehnung in einer Richtung. Die Isländer
heißen diese Art Landesbildung Hauls. Diese Hauls gelten selbst
bei den Eingebornen als sehr schlimme Passagen. Die Ober=
fläche derselben besteht abwechselnd aus Steinbänken, Schutt=
flächen und sumpfigen Stellen. Dazwischen gilt es sich durch=
zuwinden wie durch hundert Fallen. Das macht den Weg sehr
lang, wobei man aber noch immer grade in die unbehaglichsten
Situationen geräth. Wenn man das Nordland quer durchwan=
dert, hat man, besonders an seiner Grenze gegen das Westland,
Gelegenheit, öfter mit diesen Terrains Bekanntschaft zu machen.
Besonders verrufen ist dort der Hrutafjörðrhauls, ein Hügel=
rücken, der sich lang an der östlichen Seite des tief in's Land
einbringenden Hrutafjörðr hinbehnt. Von diesem Hauls erzählen
sich die Isländer eine Anekdote, deren Mittheilung mich aller
weitern Schilderung dieser Passagen überheben mag.

Zwei Weiber zankten sich einmal mit einander und erhitzten

sich dabei so sehr, daß die eine der andern zurief: es möge sie
der T..... holen. Die so Beleidigte war aber viel unbarm=
herziger, indem sie ihrer Gegnerin das Aergste wünschte, sie
möge verdammt sein, über den Hrutafjörbrhauls reiten zu
müssen.

In Ländern unserer Breitengrade findet sich nur noch in
Hochgebirgen eine solche Ursprünglichkeit der Natur, daß die
Schilderung der Wege, die darüber und hindurchführen, und die
der Reisende zu machen hat, zugleich eine Schilderung der Land=
schaft ist.

Unsere Anstalten für die Communication, unsere Straßen,
haben sich ganz unabhängig gemacht von der Bodengestalt des
Landes. Der Schienenweg bringt den Geschäftsmann, wie durch
die Luft, von einer Stadt zur andern, ohne daß es ihm möglich
gewesen wäre, das Geringste von dem Lande zu sehen, welches
dazwischen liegt. Ganz anders ist das in Island, da ist die
Beschreibung der Wege auch die der Landesformen, um so mehr,
als der letztern so wenige unterschieden sind.

Eine Heidi, eine Hraun, ein Jökul, ein Myri sind die
größten und vorherrschendsten Züge in der Physiognomie jenes
Landes. Alle andern Formen sind gegen diese untergeordnet,
wenn freilich auch oft mit gar viel Eigenthümlichkeit. Ich be=
halte mir vor, .beren einige noch in besondern Bildern vorzu=
führen.

Was ich bisher geschildert, sollte nicht nur dienen, mit der
Landesgestalt der Insel bekannt zu machen, sondern auch auf
die Reise vorzubereiten, so weit die Art ihrer Ausführung von
der Beschaffenheit des Bodens abhängig ist.

Wenn man in Island reist, kann man entweder ein Zelt
mit sich führen, um darin zu campiren, oder man kann sich

dabei ganz auf die Gastlichkeit der Einwohner verlassen. In
beiden Fällen wird man viel mit den Leuten zu thun haben,
und es wird daher von Nutzen sein, auch mit diesen, wie mit
dem Lande, vorher Bekanntschaft gemacht zu haben. Dieser
Anforderung soll ich aber in dem nächstfolgenden Abschnitte
genügen.

IV.

Die Leute.

Wir Deutsche nördlich der Alpen sind in weiten Gegenden durch die geographische Beschaffenheit unseres Landes, durch hohe Lage über dem Meere, Gebirge, in ein viel rauheres Klima hineingerückt, als es nach dem Breitengrade sein sollte.

Wir müssen es erleben, wie der Winter im Mai nochmals erwacht und mit kalter Hand den Blüthenschmuck von den Bäumen streift, wir sehen so manche schöne Pflanze, die aus dem Süden stammt, ein kümmerlich Leben fristen, oder gar unterliegen, weil sie nicht genug Wärme empfängt. In unserer nächsten Nähe ist aber das ganz anders. Nur einige Meilen weiter südwärts, jenseits der Alpenfirste herrscht fast ewiger Frühling.

Diese Gegensätze werden wegen ihrer Berührung in engen Grenzen um so fühlbarer, und es geschieht, daß wir mit dem Gedanken an den Norden nur Vorstellungen des Rauhen und Unbildsamen verbinden, und das immer im höhern Maße, je weiter hinauf zu dem Pole, der vom ewigen Eise umstarrt ist.

Auch der Mensch, der da oben wohnt, erscheint uns kaum anders denn als Barbar, und beschließt sich unsere Vorstellung von demselben im Eskimo oder Lappländer. Diese denkt man

sich vom Fuß bis zum Scheitel in Pelz gehüllt, im beständigen
Kampfe mit Eisbären und Seehunden, und als ihre Lieblings-
speisen Fische und Thran.

So mag besonders die weite ferne Insel, das „Eisland,"
unserer Phantasie zum Anhaltspunkte dienen, wenn sie sich die
Schauer eines hochnordischen Landes malt.

Im geographischen Unterricht der Schulen wird der Insel
nur um ihrer Naturwunder willen gedacht. Die heißen Spru-
delquellen, die Geysir und Strokkr, die feuerflammenden Berge,
Hekla vor allen, reihen ihren Namen dem anderer Länder an,
die man der Kenntnißnahme würdig hält. Niemals spricht man
von den Menschen, die da oben wohnen.

Wenn wir uns in spätern Jahren eine Weltkarte besehen,
so liegt die Insel derart zwischen Grönland und Lappland inne,
und ersterm so nahe, daß dadurch die Vorstellung, es wohnten
dort Eskimo, nicht corrigirt werden möchte.

Verfolgt man das Leben der großen Culturvölker noch so
beharrlich und in's Detail, wie es sich in den Berichten der
täglichen Zeitungen spiegelt, so findet man doch kaum je über
jene Insel berichtet, es sei denn, daß der Hekla einmal im Jahrhundert, von unterirdischen Kräften erschüttert, seine glühenden
Lavaströme ergießt.

Das Völkchen auf Island hat nie sein Schwert in die
Wagschale gelegt, wenn es galt, große Fragen der Menschheit
zu entscheiden, sein Handel und seine Industrie sind nicht von
der Art, daß sie den Ruhm seiner Cultur und seines Reich-
thums über die Grenzen des Landes hinaus verbreiten konnten,
und wenn es auch ein eigenes politisches Leben führte, mit
aller Sorge und allem Streben erfüllt, von Erschütterungen
durchzuckt, ähnlich dem großer Völker, so blieb es doch in ihm

abgeschlossen. Draußen in der Welt wurden nur wenige Männer durch die Wissenschaft, durch das Studium germanischer Alterthümer veranlaßt, von den Verhältnissen dieses Völkchens Kenntniß zu nehmen. Die Mehrzahl macht sich keine Gedanken darüber, wer die sind, die da oben am Geysir und Hekla wohnen, und was sie treiben.

Wenn der Leser den physikalischen Atlas von Berghaus zur Hand hat, so findet er auf der ethnographischen Uebersichtskarte Europa's die germanische Völkerfamilie mit drei Aesten verzeichnet — nämlich Deutsche, Skandinavier und Engländer. Jeder Ast theilt sich wieder in mehrere Zweige. Der Ast der Skandinavier zerfällt in Dänen, Schweden und Norweger, und das Verbreitungsgebiet des letztern Zweiges erstreckt sich über Norwegen, Nordschottland, die Färöer und Island. Die Lappländer gehören einer ganz andern Race und Völkerfamilie an, sie sind Finnen, und eben so die Eskimo, welche zur Familie der Samojeden zählen.

Das Völkchen auf Island ist also ein Bruchtheil unseres Brudervolkes der skandinavischen Norweger. Auf diesem Eiland wohnen Germanen von derselben echten Art, wie wir Deutsche.

Als die Insel im achten Jahrhundert von den Norwegern entdeckt wurde, fanden sie wohl schon einige celtische Anachoreten dort, die von Irland kamen, aber keine Ureinwohner oder Aborigines, das heißt solche, von welchen frühere Wohnsitze nicht bekannt waren.

Viele Jahrtausende, nachdem die Insel in den Fluthen des nördlichen Oceans gegründet worden, war das Land nur ein Tummelplatz wilden Geflügels, und durchstreifte der blaue Fuchs ungehindert die weiterstreckten Berggefilde. Die Birke, zu baumartigem Wuchse aufstrebend, bedeckte in ausgedehnten Urwäldern

Tiefen und Höhen. Die mit aufgelöster Kieselerde geschwängerten
Quellen hatten Zeit, ihre wunderbaren Bassins aufzubauen,
Stäubchen an Stäubchen legend, womit sie nun ihre großartigen
Wasserkünste aufführen, die den Beschauer zur Bewunderung
hinreißen. Die Berge mochten dortmals ihren feuerflüssigen
Inhalt über die fetten Triften ergießen, ohne daß ein lebender
Zeuge von ihren Verheerungen berichten konnte.

Die Einwanderung in die Insel begann erst mehrere Jahrzehnte nach ihrer Entdeckung. In Norwegen hatte der König
Harald die Alleinherrschaft an sich gerissen, und von dort wendeten sich deswegen viele edle Familien, ihre Leibeigenen mit
sich führend, der neu entdeckten Insel, als einem Asyl der Un-
abhängigkeit, zu. In ihrer Liebe zur Freiheit scheuten sie nicht
den Kampf mit einer harten wilden Natur, echte Germanen.

Die erste Einwanderung war schon so stark, daß bereits im
ersten Jahrhundert alle die Ansiedlungen entstanden, welche gegenwärtig noch die wichtigsten auf der Insel sind.

Die Colonisten waren Heiden und eifrig den Göttern ihrer
Väter zugethan. Es schwankte das Volk zwei Jahrhunderte
zwischen erstern und dem Christenthum, und noch lange nicht
waren alle Herzen bekehrt, als im Anfange des elften Jahrhunderts das letztere als die Religion des Freistaates erklärt
wurde.

1053 wurde ein Bisthum zu Skalholt im Südlande errichtet, 1106 ein zweites zu Holar im Nordlande.

Die ersten Jahrhunderte der Geschichte der kleinen Republik
erfüllen die aus Eifersucht auf die gegenseitige Macht entsprungenen blutigen Fehden der herrschenden Familien.

Die norwegischen Könige hatten unterdessen ihr Auge nie
von der Insel abgewendet und die Streitigkeiten, unter welchen

sich die Isländer selbst schwächten und aufrieben, machten es ihnen möglich, endlich auch dort ihre Oberherrlichkeit aufzurichten. Ungefähr um das Jahr 1250 ging die Republik zu Grunde und Island wurde norwegisch.

Es geht noch heute die Sage dort, daß die Insel in den ersten Zeiten 100,000 Menschen gezählt habe.

Am Ende des vierzehnten Jahrhunderts kam Island mit Norwegen an Dänemark, bei dem es verblieb, als ersteres sich später wieder von diesem ablöste. Von Dänemark aus ward bis zum Ende des sechzehnten Jahrhunderts unter langem Widerstande die lutherische Confession in ganz Island eingeführt. Der letzte katholische Bischof blutete mit zweien seiner Söhne für den alten Glauben unter dem Beile. Noch heute nennen die Isländer seinen Namen mit Stolz.

Die wichtigsten gesetzgeberischen und politischen Acte, welche zur Zeit der Republik vollzogen wurden, sind das Gesetz über die Bezirkseintheilung der Insel, die Erklärung des Christenthums als Staatsreligion und die Aufstellung eines obersten Gerichtes.

Manche der alten Gesetze wurden später durch norwegische und dänische verdrängt. Seit jener Zeit aber bis auf unsere Tage setzen die Isländer die Opposition gegen eine Regierung fort, welche ihnen angestammte Rechte und Freiheiten verkümmern will.

Schon in den ersten Zeiten lebten auf der Insel neben den kühnen Kämpen auch Männer, welche den Gang der Ereignisse, das Leben und die Fehden ihrer Zeitgenossen verfolgten und aufzeichneten. Ihre hinterlassenen Berichte sind mehr oder weniger in ein poetisches Gewand gehüllt.

Andern gab die Götterlehre des germanischen Heidenthums

Stoff zu poetischen Hervorbringungen. So entstand jene Island eigenthümliche Literatur von gemischt poetischem, religiösem und historischem Charakter, es entstanden die Saga's, „die Erzählungen."

Solcher Erzählungen haben sich viele aus der ältesten Zeit bis zu uns erhalten.

Ein Isländer Namens Sämundr zog im elften Jahrhundert von seiner Heimath aus nach Europa. Nachdem er den Welttheil in vielen Jahren größtentheils durchstreift hatte, kehrte er auf die Insel zurück und errichtete 1082 zu Obdi im Südlande die erste Schule. Ihm schreiben die Isländer *) die Abfassung der „Edda" zu, jener Sammlung historisch-romantischer Erzählungen, welche die einzige Quelle für die Kenntniß der Religion unserer Väter und eines der ältesten Schriftdenkmale der Völker germanischen Stammes ist.

Die als Saga's begonnene Literatur setzte sich mit allmäliger Aenderung des ersten Charakters bis in unsere Tage fort.

Zur Zeit besteht in Kopenhagen eine literarische Gesellschaft aus Isländern, welche sich mit der Geschichte ihres Landes beschäftigt.

So ist dieses Völkchen auf dem winterlichen Eiland durch zehn Jahrhunderte herabgestiegen, nicht ohne in jedem derselben die Spuren eines regen Geisteslebens zurückzulassen, und die Geschichte seiner Entwicklung, seiner Leiden und seiner aus Durst nach Ruhm und Herrschaft entsprungenen Kämpfe enthält viele Züge, die uns mit Bewunderung und Stolz erfüllen; es ist die germanische Abstammung, die sich darin kund that!

Die Isländer liefern den Beweis, daß die Individualität,

---

*) Nach wissenschaftlicher Kritik mit Unrecht.

welche die Natur den verschiedenen Völkerfamilien aufgeprägt
hat, nach geistiger und physischer Seite, von geographisch klimatischen Verhältnissen unabhängig bleibt und in ihrer Existenz
und Entwicklung davon nicht gefährdet wird.

Wenn der Leser diese Nachrichten über das Volk auf Island
vom praktischen, das heißt vom Standpunkt Desjenigen ansieht,
der im Begriff steht, das Land zu bereisen, und gern wissen
möchte, mit was für Leuten er es zu thun haben wird, so
findet er wohl, daß sie ihm schon gewichtige und Vertrauen er-
weckende Aufschlüsse geben. Er trifft dort Leute seines Stammes, die also im Allgemeinen seine eigene Weise des Denkens
und Fühlens theilen werden. Damit kennt er sie in der Hauptsache. Aber jedes Volk hat noch besondere Eigenthümlichkeiten,
die ihm entweder angeboren sind oder von äußern Verhältnissen
bewirkt werden. Auch von dieser Seite soll der Leser die Isländer noch kennen lernen.

In dem vorigen Abschnitte suchte ich darzuthun, daß das
Relief eines Landes, seine Oberflächenbeschaffenheit, eine allgemeine Einwirkung auf den Menschen äußert, indem es dessen
Ausbreitung darauf mehr oder weniger begünstigt. Das isländische Relief erkannten wir in dieser Beziehung als ein sehr ungünstiges. Jedes Land hat aber noch eine andere physische
Seite, welche den größten Einfluß übt, nicht nur auf die Zahl
der Einwohner, sondern auch auf die Beschaffenheit ihrer ganzen
physischen Existenz, ihr materielles Wohl oder Wehe, ihre Er-
nährung, Wohnung, Kleidung, Luxus, und das sind die Erscheinungen, welche wir zusammen Klima nennen.

Welch' großen Einfluß klimatische Verhältnisse auf den
Menschen üben, kann ich nicht besser hervorheben, als wenn ich
sage, daß hauptsächlich diese die Schuld tragen an der geringen

Bevölkerung der Insel, an dem Unterschied von einer Million Menschen, die es gemäß Flächeninhalt und Bodenbeschaffenheit haben könnte, und den 63,000, die es in Wirklichkeit hat.

Man muß, um die äußern Lebensverhältnisse eines Volkes richtig zu beurtheilen, vor Allem das Klima seines Landes kennen. Vieles, was ich über die Bewohner der Insel in jener Beziehung zu erzählen habe, wird dem Leser erst verständlich sein, wenn er mir erlaubt, vorher eine kurze Auseinandersetzung dieses wichtigen Momentes überhaupt zu versuchen.

Wir unterscheiden in unserm Lande, schon in wenig von einander entlegenen Gegenden, verschiedene Klimate, wir sprechen von einem warmen, kalten, feuchten, unregelmäßigen, ungesunden Klima, aber gewöhnlich, ohne über die Ursachen nachzudenken, welche diese Unterschiede hervorbringen. Auch in der Wissenschaft versteht man unter Klima eines Landes im Allgemeinen die Wärmezustände der Luft, die dort das Jahr über herrschen, und die Menge des Wassers, welches als Regen oder Schnee aus der Atmosphäre darauf herabkömmt. Die Geographen theilen den Raum über der ganzen Erdkugel in fünf große Gürtel oder Zonen, mit drei Klimaten, nämlich an ihrer Mitte eine Zone mit heißem, dieser folgend gegen Süden und Norden zwei mit gemäßigtem und an den Polen zwei weitere Zonen mit kaltem Klima.

Island liegt noch in der nördlichen gemäßigten Zone, aber so, daß seine Nordküste mit der Grenze der kalten zusammenfällt. Deutschland liegt in der Mitte der gemäßigten Zone.

Die Hauptwärmequelle für die Erde ist die Sonne, oder eigentlich die Wärmestrahlen, die von ihr ausgehen. Die Erde befindet sich zwar in unveränderlicher Stellung und Lage zur Sonne, aber die verschiedenen Theile ihrer Oberfläche werden vom Aequator bis hinaus an die Pole in verschiedener Richtung von den Strahlen derselben getroffen. Dieses ungleiche Auffallen der Sonnenstrahlen bringt die verschiedenen Wärmezustände der Luft an der Oberfläche der Erde hervor, deren Folge die drei Hauptklimate sind. Es entsteht als erste Hauptregel: Länder, Orte, welche ungleich weit vom Aequator entfernt sind, also in verschiedenen Breitengraden liegen, haben verschiedenes Klima, und zwar um so kälteres, je näher sie an den Polen liegen, wo die Strahlen der Sonne am schiefsten auffallen.

Reykjavik liegt unter dem 63sten Grade nördlicher Breite, München unter dem 49sten, und so müßte gemäß obiger Regel das Klima an beiden Orten ein sehr verschiedenes, das des erstern ein viel kälteres sein.

Einen großen Einfluß auf den Wärmezustand der Luft übt aber auch der Umstand, daß die Erdoberfläche aus Land oder aus Meer bestehen kann.

Die verschiedenen Zustände, in welchen das Wasser vorhanden ist, nämlich fest als Eis, oder flüssig, als eigentliches Wasser, oder luftförmig, als Dampf, hängen von der Verschiedenheit der Wärmemenge ab, welche in demselben enthalten ist. Das Wasser an der Erdoberfläche ist im beständigen Wechsel dieser Zustände, besonders des flüssigen und dampfförmigen begriffen, und die Folge davon ein nie ruhendes Wandern der Wärme aus dem Wasser in die Luft und umgekehrt. Die Wirkung dieser Vorgänge ist ein großer Unterschied in den Wärmezuständen der Luft, sie sind andere über Meeren und andere über großen Landmassen.

Es entsteht eine zweite Hauptregel für Klimate, oder wenn man will, eine Ausnahme von der ersten, welche lautet: Theile der Erde unter gleichen Breitengraden haben verschiedenes Klima,

6*

je nachdem sie Land oder Meer, und diese Verschiedenheit äußert sich dadurch, daß kalte oder heiße Klimate an den mit Meer bedeckten Theilen gemäßigte werden. Auf den Inseln und Küstenländern äußert sich dieser Einfluß des Wassers auf die Luftwärme dadurch, daß wenn sie in südlichen Breitengraben liegen, ihre Sommer kühler und unter nördlichen ihre Winter wärmer sind, als es dem Breitengrade entsprechen würde. Ihr Klima heißt man „insulares" im Gegensatz zu dem inner=halb großer Landmassen, dem „continentalen Klima."

Reykjavik hat insulares Klima, also ein viel gemäßigteres, als es nach der Lage unter dem 63sten Breitengrade haben sollte, München hat mehr continentales Klima, Umstände, welche den Klimaunterschied zwischen beiden Orten sehr verringern.

Weiter bedingt einen Unterschied der Wärmezustände die ungleich hohe Lage von Ländern oder Orten über dem Meeres=spiegel. Die Ursache hiervon liegt darin, daß die Luft je höher um so dünner wird und um so weniger Wärme aus den Strah=len der Sonne aufnimmt und zurückbehält. Je höher mithin ein Ort oder eine Gegend liegen, ein um so kälteres Klima werden sie haben. Dadurch entstehen andere Klimate der Hoch=ebenen und andere der Tiefländer, es entstehen verschiedene Kli=mate vom Fuß eines hohen Berges bis hinan zu seinem Gipfel.

Das Hochebenenklima von München ist ein viel rauheres als das eines andern Ortes, zum Beispiel als das von Stutt=gart, von Wien, unter gleichem Breitengrade, aber mit tieferer Lage. Dieser Umstand mag wieder die Klimate von München und Reykjavik einander nähern. Das des erstern entspricht einem höhern und das des andern Ortes einem mehr niedern Breiten=grabe.

Einen bedeutenden Einfluß auf Klimate haben ferner die

Luftbewegungen, regelmäßig sich einstellende Winde. Die Bewegungen der Luft werden durch ihren ungleichen Wärmezustand an verschiedenen Theilen der Erdoberfläche veranlaßt. Ihr Einfluß auf das Klima besteht darin, daß den östlichen Theilen der Continente mehr kalte und den westlichen mehr warme Luft zugeführt wird, letztere also im Allgemeinen ein milderes Klima haben als die andern.

Von nicht so umfangreicher Bedeutung für Klimate sind Meeresströmungen, die Bodenbeschaffenheit eines Landes, Richtung und Vertheilung der Gebirge, große Wälder, Sümpfe und Anderes.

Die eben aufgeführten Bedingungen der Klimate geben genug Anhaltspunkte, um mit großer Sicherheit Schlüsse auf die Art des Klimas eines sonst völlig unbekannten Landes zu ziehen. Wir haben mittelst derselben gefunden, daß das Klima von Südisland, so weit man damit die Wärmezustände im Allgemeinen versteht, nicht sehr von dem der baier'schen Hochebene verschieden sein kann. Dieses bestätigt nun auch die Vergleichung von Temperaturbeobachtungen am Thermometer.

Man nimmt einen Temperaturgrad, den man die mittlere Temperatur eines Landes nennt, als den Ausdruck von dessen Klima, als ein warmes, kaltes oder gemäßigtes, an.

Während der Tage eines Jahres kommen die verschiedensten Temperaturgrade vor, kein Tag wiederholt sich ganz gleich, und am weitesten stehen die mit der höchsten Sommerwärme und größten Winterkälte aus einander. In der berechneten mittlern Temperatur sind alle diese Verschiedenheiten ausgeglichen, als ob durch alle Tage und Stunden des Jahres der nämliche Grad, derjenige der mittlern Temperatur, statthätte. Solche

Temperaturgrade von verschiedenen Orten vergleicht man mit einander.

In Reykjavik und an der ganzen Südküste von Island ist die mittlere Jahrestemperatur + 3 Grad Reaumur. Die von München ist + 7,28, die von Peißenberg im baierschen Hochlande + 4,8, die von Hof in der Mitte Deutschlands + 5,5.

Die mittlere Temperatur nur von den Wintermonaten ist in Reykjavik — 3 Grad, dieselbe von München — 1 Grad. Letzterer Unterschied wird kaum fühlbar sein.

Die mittlere Temperatur der Sommermonate von Reykjavik ist + 9 Grad, die von München 14 Grad, die von Peißenberg + 11 Grad, von Hof + 12,7 Grad.

An den mittlern Jahrestemperaturen tritt der Unterschied zwischen insularem und einem tief continentalen Klima, wie letzteres zum Beispiel das Innere von Asien hat, recht deutlich hervor. Um in Asien die mittlere Temperatur von Reykjavik zu treffen, braucht man nur bis zum 52sten Breitengrade hinaufzugehen. In Europa, im Meridian von München, findet man dieselbe Temperatur schon unter dem 60sten Breitengrade, also auch noch 3 Grad tiefer als auf der Insel Island.

Nicht so tauglich ist die Vergleichung von Jahrestemperaturen, um damit „die Güte" des Klimas zu bemessen. Es können zwei Länder in Hinsicht auf allgemeine Wärmezustände einander sehr nahe stehen, während ihre Klimate bezüglich der „Güte" sehr verschieden sind. Dieses Verhältniß ist besser in den mittlern Temperaturen einzelner Jahreszeiten ausgesprochen, und das ist namentlich in Beziehung auf Island der Fall. Der Unterschied in den Sommertemperaturen von Reykjavik und von München ist unverhältnißmäßig größer als in jenen der andern Jahreszeiten und des ganzen Jahres. Hierin liegt aber der

Hauptunterschied der Klimate hier und dort. Ich will nun Einiges aus meinen eigenen Erfahrungen über das Klima von Island während eines fast fünfmonatlichen Aufenthalts daselbst, vom 1. Juni bis 17. October, mittheilen.

Die höchste Temperatur, welche ich beobachtete, war 16 Grad Reaumur in Mitte des Monats Juni im Südlande. Während meines Aufenthalts am Geistr, vom 25. bis 28. Juni, stieg sie nie über 8 Grad. In einer Nacht bedeckten sich die nahen Berge bis tief hinab mit Schnee, der aber alsbald wieder verschwand. Als im Südlande anfangs Juli der Nordwind einige klare Tage brachte, stellte sich dabei eine solche Kühle ein, daß die Fenster schon Nachmittags 2 Uhr mit Dunst anliefen. Während meiner Reise im Nordlande, in den Monaten Juli und August, stieg die Temperatur nie über 12 Grad Reaumur. Mehrmals fiel Schnee auf den Bergen, am 1. August bis nahe herab in die Thalgründe.

Am 26. September fiel in Reykjavik die Temperatur bis auf 5 Grad unter den Gefrierpunkt herab. Der kleine Landsee daneben war gefroren, so daß man darauf Schlittschuh laufen konnte. Diese Kälte währte acht Tage lang. Nach dem 10. October stieg die Temperatur Mittags wieder bis 14 Grad über Null, und so blieb es bis zu meiner Abreise am 17. desselben Monats.

Den Charakter des isländischen Sommers muß ich im Allgemeinen als „unangenehm, feucht kühl" bezeichnen. Ich glaube am besten eine Vorstellung davon zu geben, wenn ich sage, man könnte mit Tagen aus unsern Monaten März, April, Mai einen solchen Sommer zusammensetzen, und unsere Monate Juni, Juli und August fehlten dort gänzlich. Ich, der ich an das Klima der baierschen Hochebene gewöhnt und nicht verzärtelt

bin, war auf meinen Touren immer wärmer gekleidet als zu
Hause im Winter und fühlte doch keine Beläſtigung davon,
ſelbſt nicht, wenn, wie es dort und da vorkam, ich vom Pferde
ſpringen und einen ſteilen Berg hinaufklettern mußte, um geolo=
giſche Beobachtungen zu machen.

Uebrigens war mir die beſtändige Kühle und ſelbſt der
häufige Regen nicht ſo unangenehm, als der immerwährend mit
Wolken bedeckte düſtere Himmel.

Die Isländer ſelbſt bezeichneten den Sommer von 1858,
während welchem ich dort reiſte, als einen außerordentlich ſchlech=
ten. Der Pfarrherr in Hvamr im Weſtlande, welcher Auf=
zeichnungen über die Witterungszuſtände macht, verſicherte mich,
daß demſelben ſeit 1834 kein zweiter an Regenmenge und Kühle
gleichgekommen ſei. Freilich war der vorangegangene Winter
in den hochnordiſchen Gegenden allgemein ein ſehr milder und
trockener geweſen. Da man aber in Island auch andern rei=
ſenden Naturforſchern die Sommer, welche ſie dort zubrachten,
als beſonders ſchlechte bezeichnete, ſo liegt es nahe, jene Ver=
ſicherung nicht ganz wörtlich zu nehmen. Ich halte dafür, daß
ein außerordentliches Glück dazu gehörte, einen ſchönen trocknen
Sommer auf der Inſel zu treffen. Ein ſolcher isländiſcher
Sommer unterſcheidet ſich eben ſo im ganzen Charakter von
einem auf der baieriſchen Hochebene, wie die mittlern Tempera=
turen während dieſer Jahreszeit hier und dort auffallend ver=
ſchieden ſind.

Daß auf der Inſel ſelbſt das Klima gegen das Innere,
je höher das Land anſteigt, um ſo rauher wird, iſt erklärlich;
es nähert ſich immer mehr einem continentalen Hochlandklima.
Aber auffallend und unverhältnißmäßig groß gegen den geringen
Unterſchied in der Breitenlage iſt der Unterſchied zwiſchen der

mittlern Temperatur von Akreyri, dem Hauptort im Nordlande, und Reykjavik im Süden. Die mittlere Jahrestemperatur des erstern Ortes ist 0 Grad, also auf zwei Breitengrade ein fast eben so großer Unterschied als auf vierzehn Grade, zwischen den mittlern Temperaturen von München und Reykjavik.

Das viel kältere Klima der nördlichen Gegenden Islands erklärt sich aus mehreren Umständen. Die Winter sind dort kälter und dauern länger, trockne kalte Winde herrschen vor, welche das Südland wegen der Gebirge nicht berühren. Im Frühjahr treibt das Polareis an die Küste heran und legt sich in die Fjorde, in welchen es gewöhnlich bis Mitte Juni anzutreffen ist. Manches Jahr bleibt es den ganzen Sommer in der Nähe des Landes und veranlaßt eine niedere Temperatur auf demselben.

Im Innern des asiatischen Continents findet sich die mittlere Temperatur der Nordküste Islands neun Grade südlicher, und unter der Breite von Akreyri herrscht dort ewiger Frost.

Ich habe schon einmal bemerkt, daß in Island keine schweren oder Platzregen fallen, daß es aber um so anhaltender regne. Die jährliche Regenmenge von Reykjavik, in Pariser Linien ausgedrückt, verhält sich zu der von Kopenhagen im Jahre wie 336,78 : 234,27; im Winter wie 100,92 : 44,83, im Frühjahr wie 75,38 : 41,60, im Herbst wie 92,52 : 70,23, im Sommer wie 64,96 : 77,61.

Trockener ist in der Regel das Nordland, zum Theil aus denselben Ursachen, welche sein Klima kälter machen.

Eine Hauptlebensbedingung des Pflanzenlebens ist die Wärme, aber nicht jede Pflanze braucht gleichviel davon. Der letztere Umstand verursacht, daß andere Pflanzen im heißen, andere im gemäßigten und andere im kalten Klima wachsen.

Der gleiche Pflanzenwuchs auf von einander entlegenen Ländern zeigt ähnliches Klima an.

Island und die Mittelregion der Alpen, die Höhe von 4000 bis 8000 Fuß über dem Meere, haben ähnliches Klima, und daſſelbe iſt bei ihrer Pflanzenwelt der Fall. Es ſind die Regionen der einmähdigen Wieſen und höher der Weiden, in den Alpen und in Island. Alexander von Humboldt hat ge= zeigt, daß wir am Pik von Tenerifa, in der Höhe von 8000 bis 10,000 Fuß, dieſelbe Region „der Gräſer" finden würden.

Keine Getreideart kann es in Island bis zum Reifen brin= gen. Die Heidel= und Erdbeeren werden erſt anfangs Septem= ber eßbar. Zwei Birkenarten (Betula humilis und Betula nana) bringen es allein zur Höhe von Haſelnußgeſträuchen. Dieſelben Birken wachſen in Süddeutſchland eben ſo verkrüppelt auf Hochmooren, 2500 bis 3000 Fuß über dem Meere.*)

Hier muß ich nochmals an den geographiſchen Bau der Inſel erinnern. Derſelbe iſt Schuld an der ſo ſehr beſchränkten Ausdehnung des Wieſenlandes, ſelbſt in den niedern Küſten= ſtrichen. Durch die weiterſtreckten Plateaus iſt der größte Theil des Landes in eine Höhe gehoben, wo ſich Wieſengründe nicht mehr bilden konnten. Eine in Bergketten und Thäler gegliederte Oberfläche wäre viel günſtiger geweſen.

Das Wieſenland, auf dem Heu gemacht wird, beträgt kaum 100 Geviertmeilen.

Das Weideland erſtreckt ſich vielleicht über 800 Meilen,

---

*) Alexander von Humboldt wies nach, daß die heiße Erdzone und das nördliche Europa die intereſſante Eigenthümlichkeit gemein haben, „daß in einer beſtändig mit Waſſerdampf erfüllten Luft, wie auf einem vom ſchmelzenden Schnee durchfeuchteten Boden die Vegetation in den Gebirgen ganz den Charakter einer Sumpfvegetation zeigt." Alexander von Hum= boldt's Reiſen in die Aequinoctialgegenden des neuen Continents, S. 290.

aber mit solcher Magerkeit der Vegetation, daß damit kaum
Hunderte guter Wiesen ersetzt werden.

Die Vertheilung der Thiere über die Erde richtet sich eben
so wie die der Pflanzen nach den klimatischen Zuständen. Die
größte Mannigfaltigkeit in Ordnungen, Gattungen, Arten von
Thieren zeichnet südliche warme Gegenden aus, nicht so die
nördlichen. Es ist interessant, sich zu erinnern, daß zum
Beispiel die Classe der kriechenden Thiere in der heißen Zone
nicht nur durch eine große Zahl von Gattungen und Arten,
sondern auch durch Größe, Stärke, Schönheit und Schädlichkeit
der Individuen sich hervorthut, während schon in unsern Breiten
nur noch wenige Arten vorkommen, und diese klein, unansehnlich
und bis auf eine Art ungefährlich sind, in Island aber gar
nicht mehr existiren können. Unsere niedliche Eidechse oder eine
Natter würde ein Isländer eben so anstaunen, wie wir ein
Krokodil oder eine Riesenschlange.

Von wildlebenden Säugethieren findet sich nur eines aus
dem Hundegeschlecht auf der Insel, nämlich der Polarfuchs mit
bläulichem Pelz.

Reich ist die Classe der Vögel vertreten, in Hühnern, Enten,
Falken, Adlern und verschiedenen Arten von Sumpfvögeln.

Nur der Mensch allein kann, nach allgemeiner Erfahrung,
unter jedem Klima ausdauern. Aber nicht nur das, sondern
auch die Eigenthümlichkeiten seiner Race und seines Stammes
erhalten sich wenigstens in den Hauptzügen eben so unter dem
Aequator wie nahe an den Polen. Wie Tacitus die alten
Germanen zeichnet, hohe schlanke Gestalten, mit röthlichem Haupt=
und Barthaar und blauen Augen, das ist im Allgemeinen noch
das Bild des Isländers von heutzutage. So weit das nicht
mehr der Fall, sind es hauptsächlich andere Dinge als das

Klima, welche die Schuld daran tragen. Bekanntlich wußten die Germanen nichts von Branntwein und Kaffee!

Die praktischen Winke, welche wir der Auseinandersetzung über das isländische Klima entnehmen, betreffen die Art, wie wir uns passend für die Reise kleiden mögen. Es wird keineswegs nothwendig sein, sich mit großem Ballast zu beschweren, etwa mit Säcken aus Seehundsfellen oder Schafpelzen. Gute Tuchkleider und lange Stiefel gewähren genug Schutz gegen Kühle und Nässe. Wer mit Zelt reist, dem werden ein paar Wolldecken genügen.

Wir suchten uns bisher zu erklären, warum ein so großes Land eine so kleine Bevölkerung habe, und fanden den Schlüssel hierfür in geographischen und klimatischen Verhältnissen. Es bietet aber die nach diesen Bedingungen mögliche Volkszahl noch in sich selbst die interessantesten Seiten für die Betrachtung.

Innerhalb der Bevölkerungen der Länder zeigt sich nämlich eine Bewegung entweder gegen die höchste mögliche Summe oder von ihr hinweg zu einer niedern. Ein gleichbleibender Zustand ist selten.

Diese Verhältnisse hängen von den Gesundheitszuständen und dem äußern Leben eines Volkes ab, *) von dessen Nahrungszustand, Beschäftigungen und socialen Einrichtungen. Auch in dieser Beziehung sind von Island eigenthümliche und zwar nicht erfreuliche Thatsachen bekannt.

Die Population der Insel hat sich im Laufe der Jahrhunderte seit ihrer Colonisation, so weit dies nach sichern Quellen erhoben werden kann, ziemlich stationär gezeigt; sie war aber

---

*) Also indirect auch zum Theil von geographischen und klimatischen Verhältnissen.

doch in Abnahme begriffen. Im vorigen Jahrhundert nahm dieselbe um 6 Procent ab.

Als Ursachen dieses Mißverhältnisses nimmt ein dänischer Arzt, *) der das Land während zweier Jahre zu arzneiwissenschaftlichen Zwecken bereiste und studirte, die dort häufigen Epidemien und die unter den Kindern im ersten Lebensjahre herrschende große Sterblichkeit an.

Aus der Geschichte der Epidemien auf der Insel seit Beginn des vierzehnten Jahrhunderts bis in unsere Tage geht hervor, daß in dieser langen Zeit nur wenige Jahre verschont geblieben sind, während viele so voll des Elendes waren, daß es fast ein Wunder, wie noch ein Mensch dort weiter leben mochte.

Ich entnehme dem Buche des Dr. Schleißner die Unglücksgeschichte der Jahre 1784 bis 1786, um einen Begriff von den Leiden zu geben, welche die Bewohner von Island schon betroffen haben. „Am 23. Juni 1783," so berichtet Dr. Schleißner, „begann ein vulcanischer Ausbruch des Skapterfellsjökul (Theil des Klofajökul), welcher einer der stärksten war, die je auf der Insel stattgefunden haben. Auf dieses Ereigniß folgte alsbald große Theuerung. Das isländische Moos ging in demselben Jahre völlig zu Grunde, eben so in den nächsten zwei Jahren. Der ungeheure Aschenregen vernichtete den Graswuchs von Wiesen und Weiden im ganzen Lande. 1784 bis 1785 erreichte die Calamität ihren höchsten Punkt. Thiere starben in großer Anzahl. Die überlebenden Pferde fraßen die todten, so wie auch Rasen, Holz und Mist. Die Schafe fraßen einander die Wolle

*) Dr. Schleißner in seinem Buche: Island, undersögt fra et laegevidens kabeligt Synspunkt af Dr. Med. P. Schleissner. Kjöbenhavn. 1849.

ab. Im Winter 1783 bis 1784 gingen von dem auf der Insel
befindlichen Rindvieh 53 Procent, von Schafen 88 Procent, von
Pferden 77 Procent zu Grunde. Der schreckliche Hunger er=
zeugte alle Arten von Krankheiten bei den Menschen. Beamte
und wohlhabende Bauern litten unter dem Mangel des Noth=
wendigsten, was man an ihrem Aussehen erkennen konnte.
Im Bisthum Hollar im Nordlande starben an Hungerkrankheit
2148 Menschen. Nur in einem Theil des Bisthums Skalholt
starben 1079. Einzige zwei Syssel im ganzen Lande blieben
von der Calamität befreit. Am 4. August 1784 half ein be=
sonders heftiges Erdbeben das Elend noch vermehren. Dieser
Zustand dauerte bis in's Jahr 1785. Auf einzelnen Höfen
verloren Säuglinge ihre Eltern und wurden im hilflosesten Zu=
stande aufgefunden, halb verhungert, andere gingen mit zu
Grunde. Im Bisthum Skalholt starben im Jahre 1785 1405
Menschen, und davon wurden 65 todt auf dem Wege auf=
gefunden."

Diese drei Unglücksjahre allein brachten die Bevölkerung
der Insel von 48,668 (1783) auf 38,142 (1786) Seelen zurück.

Die Sterblichkeit in Island ist in Folge der häufigen Epi=
demien zur Zeit noch so groß, daß von 1000 Geborenen nur
567 das vierzehnte Lebensjahr erreichen, während in Dänemark
dieselbe Zahl vierzig Jahre alt wird. Die Sterblichkeit unter
den Kindern im ersten Lebensjahre ist nochmal so bedeutend als
in Dänemark. Der genannte Arzt gibt die Schuld an dem
häufigen Auftreten von Epidemien dem schlechten Medicinal=
wesen, den mißlichen Wohnungen und den Beschäftigungen des
Volkes, namentlich der Fischerei. Die Ursache der großen Kinder=
sterblichkeit will er in nachlässiger Pflege derselben, namentlich
aber darin finden, daß die isländischen Mütter ihre Neugeborenen

nicht selbst säugen, sondern sie von andern Personen mit Kuh-
milch aufziehen lassen.

Eine allgemeine Thatsache der Bevölkerungsstatistik ist, daß
der weibliche Theil der Bevölkerungen der Länder den männlichen übersteigt, und das ist in Island in ungewöhnlichem
Maße der Fall. Hier treffen auf 1000 männliche Individuen
1120 weibliche, während in Dänemark das Verhältniß 1000 zu
1023 ist. Einiges Gleichgewicht in den Gang der isländischen
Bevölkerung bringt die ungewöhnliche Fruchtbarkeit der Weiber.
Ehen mit zwanzig und vierundzwanzig Kindern sind dort nicht
selten. Eine Vergleichung in dieser Beziehung mit Dänemark
ergab als Resultat, daß in Island von verheiratheten Weibern
während des Lebensalters von zwanzig bis fünfundzwanzig Jahren um 16 Procent mehr Kinder geboren werden als in Dänemark.

Wenn man den ganzen Flächenraum der Insel, also auch
die völlig unzugänglichen und unbekannten Theile mit der Bevölkerung vergleicht, so treffen 40 Menschen auf die Quadratmeile. Bringt man aber die wüsten Theile mit ungefähr
800 Quadratmeilen in Abzug, so treffen 105 Seelen auf eine
Quadratmeile und das gibt eine richtigere Vorstellung von der
Vertheilung der Bevölkerung über das Land. Welch' ein Unterschied ist aber zwischen Island und den bevölkertsten Fabrik-
bezirken Deutschlands, wo 11,000 Menschen auf demselben
Raume wohnen.

Der mehrerwähnte dänische Arzt glaubt, daß nach Beseiti-
gung jener Uebelstände, welche beseitigt werden könnten, in Island wenigstens 100,000 Menschen sich gut nähren können.
Damit wäre eine Zahl erreicht, wie wir sie auch den klimatisch-
geographischen Verhältnissen entsprechend gefunden haben.

Kommen wir nun wieder auf unser Reisevorhaben und die
Belehrungen, die uns in dieser Beziehung noch abgehen, zurück.

Wenn wir mit Benutzung der Gastfreundschaft reisen,
müssen wir wohnen wie die Isländer, müssen ihre Kost genießen
und uns in manche ihrer Bräuche, Sitten und Gewohnheiten
schicken.

Ueber alle diese Verhältnisse soll ich nun dem Leser Auf=
schluß geben. Ich glaube dieses aber am erfolgreichsten zu thun,
wenn ich ihn, wie im vorigen Abschnitte auf eine isländische
Heidi oder einen Lavastrom, nun in ein Gehöfte führe und da
Quartier nehmen lasse.

Wie bekommt doch unser Gedankengang gleich eine ganz
andere Richtung, wenn wir am Ende eines angestrengten Tages=
rittes unversehens an den Marken eines weiten grünen Angers
ankommen. Grade waren wir eine Stunde lang am Fuße
eines sanft abbachenden Gebirges fortgeritten, bald auf sum=
pfiger Ebene, bald durch sie genöthigt, an die Bergseiten hinauf
oder in die Winkel herabziehender Mulden hinein unsere Pferde
zu lenken. Lava war in alter Zeit von der Höhe herabgekom=
men in mehreren Strömen, welche auf der Ebene langsam, träge
nach allen Seiten aus einander flossen, wie Meereswellen, die über
dem flachen Strande vom Stoß der nachfolgenden nicht mehr
erreicht werden.

Ueber Lava und Sumpf hinaus hat hier die Natur ein
Theater aufgebaut, das an Größe und Anmuth von keiner an=
bern Landschaft in Island erreicht wird. Sie hat derselben
durch verschiedene Formen, durch Berge und Hügel, welche in
angemessener Vertheilung nach der Tiefe und Breite einen
prächtigen Seespiegel in einem Kranze umschlingen, eine Schön=
heit, einen Reiz gegeben, welche mit dem Abgang von Fluren

und Wald nicht nur versöhnen, sondern sie vergessen machen. Die Natur war hier plastische Künstlerin.

So war die letzte Stunde der Tagereise eine der wenigen, wo in Island der Anblick der Landschaft uns Pferd, Weg und Steg vergessen lassen.

Das grüne Land gegen Südwest erhebt sich allmälig in flachen Hügeln, deren Wellen sich bis an den Horizont fortwälzen. Nicht sehr fern ragt aus denselben eine schwarze Berggestalt empor. Ist es vielleicht ein mächtiger Pharus? Die Sonne, welche glänzend über ihr am blauen Abendhimmel schwebt, malt einige fahllichte Streifen in die Ränder ihrer faltigen Seiten. Oder liegt etwa das Festkleid eines Gottes darauf, das er hingeworfen, nachdem das Gold der Borten vergilbt war? Uns näher gegen Süden zeichnen die Waffer des Fliegensees ein breites, mannigfach gebrochenes Deffein in das grüne Wiesenland, und aus deffen silberglänzendem Spiegel treten dort und da kleine grüne Inselchen hervor, wie eben so viele Smaragden. Tiefer verbirgt sich die Wasserfläche nach rechts hinter vorspringenden Hügeln, und noch tiefer folgt eine Reihe von Contouren, so nach und neben einander, daß es den Anschein hat, als ob der See sich dort in zahlreichen Armen in's Land hineinerstreckte. Zu äußerst am Horizont erhebt sich ein Bergrücken, welcher über eine hohe Bogenlinie, wie ein Bramante'scher Dom, gleich wieder nach der andern Seite niedersteigt. Ihm folgt nach einigem Abstand ein zweiter, dann ein dritter und vierter, alle nicht minder kühn geformt, in einem weiten Halbkreise, der nahe zu uns herüberbiegt, bis links der Bergabhang die Aussicht verschließt. Vorn hat sich zwischen diesem Gebirge und dem See ein langer, niederer, dunkelgrauer Kraterwall Platz gemacht, tiefer scheint die glänzende Fluth den Fuß der Berge zu befpülen. Wenn die abendliche Sonne die fernen Bergkuppen in violetten Duft hüllt, deffen fanfter Ton mit der glänzenden Pracht contraftirt, welche fie auf dem Spiegel des Sees verwendet hat, dann ift es ein unvergleichlicher Anblick.

Im Anfchauen folcher Natur geht die ganze Seele auf und es macht fich kein anderes Bedürfniß geltend.

Da zeigen fich die Marken des Angers und man fühlt fich müde, hungert und durftet. Wie in einem Stereoffop wird plötzlich das vorige Bild durch ein neues, ganz anderer Art verdrängt. Der grüne Anger verräth einen nahen Bauernhof, der uns Quartier geben foll. Es ift diesmal der Ort Reyk= jahlib am See Mywatn (Fliegenfee) im Nordlande.

Der Rafenzaun, der den Anger gegen die Bergfeite ab= grenzt, macht wegen feiner Sauberkeit und des Fleißes, der ficht= bar auf feine Herftellung verwendet wurde, einen wohlthuenden Eindruck und es werden dadurch fchon die beften Hoffnungen für die nächfte Zukunft in uns rege. Auf dem Anger, deffen Ausdehnung wir auf 40 bis 50 Tagwerke fchätzen mochten, fteht ein üppiger Graswuchs, wie wir ihn vorher nie in Island gefehen hatten. Alles deutet darauf, daß hier ein tüchtiger, fleißiger Oekonom waltet.

Den Bauernhof felbft entdecken wir in der Ferne, und da er feine Front von uns abwendet, nur, wenn wir einmal mit dem Ausfehen der isländifchen Wohnungen auf dem Lande be= kannt find. Er liegt am andern Ende der Wiefe, eine Strecke innerhalb des Rafenzaunes.

Ein isländifcher Bauernhof gleicht von rückwärts einer Gruppe kleiner dachförmiger Hügel, die ungleich hoch find und enge beifammen ftehen. Die Kanten, die Firfte, laufen einige parallel, andere in verfchiedenen Winkeln zu einander. So fehen

ste alle aus, die schlechtesten wie die besten. Die letztern ver=
rathen sich nur durch einige höhere Firste.

Eine Gasse, von zwei Rasenzäunen gebildet, führt quer
durch den Anger vollends zum Hofe. Eine Schwenkung um
die Ecke, noch einige Schritte und wir befinden uns vor dem

Bauernhof im Südlande (ehemaliger Bischofssitz).

Eingange. Wie sieht sich nun das an, der Hof eines wohl=
habenden isländischen Bauers in der Fronte?

Es stehen vier Bretterhäuser neben einander in einer graden
Linie, so daß sie mitsammen eine Facade bilden. Von den
zwei mittlern ist jedes bis zur Spitze des Giebels ungefähr

7*

30 Fuß hoch. Sie sind an einander gebaut, so daß eine Mit-
telwand beiden gemeinschaftlich ist. An den Kanten, welche das
Dach mit den Vorderseiten bildet, laufen breite Windbretter
herab, die die Art der Bedachung, Rasen nämlich, verbergen.
Der Bau ist solid, fest und der Art, daß immer die Fuge zwischen zwei anstoßenden Brettern durch ein drittes gedeckt wird.
An dem einen schmälern Hause befindet sich der Eingang und
daneben zwei Fensterchen, am andern sind nur zwei hohe Fenster
sichtbar. An Thürstock und Fenstergesimsen hat die Zimmer-
mannskunst Schnörkel und Zierrath angebracht, wie wir es
auch an den Häusern unserer Bauern oft sehen. An den äußern
Seiten wird das Häuserpaar von einer ungefähr vier Fuß breiten,
abwechselnd aus Rasenstücken und Steinplatten aufgeführten
Mauer eingerahmt. An diesen Steinwällen folgen nach rechts
und links zwei einfachere Bretterhütten, die auch an der äußern
Seite wieder von dergleichen Mauern eingefaßt werden. Am
Fuße dieser Gebäude läuft ein mit Fleiß und Sauberkeit aus
ebenen Steinplatten errichtetes Trottoir hin.

Diese Beobachtungen machten wir zu unserer Befriedigung
und Verwunderung vom Pferde herab. Nun steigen wir ab
und betreten, der freundlichen Einladung des Bauers folgend,
der mittlerweile erschienen, das Innere.

Die Erscheinung des Hausherrn macht einen nicht minder
guten Eindruck auf uns als sein Besitzthum. Es ist ein hoch-
gewachsener Mann, mit dunkelm krausen Haupt- und Barthaar,
mit scharfen Zügen in dem etwas blassen Antlitz und einem
freien, offenen Blick in den großen blauen Augen. Der erste
Raum, den wir betreten durch die Thür des schmälern Hauses,
dient als Vorhaus. Das Estrich ist hier der bloße Erdboden,
an den Seiten stehen Truhen und an Pfosten hängen Arbeits-

kleider umher. Aus diesem Vorhaus führt eine Thür in das anstoßende größere Haus, oder eigentlich in ein geräumiges, hohes freundliches Zimmer, welches den ganzen Raum desselben einnimmt. Da können wir es uns einmal bequem machen. Schon der bloße Anblick weckt ein längst entbehrtes Gefühl von Behagen und ist vom besten Einfluß auf unsere Stimmung.

Die Wände des Zimmers haben zwar noch die Holzfarbe, aber man sieht, daß sie neu sind. Ueber's Jahr, läßt der Bauer bemerken, werden sie schon gemalt sein. Im Hintergrunde findet unser musternder Blick einen kleinen Alkoven, aus welchem zwischen dem halb geöffneten Vorhange ein reinliches Bett hervorsieht. Den Raum vorn zwischen den Fenstern nimmt ein Tisch mit mehreren gepolsterten Stühlen ein. An den Wänden rechts und links stehen Kästen, eine neue polirte Commode und eine Art Secretär aus Eichenholz. Die Unterhaltung zwischen uns und dem Bauer nimmt zwar einen schlechten Fortgang, da wir beide das Dänische gleich schlecht handhaben, aber es währt nicht lange, so erscheint das Töchterchen desselben, ein untersetztes Mädchen mit hochrothen vollen Backen und der diesen Landeskindern eigenen stumpfen Nase. Sie ist beschäftigt, für die Mahlzeit zuzurichten. Das Tischtuch ist schneeweißes Linnen, die Geschirre sind aus dem feinsten Porcellan, die Löffel von schwerem Silber. Bald dampft eine Schüssel mit milchigem Reisbrei als Suppe auf dem Tische. Als weitere Gerichte folgen prachtvolle Forellen mit gelbröthlichem Fleische, gleich demjenigen der sogenannten Saiblinge aus den Alpenseen, dann geräuchertes Schaffleisch, Eier, welche von Enten, die am nahen See hausen, geliefert werden, endlich die sehr gut schmeckende isländische Nationalspeise, Skyr, und zum Schluß Kaffee.

Ein ausgesuchter Feinschmecker möchte vielleicht an der

Kochkunst etwas auszusetzen haben, der hungerige Reisende aber
mäkelt nicht an den kostbaren Leckerbissen.   Wenn er außer
diesen Genüssen noch die Gewißheit hat, daß ihn hinter des
Alkovens Vorhang ein Bett von Dunen erwarte, wie man es
bei uns nur in fürstlichen Palästen findet, dann hat er Alles
beisammen, sich in den beruhigtsten Gefühlen zu ergehen.

Ich wünschte, der Leser hätte uns gesehen, wir wir am
Fenster saßen, Nachts 11 Uhr, vor uns eine Tasse dampfenden
Mokka, die Rauchwolken der Cigarre mit größtem Behagen in
die Luft blasend.   Durch die hellen Fenster zitterten die letzten
Strahlen der untergehenden Sonne.   Während sie die fernen Contouren des Hochlandes mit röthlichem Licht umsäumte,
lag es über der dunkelnden Fläche des Sees in feurig glänzenden Streifen.   Süße Erinnerungen aus der Heimath, besonders
durch den Anblick einer Bachstelze geweckt, die außen auf dem
Zaune, einsam, als ob sie hier auch fremd, noch nach Fliegen
haschte, wechselten in der Seele mit freudiger Spannung ob der
neuen Naturwunder, die wir den andern Tag schauen sollten.

In dieser Stimmung, in dieser Lage würde uns der freundliche Leser beneidet haben, und er hätte Grund dazu gehabt.
Wenn er aber glaubte, daß das alle Tage oder auch nur oft so
gekommen, dann befände er sich in großem Irrthume.   Wenn
er wirklich darin befangen, so will ich ihn, ehe ich vom schönen
Hofe weiter erzähle, durch ein anderes Bild gründlich davon
heilen.

Nahe am äußersten Ende der Nordküste der Insel, gegen
Osten, befindet sich eine für den Geologen höchst wichtige Loca-
lität.   Es bilden dort Felswände an 200 Fuß hoch, steil abgerissen, den Küstenrand, so daß zur Zeit der Fluth die Bran-
dungswogen daran hoch hinaufsteigen.

Auf dem plateauförmigen Lande über der Felsmauer be=
findet sich ein einzelnes Haus, von zwei Familien aus der Claſſe
derjenigen, welche sich zugleich von Viehzucht und Fischerei küm=
merlich nähren, bewohnt. Dieſer Ort, der sich Stalbjarnarstabir
nennt, muß uns für die Tage Obdach geben, die wir zu den
geologischen Unterſuchungen an der Küſte nöthig haben.

Das Daſein deſſelben hat sich uns nicht schon in der Ferne
durch ein schmuckes Gehege um eine fette Wieſe angekündigt.
Nur wenig unterscheidet sich die Vegetation in einiger Entfer=
nung um die Wohnung durch Ueppigkeit und tieferes Grün von
dem übrigen Grunde. Die Gebäulichkeiten haben auch keine
Aehnlichkeit mit Häuſern. Die Raſenmauern und die Be=
dachung aus demſelben Stoffe sind so sehr im Uebergewicht, daß
man zwei graue Bretterwände dazwischen kaum gewahrt. Es
scheint, als ob sie nur da wären, die Eingänge in Höhlen zu
verschließen. Kleine Fenſterchen darin, welche so voll Schmutz
sind, daß sie kaum noch einen Sonnenstrahl durchlaſſen, ver=
mögen die Täuschung nicht aufzuheben. Da beeilen wir uns
nicht, abzuſteigen, und muſtern die Erscheinung mit grämlichem
Geſicht vom Pferde herab. Gewöhnlich zeigen sich an der Vor=
derſeite der Gehöfte die beſſern Theile derſelben, hier aber macht
ſelbſt dieſe den schlimmſten Eindruck und erregt böse Ahnungen
in uns.

In dieſen Hütten ist nicht zu wohnen, das sieht man ihnen
von Außen an. Es wird uns also hier das längſt gefürchtete
Loos treffen, in der Wohnſtube eines Isländers, der sogenannten
Badſtoba, Quartier nehmen zu müſſen.

Der Eingang zu dem Syſtem von oberirdischen Höhlen,
wie es jede isländische Wohnung darſtellt, befand sich an der
einen Ecke. Zwei Pfoſten mit einem dritten quer darüber bil=

beten eine ungefähr 4 Fuß hohe und 2 Fuß breite Oeffnung, welche in einen von Rasenmauern gebildeten Gang führte. Die Thür war von derselben Einfachheit. Das Ganze hatte nur Aehnlichkeit mit dem Eingange in einen alten aufgegebenen Stollen.

Bald kam einer der Besitzer des Etablissements herausgeschlüpft, der mit meinem Führer die gewöhnlichen Begrüßungen wechselte und dann von ihm die ausführlichsten Aufschlüsse über unsere Personen und Absichten einzog. Mittlerweile zeigte sich noch ein Zweiter. Dieser steckte anfangs nur den Kopf aus der Oeffnung und horchte anscheinend gleichgiltig auf das Gespräch der Andern. Allmälig trat aber eine Veränderung in seinem Wesen ein, die sichtbar mit dem Fortgang der Erzählung meines Führers über meine Person zusammenhing. Vorher hatte er mich für einen dänischen Händler gehalten. Bald strahlte sein Gesicht von Freundlichkeit, jedoch mit dem unverkennbaren Ausdruck von Zwang, wie ihn nur geheime schlimme Absichten auflegen. Ohne mehr auf meinen Führer Rücksicht zu nehmen, trat er an mich heran und lud mich in gewandtem Dänisch ein, abzusteigen und ihm in seine Wohnung zu folgen, ich sollte höchst willkommen sein. Es war eine so verdächtige Zubringlichkeit in seinem Wesen, daß mir gleich der Gedanke kam, der Mann hat es auf Etwas abgesehen, und das wird Deine Börse sein. Ich hatte mich nicht geirrt und werde davon später erzählen. Der Isländer ergriff meine Hand und zog mich förmlich nach sich in die Höhle. In den Gängen aller isländischen Wohnungen herrscht totale Finsterniß, und nur der Einheimische vermag sich darin ohne Führer zurechtzufinden. Nachdem ich zwei Schritte innerhalb der Oeffnung gethan, hatte alle Wahrnehmung ein Ende, ich hörte nur noch das Streifen meines Mantels

an den engen Wänden und roch den feuchterdigen Geruch, der
von denselben ausging. Dabei durfte ich die öfter wiederholte
Weisung meines Begleiters nicht vergessen, mich ja recht zu
bücken. So ging es vielleicht zwölf Schritte weit immer in
totaler Finsterniß fort. Was könnte ein Romanschreiber nicht
aus einem isländischen Hausgang machen?

Endlich kam von einer Seite aus der Höhe eine schwache
Helle. Da hielt der Mann, als ob er mir Zeit lassen wollte,
mich wieder an Licht zu gewöhnen. Nach und nach unterschied
ich, daß ich vor einer Treppe oder vielmehr Leiter stand, welche
zu einer viereckigen, ungefähr 2½ Fuß hohen Oeffnung führte,
durch welche das schwache Licht hereinkam. Da sollten wir nun
hinauf und hindurch. Mein Wegweiser kletterte voran und ver=
schwand dann innerhalb des Loches. Ich führte dieselbe Ope=
ration, aber mit weniger Gewandtheit aus, so daß es mir nur auf
allen Vieren möglich war, den isländischen Salon zu betreten.
Der Raum, in dem ich mich nun befand, war im senkrechten
Schnitt dreieckig, wie er unter einem spitzgiebligen Dachstuhle
entstehen muß. Die Wände bestanden aus von der Zeit ge=
bräuntem Holze, und ein trübes Fensterchen ließ höchst spär=
liches Licht herein. In dieser Stube war aber meines Bleibens
noch nicht, sondern der Mann ergriff neuerdings meine Hand
und zog mich durch eine Thür in ein anderes gleichgeformtes,
aber noch beschränkteres Gemach. Hier enthüllte sich mir ein
vollkommenes, wenn auch nicht reizendes Bild isländischen Fa=
milienlebens. Die Familie meines Gastwirthes war groß, sie
zählte zehn Köpfe. Es war er selbst, seine Frau, eine alte
Mutter und sieben Kinder von zwei bis zehn Jahren. Eine
Vergrößerung stand nach dem Zustande der Frau in naher Aus=
sicht. Die einzige Wohn= und Schlafstube derselben, welche nun

auch mich aufnehmen sollte, war höchstens 13 Fuß lang und
12 Fuß breit, also 156 Quadratfuß, von welchen 14 Quadrat=
fuß auf die Person trafen. Ein schmaler Gang theilte den
Boden in zwei Seiten. Die eine Seite nahmen zwei Bettstellen
ein, das heißt rechteckige Behälter aus Brettern zusammengefügt,
die andere Seite enthielt eine Bettstelle, und den übrigen Raum
füllten ein Tischchen und eine Truhe aus. Hier kam durch ein
Fensterchen Licht herein.

Man kann sich leicht vorstellen, wie die Luft in einem
engen, hermetisch verschlossenen Raume, in dem so viele Men=
schen zusammengepfercht sind, beschaffen sein muß, da dunstet
und duftet es wahrlich nicht balsamisch. In einer künstlichen
Brütanstalt befände man sich wohl nicht schlechter, als in einer
isländischen Badstoba. Aber wenn es einmal sein muß, bleibt
nichts übrig, als zum bösen Spiel eine gute Miene machen.
Meine Lage kam mir in diesem Falle zu originell vor, als daß
ich mich hätte darüber sehr grämen mögen. Ich war nur
bange, hier schlafen zu müssen, und das bestimmte mich, die
Tageszeit um so fleißiger zu verwenden, um wo möglich mit
einer Nacht durchzukommen.

Vor Allem war ich neugierig, durch welches Arrangement
auch für mich Platz zu einem Nachtlager geschaffen würde. Der
Frau meines Wirthes muß ich das verdiente Compliment
machen, daß sie Reinlichkeit, so viel nur immer bei den miß=
lichen Verhältnissen möglich war, aufrecht erhielt. Als ich
Abends von einer Excursion zurückkehrte, fand ich in einer der
Schlafstellen ein Bett für mich zurecht gemacht, das wahrlich
unter andern Umständen ein Fürst nicht hätte verschmähen dür=
fen. Die Decke war wieder mit Dunen gefüllt und trug einen
reinlichen, ja eleganten Persüberzug. Die andere Wäsche be=

stand aus frisch gewaschenem weißen Leinen.   Die Kost, die
hier nur aus Kaffee, Skyr und einer Art Pfannkuchen bestand,
wurde mir auch in Porcellangeschirren aufgetragen.   Der Löffel
war aus Silber.   Ich kam mir da vor wie ein verwunschener
Prinz, dem eine schlimme Fee Schloß und Prunkgemach in
eine elende Hütte verwandelte, und zur Qual noch einige Reste
der frühern Herrlichkeit ließ.

Die ganze Stube war für die Nacht in ein Bett umge-
wandelt.   Diejenigen Individuen, welche ich von ihren Lager-
stellen verdrängt hatte, waren auf den Gang gebettet.   Ich
konnte die Scene von meinem etwas erhöhten Torus überblicken.
Der ganze Raum war mit menschlichen Körpern überdeckt, was
ein um so wunderlicheres Aussehen hatte, als die Isländer, Jung
und Alt, die Gewohnheit haben, daß immer der Eine mit den
Füßen zu Häupten des Andern liegt.   Diese Nacht in der Badstoba werde ich in meinem Leben nicht vergessen, und der Leser
hätte gewiß nicht Ursache gehabt, mich zu beneiden.

Kehren wir nun wieder zum schönen Hof in Reykjahlid
am See Mywatn zurück.   Das dortige Quartier war eines der
besten, die man überhaupt auf einer Reise in Island finden
kann.   Es bleibt zwar in dieser Beziehung immer viel zu wünschen übrig, doch ist der Aufenthalt in der schlechtesten Hütte
dem in einer Badstoba vorzuziehen.   Der Bauer zu Reykjahlid
hatte seinen Hof erst im vorigen Jahre neugebaut, und dabei
die Absicht gehabt, eine Art Gasthaus daraus zu machen.   Der
Ort ist nämlich eine Hauptstation, so ziemlich im Mittelpunkte
gelegen, für die Reisenden aus den wohlhabenden Bezirken des
Ostlandes nach Akreyri, dem Hauptort und Regierungssitze des
Nordlandes.   Es trifft sich gar häufig, daß Geistliche, Beamte
oder Kaufleute dort Quartier suchen.   Der intelligente und

thätige Besitzer des Hofes hat dem Bedürfniß auf's Beste ent-
sprochen.   Wir wollen aber jetzt noch unter dessen Führung
einen Blick in die andern Räume seines Hauses werfen.   Vor
Allem ist die Babstoba zu sehen.   Diese liegt im hintersten der
verschiedenen Häuser und Hütten und ist durch einen kurzen
Gang mit dem Vorhause verbunden.   Sie ist aus wohl in einander gefügten Dielen neu gebaut und gleicht einer soliden,
hohen geräumigen Dachstube.   Es gibt da ordentliche Bettstellen
und andere Meubel.   Ihre Fenster können geöffnet werden,
so daß man mindestens während des Sommers frische Luft
darinnen trifft.   Für die Eheleute besteht ein abgesondertes Schlaf-
gemach.   Vom Gang, der diese Stube mit dem Vorhause verbindet, gehen zwei Thüren nach den zwei Seiten ab, von welchen die eine in die Küche, die andere in eine Kammer führt.
Letztere hat die Bestimmung eines Kellers, indem darin Milch,
Skyr, Fleisch und andere Speisevorräthe aufbewahrt werden.
Sie und die Küche erhalten ihr Licht durch eine Oeffnung von
oben, welche bei letzterer auch die Stelle des Kamins vertritt.

Die zwei Bretterhütten, welche vorn in der Facade stehen,
haben eigene Eingänge, und ist die eine die Schmiede, die
andere dient zur Aufbewahrung von Hausfahrnissen, Pferde-
geschirr oder zu gewissen Zeiten als Schlachthaus, auch als
Schreiner- und Zimmermannswerkstätte.

Wir kennen nun alle Räumlichkeiten eines isländischen Ge-
höftes und bedürfen nur noch einiger Aufschlüsse allgemeiner
Art über die Bauart, das Baumaterial und die innere Einrichtung derselben, worin auf der Insel nach Gegenden und nach
den Vermögensverhältnissen der Besitzer einige Verschiedenheiten
bestehen.

Das Ganze der isländischen Wohnungen, auch der ärmern,

besteht in der Regel aus den fünf Räumen, welche wir uns grade besehen haben, nämlich der Wohnstube, Küche, Vorraths= kammer, Fahrnißhütte und Schmiede. Zu diesen kommt manch= mal noch eine weitere Kammer, worin in bunt bemalten Truhen Luxussachen, Festkleider, Geschirre und anderes werthvolleres Zeug aufbewahrt werden, und welche nöthigenfalls auch als Gastzimmer dient. In Pfarrhäusern ist diese zugleich Studir= stube. Uebrigens theilt mancher Pfarrer mit seiner Familie und den Dienstboten dieselbe Babstoba.

Alle Räume sind n e b e n , nicht ü b e r einander angebracht, welcher Umstand hauptsächlich diesen Wohnungen ihre Eigen= thümlichkeit gibt. So viele Gemächer, eben so viele durch breite Mauern gesonderte Häuser oder Hütten. Drei oder vier stehen nach vorn in einer graden Linie. Davon ist immer eine die Schmiede und eine andere Fahrnißhütte. Küche und Vorraths= kammer liegen überall rückwärts. Im Südlande befindet sich die Babstoba meist vorn in der Mitte. Manchmal ist sie eigent= liche Dachstube über der Kammer mit den werthvollen Sachen. Wohlhabende Bauern im Südlande haben zur Aufbewahrung letzterer und, um die Gäste zu beherbergen, ein frei stehendes Bretterhaus errichtet. Im Nordlande ist die Babstoba immer im hintersten Hause. Ueberall stehen Wohnstube, Küche, Vor= rathskammer und Fremdenstube *) durch einen Gang mitsammen in Verbindung, während die andern Räume nur durch gemein= same Mauern zusammenhängen. Nach solchem Plane sind, un= bedeutende Abweichungen ausgenommen, alle Wohnungen auf der Insel gebaut. Derselbe ist theils von der Art des ange= wandten Baumaterials, theils von dem Umstande abhängig, daß

---

*) Diese entspricht ganz der „guten Kammer oder Stubenkammer" der süddeutschen Bauern.

die Insel selbst keine Stoffe zur Beheizung liefert, die Isländer
aber zu arm sind, sich diese von anderswoher zu verschaffen.
Von Baumaterial bietet die Insel selbst nur Steine, diese freilich im Ueberfluß. Man verwendet zu Mauern am liebsten,
wenn man ihn haben kann, einen hellgrauen Trapp, der in
schönen Platten bricht. Viele bestehen aus allen Sorten von
Trapp, Tuff und Lavastücken. Diese Mauern sind nicht viel
mehr als eine lose Aufhäufung von Steinen, denn die Rasen,
welche lagenweise inzwischen liegen, füllen wohl die hohlen
Räume aus und verhindern ihr Auseinanderfallen, aber sie verbinden nicht. Im Nordlande gibt es auch Mauern, die nur
aus Rasenstücken bestehen. Kalk, um Mörtel zu bereiten, fehlt
in Island gänzlich. Holz wird bei den Wohnungen der ärmern
Classe so viel als möglich gespart, denn es muß weither über
das Meer geführt, an der Küste gekauft und von dort mühsam
auf Pferden in's Land hinein geschleppt werden. Bretterböden
haben daher in der Regel nur die Wohnstuben. Die als Wände
dienenden Steinrasenwälle müssen um so dicker sein, als die
Holzbekleidung dünner ist, indem sonst letztere nicht im Stande
wäre, den nothwendigen Schutz gegen das rauhe Klima zu gewähren. Eine Folge des Rasenbaues ist, daß alle Wohnungen
sehr feucht sind und die Holzfütterung sehr bald zu Grunde
geht. Alle fünfundzwanzig Jahre muß die Auskleidung erneuert
werden, da sie bis dahin gänzlich verfault. Bei uns zählen
viele Holzbauten ihre Dauer nach Jahrhunderten und geben die
trockensten und gesundesten Wohnungen.

Es kommt in Island oft vor, daß Gemächer von der
Größe desjenigen, welches wir oben geschildert und worin wir
Quartier nehmen mußten, für zehn und mehr Personen zugleich
Wohn- und Schlafstuben sein müssen. Darin haust Alles neben

einander, Jung und Alt, Herr und Diener, Männlich und Weiblich. Die Betten bestehen gewöhnlich nur aus wollenen Decken, und ehe man sich ihrer bei Nacht bedient, werden aus Sparsamkeitsrücksichten alle Kleider ohne Ausnahme abgelegt. Außer den Bettstellen fehlen in einer solchen Badstoba gewöhn= lich alle andern Möbeln, diese müssen auch Stuhl und Tisch vertreten. Nur der Branntweinflasche ist in einem Wandkästchen ein besonderer Platz eingeräumt. Andere Requisiten eines armen Hauswesens hängen oder liegen auf den Querbalken des Dach= stuhles umher. Auf den kleinen Westmannsinseln, unfern der Südküste, die wir bei der Fahrt nach Island gesehen haben, soll es vorkommen, daß während des Winters zugleich mit dem Menschen einige Schafe dieselbe Stube bewohnen.

Dasjenige Möbel, welches man grade in „Eisland" am sichersten zu treffen vermeinte, findet man dort fast gar nicht, den Ofen nämlich. Nur in den Wohnungen der Kaufleute an den Handelsplätzen und in den von Beamten gibt es Oefen. In einem einzigen Pfarrhause traf ich diesen Gegenstand, aber in einem Zustande, der anzeigte, daß er seit lange nicht mehr im Gebrauch gewesen. Der Pfarrer bemerkte mir, „es kämen ihm die Steinkohlen zu theuer." Wegen des Mangels an Brennmaterialien müssen die Wohnstuben so geschlossen als nur möglich gehalten werden, damit ihren Bewohnern nichts von der eigenen Körperwärme verloren geht, mit welcher so zu sagen geheizt wird. Die Isländer ertragen zwar niedere Temperaturen leichter als wir, weil die kühlen Sommer sie weniger empfindlich machen, aber die Winterkälte im Nordlande, welche 20 bis 24 Grad beträgt, wird auch ihnen sehr fühlbar.

Das einzige Brennmaterial, welches die Insel selbst hervor= bringt, ist die Zwergbirke, und reicht nicht aus, um Küche und

Pfarrerswohnung im Nordlande.

Syffelmannhaus im Westlande.

Schmiede zu versorgen. Ich fand die Birke auf meiner langen Reise nur an einigen Stellen in größern Beständen. Der größte „Wald,“ den ich beobachtete, nahm höchstens einen Raum von dreißig Tagewerken ein. Gewöhnlich kommt dieselbe nur auf alten Lavaböden als verstreutes Gestrüpp vor, wo sie auf höchst mühevolle und langwierige Weise eingesammelt werden muß.

Daß dieser Baum in ältern, noch historischen Zeiten einen kräftigern Wuchs und eine viel weitere Verbreitung hatte, als jetzt, das lebt nicht nur in der Tradition der Isländer, sondern ist auch in ganz jungen Landanschwemmungen zu sehen, welche in Trümmern von Stämmen und Laub die Zeugnisse dafür bewahren. Besonders im Südlande, in der Umgebung von Reykjavik, kann man oft weit erstreckte Hügelländer treffen, deren Oberfläche nun von Gesteinsschutt bedeckt ist. Dort und da hängen aber noch Partien von Rasen, die Einen auf den Gedanken bringen, es sei einmal das Ganze mit einer Vegetation bekleidet gewesen, welche durch Windstürme allmälig abgeschält wurde.

Der Landphysikus Dr. Hjaltalin ist der Ansicht, daß diese Hügel vor Zeiten mit Birkenwald bestanden waren, dessen Schwändung die Ursache ihres jetzigen deplorabeln Zustandes.

Gewiß ist die Vertilgung der Birkenwälder im Interesse der Regelung des Klimas und des Gedeihens der übrigen Vegetation sehr zu bedauern: Als Beheizungsmaterial würden sie nicht ausgereicht haben.

Einen Torfstich fand ich nur bei Reykjavik, obwohl die vielen Sümpfe auf häufiges Vorhandensein dieses Materials schließen lassen möchten. Es wird sich wohl mit dem Torf verhalten wie mit manchen andern Dingen, welche die Natur den Isländern zur Benutzung vergeblich anbietet.

Wer also in Island heizen will, muß sich der eingeführten
Steinkohlen bedienen, und die kommen den Pfarrern, geschweige
denn den armen Fischern zu theuer. Die in einigen Gegenden
der Insel vorhandene Braunkohlenart, der sogenannte Surtur-
brand, ist zu unbedeutend und kommt unter Verhältnissen vor,
daß sie nicht benutzt werden kann. An einem einzigen Punkte
im äußersten Nordwesten ist sie bedeutend genug, um von den
nächsten Ansiedlern als Feuerungsmaterial gebraucht werden zu
können.

Auch nur für Küche und Schmiede bedient man sich etwas
seltsamer Surrogate. Das gewöhnlichste derselben ist Mist,
Schafmist und Kuhmist. Der letztere, welcher lange Zeit oder
den ganzen Winter über auf den Wiesen ausgebreitet liegt, wird
im Frühjahr wieder eingesammelt und so in der Küche gebrannt.
Der Schafmist bedarf einiger Präparation. Die Schafställe
werden im Laufe des Winters nie geräumt, so daß der Mist
von den Füßen der Thiere selbst zu einer dicken festen Kruste
zusammengetreten wird. Diese schafft man im Frühjahr aus
dem Stall und schneidet sie in kleine Stücke. Diese Stücke
breitet man vor den Häusern aus, auf daß sie an der Luft
trocknen, dann werden Stöße davon aufgeschichtet und das Material ist fertig.

Manchem armen Fischer fehlt auch dieser Brennstoff. Dieser
brennt dann Knochen von Thieren, Fischskelette, gedörrten Seetang, Seeschwämme und Anderes. Die größte Noth haben auch
in dieser Beziehung die Westmannsinseln, deren Bewohner benutzen für die Küche den Rumpf von Vögeln. Es sind besonders zwei Vogelarten, die sich an diesen Inseln in ungeheurer
Menge aufhalten, der Seepapagei (Mormon fratercula) und
der Sturmvogel (Procellaria glacialis). Vom erstern wird die

Bruft abgelöft und eingefalzen, die Wirbelfäule aber, die Ein=
geweide und Flügel werden in die Luft gehängt, gedörrt und
als Brennmaterial verwendet. Eben fo behandelt und benutzt
man vom Seepapagei Kopf, Füße, Eingeweide und Flügel.

An den Geruch, den diefe Materialien verbreiten, brauch'
ich nicht zu erinnern, den kann wohl nur ein Isländer ertragen.

Wer diefem Volke die Nachricht brächte, es fänden fich an
irgend einem Punkte der Infel Steinkohlen, den würde es als
einen Himmelsboten verehren. Durch's ganze Land wird ängft=
lich die Frage wiederholt, haben wir gar keine Hoffnung, ift
keine Möglichkeit eines folchen Fundes? Es handelt fich ja
bei den Isländern nicht um große induftrielle Etabliffements,
Eifenhämmer, Locomotivenfabriken zu gründen, fondern um die
gemeinfte Nothdurft des Lebens. Wenn ich erklärte, daß nach
wiffenfchaftlichen, geologifchen Gründen keine Ausficht vorhanden
fei, fo gefchah es, daß mich die Leute halb mit Augen des Un=
glaubens, halb mit rührender Trauer anblickten, als wenn ihnen
das Urtheil des Geologen das maßgebende fchien, und damit
der letzte Hoffnungsfchimmer fchwand. Es wäre zu wünfchen,
daß dem armen Volke ein anderer Mofes erfchiene, deffen Stab
Kohlen aus den Felfen fchlüge!

Wer in Island reifen will, braucht fich durch die dumpfe
Luft der Badftoba nicht abfchrecken zu laffen. Nach jeder Tage=
reife läßt fich ein ordentliches Quartier, ein guter Hof oder ein
Pfarrhaus erreichen. Nur wenn befondere Zwecke an gewiffe
Küftengegenden oder in die tiefen Thäler gegen das Innere
führen, dann kann das Schreckliche eintreffen, daß er in einer
Stube, wie die oben gefchilderte, fein Haupt zur Ruhe legen
muß. Doch ift auch hierbei keine Gefahr für Leib und Leben,
wie ich und mein Reifegefährte den Beweis geliefert haben.

Wir bedauern es noch herzlich, daß wir den armen Is= ländern nicht helfen können und kehren wieder zum schönen Besitz des Bauers von Reykjahlid zurück, um unsere Inspection fortzusetzen. Nicht ohne einen gewissen Stolz, der deutlich in des Bauers großen Augen zu lesen war, hatte uns derselbe in seiner Wohnung herumgeführt. Er hatte auch ein Recht, stolz zu sein, denn nicht oft stößt man in Island auf eine so auf= geklärte Strebsamkeit, wie sie sich in allen Theilen seiner Be= sitzung zeigte. Von dem Hause folgen wir ihm zu seinen Ställ= len. In der Regel sind bei den etwas größern Gehöften die Ställe, ein besonderer für das Hornvieh, ein anderer für die Schafe und ein dritter für Pferde, in einiger Entfernung von den Wohnungsgebäulichkeiten gelegen. Sie sind immer nur aus Steinrasenwänden ohne Holz errichtet. Die hiesigen zeich= neten sich vor andern durch Geräumigkeit, Höhe, Reinlichkeit und schöne Barren aus.

Die Hauptquelle der Wohlhabenheit unseres Gastwirthes ist seine Schafheerde.

Die Isländer unterscheiden sich selbst in Innerlands= und in Küstenbewohner. Die erstern sind vorherrschend Bauern und Hirten, die letztern Fischer. Doch sind diese Nahrungszweige nicht so streng nach der Landesbeschaffenheit geschieden, daß nicht die Innerlandsbewohner sich auch vorübergehend am Fischfang betheiligten, oder an der Küste, besonders im Norden und Osten, auch große Bauern säßig wären.

Fast nur vom Fischfang leben die Bewohner der südwest= lichen und nordwestlichen Halbinseln. Der Reichthum der Bauern besteht in 8 bis 10 Stück Hornvieh, in einer Heerde von 300 bis 400 Schafen und 30 bis 40 Stück Pferden.

Die Isländer lassen ihre schönen Wiesen und Weiden zum
größten Theil, wie sie die Natur hergestellt hat. Gewöhnlich
wird nur einem kleinen Anger um das Wohnhaus, der sogenannte Tun, den die Wohlhabendern und Strebsamern mit
einem Zaun umgeben, mehr Sorgfalt zugewendet, indem man
seine Ertragsfähigkeit durch Dünger zu erhöhen sucht. Diese
Aenger haben aber meistens eine ganz eigenthümliche und ihrem
Zweck höchst ungünstige Oberflächenbeschaffenheit, die der Er-
wähnung werth ist. Ich weiß nicht, ob man das irgend wo
anders so sehen kann.

Die meisten isländischen Gehöfte liegen an flach abdachenden Hügelseiten oder oben am Rande derselben. Der Anger
breitet sich vor den Häusern über die Abdachung hinab aus,
weil das hinterhalb liegende Plateau immer sumpfig und steinig
ist. Seine Oberfläche ist gewöhnlich in unzählige, ungefähr
$1\frac{1}{2}$ Fuß in der Höhe und eben so viel im Querdurchmesser
haltende Buckel schachbrettartig gebrochen. Es würden dieselben
Formen entstehen, wenn man einen Wiesengrund kreuz und quer
mit engen tiefen Rinnen durchschnitte. Diese Bodenbeschaffenheit
ist dem Gedeihen der Vegetation an sich sehr ungünstig und
macht die größte Schwierigkeit beim Mähen. Die Isländer
bedienen sich einer eigenen Art von Sensen. Es sind eigentlich
lange grade Messer, mittelst welcher sie das Gras zwischen den
Buckeln herausschlagen. Seit Kurzem begannen einige größere
Oekonomen, solche Gründe mit dem Pfluge zu ebnen, was, wie
ich mich selbst überzeugte, den besten Einfluß auf die Vegetation
übt. Das Gras wächst auf dem geebneten Boden ungleich
höher und üppiger als auf dem ungeebneten. Der häufigern
Anwendung dieses Verfahrens steht hauptsächlich der Conser-
vatismus der isländischen Bauern entgegen. Sie verhalten sich

nämlich, wie die unsrigen, ganz nach dem Grundsatze: Zu meines Vaters Zeit war es auch nicht anders.

Außer in den „Tunen" wird wenig Heu gemacht, obwohl man sich auf einer Reise überzeugen kann, daß viel Gras unbenutzt bleibt und zu Grunde geht, wo man die Schuld nicht auf die Schwierigkeit des Heimbringens wälzen kann. Der Transport ist freilich langwierig, da man das Heu nur mit Pferden, denen es in Bündeln paarweise aufgeladen wird, weiterschaffen kann. Auf diese Weise können immer nur ganz kleine Portionen von der Stelle gebracht werden, was um so mißlicher wird, wenn anhaltend schlechtes Wetter eintritt.

In alter Zeit soll es auch in Island, wie in unsern Gebirgen, Gebrauch gewesen sein, auf entlegenen Bergwiesen das Heu im Sommer zu machen und im Winter auf Schlitten heimzubringen. An einigen Plätzen besteht die Einrichtung, entlegenes Weideland dadurch nutzbar zu machen, daß man darauf eine Hütte errichtet, in welcher sich einige Personen zur Besorgung des Viehes den Sommer über aufhalten, also eine Art Alpen, Selja genannt.

Mit Mühseligkeiten und Gefahren verbunden ist das Heimbringen der Schafe von den ausgedehnten Hochweiden im Herbst. Die verschiedenen Gemeinden theilen sich in verschiedene Weidebezirke, und die einzelnen Häuser sind nur für eine bestimmte Anzahl von Thieren zum Mitgenuß berechtigt. Nachdem man im Frühjahr die Lämmer abgenommen und die Schur vollzogen hat, wird das Eigenthum von mehreren Gemeinden zusammen in die Gebirge getrieben. Die Schafe bekommen vorher von ihren Eignern Marken und die betreffenden Gemeindevorsteher führen Listen über die ganze Heerde. Im Herbst wird eine Expedition mit Zelten ausgerüstet und für mehrere Wochen verproviantirt, um die Thiere wieder heimzuholen. Derjenige Bauer, welcher sich schon als der erfahrenste und gebirgskundigste erwiesen, ist Führer und Leiter der Bergfahrt und heißt „Bergkönig."

Man glaubt allgemein, es sei der Gemsenjäger, welcher in den Alpen die schwindligsten Pfade wandelt.

Eigentlich ist es aber der Hirt, welcher um ein verlorenes Schäflein über die Schrofen und Zinken des Kalkes klettert, wohin ihm nicht ohne Grauen nachzusehen.

Auch in Island ist das Geschäft des Schafhirten voll Gefahren, aber sie sind anderer Art, weil dort die Steinwüsten sich nicht senkrecht auf gegen die Wolken thürmen, sondern in niedern Plateaus über Hunderte von Meilen sich ausbreiten.

Hier wie dort geht das Schaf, um das letzte Gräslein am Rande der Gletscher abzuweiden. Dieses Thier ist es, welches die unscheinbarsten Gaben der Natur dem Menschen nutzbar und durch seine Genügsamkeit die Existenz desselben in Island möglich macht. Das Schaf liefert ihm den größten Theil seiner Nahrung und Kleidung. Ueberdies bringt es ihm noch Geld ein, womit er andere Bedürfnisse bestreiten kann.

Ein Lieblingsgericht der Isländer, das keinen Tag auch in der Hütte des Aermsten fehlen darf, heißt Skyr und wird aus Schafmilch bereitet. Es ist ein halbfertiger Käse, sieht aus wie Schotten und schmeckt frisch nur wenig säuerlich. Im Sommer bereitet man davon seinen Vorrath für den ganzen Winter. Je älter diese Speise und saurer, um für so gesünder wird sie gehalten. Frisch, mit Zucker bestreut und mit guter Milch oder Rahm gemischt, ist der Skyr äußerst wohlschmeckend, kühlend, Hunger und Durst stillend. Er ist das häufigste Gericht neben Kaffee, womit Gäste bedient werden.

Der größte Theil der vielen Butter, den die Insel ver=
braucht, wird ebenfalls vom Schafe gewonnen. Die Isländer
gleichen in Bezug auf den Genuß von Butter ganz unsern Ge=
birgsbewohnern. Es bestehen seit alten Zeiten für die Dienst=
herren Vorschriften, wie viel sie täglich Knechten und Mägden
an Butter zu geben haben. Zur Zeit der Seefischerei hat jeder
Mann per Tag 3½ Pfund zu bekommen. Zu gewöhnlicher
Zeit ist jedem Knechte täglich 2½ Pfund und der Magd die
Hälfte zu reichen. So geht auch der Holzknecht in den Alpen
seinen Dienst nur unter der Bedingung einer täglichen ansehn=
lichen Ration Schmalz ein.

Die Isländer selbst essen fast nur Schaffleisch. Im Sep=
tember und October ist Schlachtzeit, da muß Alles sterben, was
voraussichtlich den Winter über nicht ernährt werden könnte.
Der größte Theil des Fleisches wird geräuchert oder eingepökelt.
Die wohlhabenden Bauern essen an Sonn= und Festtagen Fleisch.
Es bestehen in dieser Hinsicht gewisse Bräuche, wie es der Haus=
herr mit seinem Gesinde zu halten hat. Dasselbe muß zu Weih=
nachten, im Beginn der Fasten, des Sommers, und noch an
einigen andern Tagen mit Fleisch tractirt werden. Das ge=
räucherte Schaffleisch verstehen die Isländer gut zu bereiten, und
es ist eine sehr nahrhafte Speise, welche besonders für Reise=
proviant zu empfehlen. Man hat damit im kleinsten Raum
den meisten Nahrungsstoff. Ueberhaupt ist das Fleisch der is=
ländischen Schafe dichter, nahr= und schmackhafter als das der
unsrigen, was gewiß mit der Nahrung und Lebensweise der
Thiere zusammenhängt. Aus ihrem Blut bereitet man gute Würste,
welche aber durch die Mischung mit Mandeln und Rosinen, nach
dänischem Geschmack, verdorben werden. Auch die Eingeweide
richtet man zu, um sie erst den Winter über zu verspeisen.

Das isländische Schaf ist ziemlich feinwollig. Aus seiner Wolle machen sich die Einwohner fast ihre ganze Kleidung. Aus den Häuten werden die Schuhe und Fischeranzüge, Hosen und Jacken verfertigt.

Die Producte der Schafzucht sind auch ein wichtiger Ausfuhrartikel. Ein wohlhabender Bauer im Südlande, dessen Hausstand aus neun Erwachsenen und zwei Kindern besteht, verbraucht jährlich fünfunddreißig Schlachtschafe und so viel Butter, Skyr und Milch, als von sechs Kühen und dreißig Melkschafen gewonnen wird. Eine arme Fischerfamilie aus zwei Erwachsenen und zwei Kindern bestehend, braucht zwei Schlachtschafe und Butter mit Skyr von einer Kuh und drei Melkschafen.

Ausgeführt wurden von Producten der Schafzucht im Jahre 1842 3400 Schiffspfund Wolle, 105,000 Paar Wollstrümpfe, 65,000 Paar Handschuhe, 22,000 Liespfund Pökelfleisch, 2150 Schiffspfund Talg. In der neuern Zeit, seit der Aufhebung des Handelsmonopols, hat sich die Ausfuhr bedeutend gesteigert.

Im Jahre 1844 betrug die Anzahl der Schafe auf der ganzen Insel 606,500.

Von geringerer Bedeutung ist die Rindviehzucht. Fleisch vom Rinde lieben die Isländer nicht und benutzen daher in der Regel nur dessen Milch. Im Jahre 1844 gab es dort 23,753 Stück. Ich will hier die Eigenthümlichkeit anmerken, daß beim Rinde in Island die Hornbildung meist ganz unterbleibt, selten sieht man eine Kuh mit Hörnern, während es bei den Schafen umgekehrt ist, diese bekommen häufig vier Hörner.

Außer dem Schafe ist für den Menschen das wichtigste Hausthier in Island das Pferd. Wir heißen mit einem alten Ausdruck das Kamel das Schiff der Wüste und könnten dessen

Zweck und Bedeutung für den Menschen in den schauerlichen
Wüsten Afrika's und Asiens nicht schöner bezeichnen. Das is=
ländische Pferd ist ein Seitenstück zum Kamel. Auf dem Pferde
durcheilt der Eingeborene die weiten öden Räume seines Eilandes.
Es trägt ihn mit derselben Sicherheit durch den reißenden Fluß
wie über das steile Berggehänge und das grundlose Moor.
Dem Pferde ladet er alle seine Lasten auf; und was genießt
es für die kostbaren Dienste, welche es ihm leistet? Vielleicht
daß es im Winter Hungers sterben mag! Die kleinen island=
dischen Pferde sind ungemein genügsame, ausdauernde, flüchtige
Thiere. Hafer lernen dieselben in ihrem Leben nicht kennen.
Wenn man auf der Reise an der Station ankommt, werden sie
geknebelt und auf die Weide fortgejagt. In langen Wintern
wird ihr Schicksal gar traurig, besonders im Südlande, wo sie
während des ganzen Jahres in keinen Stall kommen. Sie
müssen sich die Gräslein unter dem Schnee hervorscharren und,
wenn sie da nichts mehr finden, mit Seetang fürlieb nehmen.
Viele gehen zu Grunde. Nie kommt eine Decke auf den Rücken
dieser Pferde und alle andern Vorsichtsmaßregeln, die wir bei
Pferden ihrer Gesundheit wegen beobachten, kennt man in Is=
land nicht.

Im Jahre 1844 befanden sich auf der Insel 33,000 Pferde.
Erst in neuester Zeit hat man angefangen, von ihnen nach
Schottland auszuführen, wo sie in den Kohlenbergwerken ver=
wendet werden und sehr geschätzt sind.

Während ungefähr 80 Procent der ganzen Bevölkerung
Islands von Viehzucht leben, wovon jedoch gewiß mehr als
die Hälfte auch in der Theilnahme an der Seefischerei eine
wichtige Nahrungsquelle hat, leben ungefähr 6 Procent aus=

schließlich von der Fischerei. *) Diese eigentliche Fischerbevölkerung
sitzt besonders an den schmalen Küstensäumen der gebirgigen
westlichen Halbinseln. Der Fischreichthum des Meeres an der
Insel ist so groß, daß von ihm allein die ganze Bevölkerung
derselben sich unterhalten könnte, wenn sie in der Lage wäre,
denselben auszubeuten, wie sich's gehörte. So wie es jetzt in
dieser Beziehung steht, hat die See für die Isländer nur die
Bedeutung eines fischreichen Stromes, der an der Westseite des
Landes hinflösse. Ausgiebige Fischerei treiben dort besonders

---

*) Nach **Dr.** Schleißner a. a. O. hatte die Bevölkerung der Insel im
Jahre 1840 folgende Zusammensetzung:

Von 1000 Menschen waren:	Jeder Classe Hauptpersonen oder Gehilfen.	Weiber, Kinder und Andere, welche sich nicht selbst versorgen können.
Geistliche, Kirchendiener und Lehrer .	3,75	34,99
Civilbeamte und Bedienstete	1,24	9,48
Privatisirende, Gelehrte, Literaten, Studenten	1,75	4,69
Solche, welche von Grund und Boden leben †)	127,33	677,30
Solche, die von der See leben . . .	16,76	49,32
Industrielle Classe	2,75	4,87
Handelsleute	2,26	8,04
Taglöhner	1,24	0,65
Pensionisten, Capitalisten	2,21	3,54
Almosenempfangende	34,35	—
Solche, die in Strafanstalten sind .	0,04	—
Die Uebrigen, welche unter keine von diesen Classen gehören	8,99	4,45

†) Die Mehrzahl von diesen sind im Winter auch Fischer.

Niederländer und Franzosen, deren Schiffe den Sommer über das Meer um die Insel beleben.

Die Seefischerei der Isländer ist local eigenthümlich. Dieses Geschäft ist nicht nur mit dem höchsten Maß von Ungemach, Entbehrungen und Gefahren verbunden, das ein Mensch ertragen kann, sondern auch von schlimmem Einfluß auf die moralischen und besonders auch auf die Gesundheitszustände der ganzen Bevölkerung. Nach den Erhebungen Dr. Schleißner's kommen die scheußlichsten Krankheitsformen, zum Beispiel der Aussatz, fast nur in den Gegenden mit Fischerbevölkerung vor. Der Grund wird sich aus folgender kurzen Darstellung der Seefischerei selbst ergeben.

Die isländische Betriebsart des Fischfanges bedingen die Beschaffenheit und die Größe der Fahrzeuge, welche nicht erlauben, sich darauf weit von der Küste zu entfernen.

Von den isländischen Boten fassen die größten zwanzig, die meisten nur acht bis zehn Mann.

Das Meer ist nicht in allen Theilen und zu allen Zeiten gleich mit Fischen bevölkert und man hat beobachtet, daß gewisse Striche von denselben ganz verlassen werden können. So ist es an der Nordküste Islands der Fall, daß dort in früherer Zeit eine ergiebige Fischerei betrieben werden konnte, die nun in Folge von Fischmangel fast aufgehört hat. Daher sind die Fischerbezirke nur an der West= und einem Theil der Südküste, wo wieder einzelne Gegenden sich vor andern auszeichnen und „Fischplätze" heißen. Die Fische kommen massenweise überall nur zu gewissen Zeiten in die Nähe der Küsten, vorzüglich zur Brutzeit, um den Laich dort abzusetzen. Es entsteht dadurch auch eine bestimmte „Fischzeit." Nur in dieser Zeit kann die Fischerei auf kleinen Boten mit Erfolg betrieben werden. Daß

die ärmern Fischer an den Küsten keinen Tag versäumen, wo
sie ihr Netz auswerfen können, versteht sich von selbst, und
gänzlich ohne Fische ist die See nirgends.

Den Beginn der Fischzeit, die Ankunft der Fischschwärme
an den Küsten, verkündet das zahlreichere Erscheinen von Möven
und andern Vögeln. Während dieser Zeit, von Anfang Februar
bis Johanni, ist die Hälfte der ganzen männlichen Bevölkerung
der Insel auf dem Meere beschäftigt. Vom fernen Nord = und
Ostlande ziehen mitten im Winter die Leute in Schaaren herüber
nach Westen, nach den Fischplätzen. Wenige davon wohnen da
in besondern, nur für den Aufenthalt in dieser Zeit errichteten
Erdhütten, die meisten quartieren sich in den nahen Ansiedlun=
gen ein, wo dann eine solche Ueberfüllung entsteht, daß diese
im Verein mit den Umständen des Fischerlebens von den schlimm=
sten Folgen für die Gesundheit auch der an der Fischerei nicht
Betheiligten wird. Ich hatte nicht selbst Gelegenheit, die Be=
wohner der Insel bei diesem Geschäfte zu beobachten, weil die
Fischzeit schon zu Ende ging, als ich dort ankam.

Im Jahre 1820 hielt sich ein deutscher Naturforscher, Na=
mens Faber, in Island auf, um zoologische Studien zu machen.
Derselbe hat in seinem Buche über die nordischen Fische eine so
treffende Schilderung des Lebens und Tagewerks der isländischen
Fischer entworfen, daß ich nicht umhin kann, sie hier wiederzu=
geben. Faber sagt: „Kaum kann man sich das schlechte Leben
vorstellen, das ein isländischer Fischer führt; er ruht in einer
feuchten und finstern Hütte auf einem harten Lager. Bei Tages=
anbruch zieht er in der strengsten Winterkälte aus, oft ohne
Nahrung zu sich genommen zu haben. Den ganzen Tag kämpft
er mit den tobenden Wogen, oft noch mit Stürmen und Schnee=
gestöber. Seine Erquickung ist nur Mundtabak und Skyr,

welche der Arme unter den Fischern nicht einmal zu kaufen vermag. Manchmal kehrt er mit vollem Bot, oft auch ohne Fische
zurück. Des Abends erwartet ihn nicht oft nach schwerer vollendeter Tagesarbeit eine gute Abendmahlzeit. Hat er Fische
gefangen, die nicht Handelswaare sind, so ißt er sie gekocht als
Abendbrot. Hat er solche nicht bekommen, dann schneidet er
den Kopf des Kabliau ab und kocht ihn für sich, den Fisch aber
trocknet er und verkauft ihn an den Kaufmann. Bei dieser ungesunden Lebensart und dem Mangel an Reinlichkeit ist es kein
Wunder, daß die Fischer oft von Hautkrankheiten und Brust-
übeln geplagt werden, und doch habe ich nicht selten mitten
unter den isländischen Fischern Frauen getroffen, die, so zu sagen
ihr Geschlecht verleugnend, die Fischerkleider der Männer trugen,
in ihren Hütten schliefen und eben so gut als jene das müh-
same Leben eines Fischers aushielten."

Wie reich das Meer bei Island an Fischen ist, mag beweisen, daß für die Fischzeit auf den Mann 1000 bis 1200
gefangene Fische gerechnet werden. Der Arzt Schleißner sah
selbst, wie an den Westmannsinseln von achtzehn Boten an
einem Tage 25,000 Stück gefangen wurden. Die Beute eines
jeden Tages wird gleichheitlich unter die Mannschaft des Botes
vertheilt, nur der Eigner desselben erhält eine besondere Portion
ausgeschieden. Von Bedeutung ist durch seine Menge unter
den Fischen, die bei Island gefangen werden, nur der Kabliau,
eine Dorschenart. Dieser ist eines der gewöhnlichsten Lebensmittel des Volkes selbst und, als Stockfisch bereitet, neben den
Producten der Schafzucht die wichtigste Handelswaare.

Die andere Lieblingsspeise der Isländer außer dem Skyr
ist der an der Luft getrocknete Kabliau. Sobald dieser Fisch
gefangen ist, wird er aufgeschnitten und, nachdem Kopf und

Eingeweide entfernt sind, in zu diesem Zweck errichteten Hütten
zum Dörren aufgehangen. Sobald er in jenen Zustand der
Trockenheit übergegangen ist, in welchem man ihn genießt, hat
sein Fleisch eine solche Härte erlangt, daß es den besten Zähnen
widerstehen würde. Um ihn speisen zu können, muß er zuvor
weich geklopft werden. Vor jedem isländischen Hause befindet
sich ein großer Stein mit ebener Oberfläche, auf welchem diese
Präparation mittelst eines Hammers, der ebenfalls ein Stein,
vorgenommen wird. Der gebläute Fisch mit einer dicken Lage
Butter bestrichen geht dem Isländer über das beste Brot. Ohne
den getrockneten Kabliau möchte er nicht leben, weder der wohl=
habende Bauer, noch der arme Fischer. Um denselben für seinen
Hausbedarf zu erhalten, betheiligt sich der erstere mit am Fange
und der andere erhandelt sich für denselben Butter und Skyr.

Ein wohlhabender Bauer braucht neben den Producten der
Schafzucht, die ich oben schon angeführt, jährlich 1 Schiffspfund
getrockneter Fische, der Arme aber 5 Schiffspfund.

Als Stockfisch bildet der Kabliau den bedeutendsten Han=
delsartikel nach katholischen Ländern, besonders nach Spanien.
Im Jahre 1842 wurden ausgeführt 16,000 Schiffspfund Fische,
500 Tonnen Rogen und 6800 Tonnen Thran.

So ist denn das isländische ein Hirten= und Fischervolk,
und wohnt zum Theil in den grünen idyllischen Wiesenthälern
des Innerlandes, zum Theil über dem felsigen Küstenstrande,
der beständig vom Donner der Brandung wiederhallt.

Ein grüner Teppich liegt in leichte Falten geworfen über
einen engen Thalgrund hingebreitet. Von beiden Seiten schauen
dunkle Trappmauern herein. Es schlängelt sich keine Straße
durch das Thal herab, man vernimmt kein Wagengerassel, noch
eilt ein Wanderer flüchtigen Schrittes einer nahen Stadt zu.

Der Hirsch erscheint nicht am Waldessaume, um aus des Baches
klarer Fluth zu trinken. Aus dem Hollunberstrauch tönt kein
süßes Locken der Nachtigal, noch Drosselschlag vom hohen Wipfel.
Das isländische Gehöft, mehr einer Gruppe von Grabhügeln
als menschlichen Wohnungen ähnlich, liegt schweigend da, nur
von der Rauchsäule, welche in die Abendluft aufsteigt, verrathen.

Vom Berge treibt der Hirt die dichtgebrängte Heerde nieder,
es glänzt das Bließ, die Euter strotzen, aber Hirt und Heerde
schweigen, nur die ledigen Steine rasseln. Dort am Pferche
stehen noch lebende Wesen, zwei blondgelockte Mädchen, welche,
die Augen mit den Händen vor der untergehenden Sonne ver=
deckend, zum Berg hinaufschauen, die Heerde erwarten und auch
schweigen.

Dasselbe Colorit, dieselbe Stimmung findet man in all'
den Thälern, worin hauptsächlich im Norb = und Ostlande die
Hirtenbevölkerung wohnt.

Ein anderes Bild zeigt sich dort am weiten Faxabusen im
Südlande. Wenn die schneeigen Gipfel im Frühlicht glänzen,
wälzt der arme Fischer sein Bot über den felsigen Strand in
die graue Fluth hernieder. Was kümmern sich die Wogen um
des Fischers Bot, sie rauschen auf und rauschen nieder, und doch
drückt am Abend das schwer beladene Fahrzeug tiefe Furchen
in ihre Scheitel. Die Woge muß unter ihm kriechen, wenn sie
auch im Zorn es mit ihrem weißen Gischt überschüttet. Die
Männer sitzen stumm darin; der eine hält mit kräftiger Hand
das Steuer, die andern wachen mit sorgsamem Blick über dem
schwellenden Segel. Aus ihren Augen sprechen Ruhe und Zu=
friedenheit, denn nicht mehr fern ist das Ufer, und sie kehren
heim mit reichem Fange.

Dem Fischer tritt die Gefahr offen entgegen in den brau=

senden Meereswogen, auf den Hirten lauert sie in den weiterstreckten Bergheiden versteckt in hunderterlei Gestalten. Wahrlich kein beneidenswerthes Loos des Volkes auf dem nordischen
Eilande!

Mit den Gaben der Viehzucht und Seefischerei, welche die
Natur über Island ausgeschüttet hat, ist der Inhalt ihres Füll-
horns noch nicht erschöpft. Leider wird das Uebrige von den
Bewohnern theils gar nicht benutzt, theils nicht in dem Maße
und mit der Umsicht, als es in deren eigenem Interesse zu
wünschen wäre.

Die isländischen Bäche und Flüsse wimmeln von den edel-
sten Forellenarten. Der echte Lachs, welcher nur noch in einigen
Gebirgsflüssen Europa's getroffen wird, ist dort in der größten
Menge vorhanden. Es ist noch gar nicht lange, daß die Isländer auch die Süßwasserfischerei zu treiben angefangen haben.
Es geschah früher, daß der Arme in seiner Hütte hungerte,
während im Bach daneben die Oberfläche des Wassers von der
Menge der spielenden Forellen gekräuselt war. Jetzt wandern
bereits Hunderte von Centnern geräucherten oder eingesottenen
Lachses nach England an die Tafeln der reichen Lords. Um
den Reichthum der isländischen Flüsse an diesen Fischen zu zeigen, mag folgende Thatsache genügen. Drei Viertelstunden von
Reykjavik fließt die Laxau, der Ausfluß des kleinen Sees
Elidavatn. Es ist ein kleiner Fluß und etwa auf anderthalb
halb Stunden einwärts fischbar, bis hohe Stromschnellen das
weitere Hinaufgehen der Fische verhindern. Kaufmann Thom-
son aus Schleswig, der in Reykjavik ein Etablissement hat, ist
auf der Laxau fischereiberechtigt. Zur Zeit, als ich in Reykjavik
war, hat derselbe diese Berechtigung an eine englische Compagnie

verpachtet, und wurden ihm für einen Sommer 100 Pfd. Strl., 1200 Gulden unseres Geldes, bezahlt.

Wenn die Engländer im Frühjahr ankommen, bringen sie nicht nur gute Fischergeräthschaften, sondern auch Blech und eine Anzahl Spenglergesellen mit. Sie lassen nämlich die Lachse und Forellen alsbald, nachdem sie gefangen sind, sieden und hermetisch in blecherne Büchsen verschließen, so daß es möglich wird, dieselben in England fast eben so frisch zu verspeisen, wie am Ort, wo sie gefangen werden. An einem andern Flusse im Westlande treibt dieselbe Gesellschaft dieses Geschäft schon seit mehreren Jahren, und trotz der hohen Pachtpreise gewiß mit den größten Vortheilen.

Die Isländer haben dadurch einerseits einen mächtigen Anstoß erhalten, die natürlichen Gaben ihres Landes zu benutzen, andererseits haben sie Gelegenheit, den des Fischerhandwerkes kundigern Engländern Manches abzulernen.

Derjenige Vogel, welcher zu den Betten unserer Könige und Fürsten den weichsten Flaum liefert, die Eidergans, hält sich an mehreren Punkten der isländischen Küste in großer Menge auf. Es sind zwar nur wenige Glückliche auf der Insel, welche im Besitz von bedeutenden „Vogelbergen" sind, wie deren Brütplätze heißen, aber sie gehören zu den Reichsten.

Wo sich der Eidervogel aufhält, da wird er mit der größten Sorgfalt gehegt, und es ist bei hoher Geldstrafe verboten, ihn zu schießen oder in der Nähe der Brütplätze eine Unruhe zu machen, die ihn verscheuchen könnte.

Eine der schönsten und reichsten Besitzungen ist die Insel Videy bei Reykjavik, nicht nur wegen ihrer üppigen Wiesengründe, sondern besonders als der Aufenthalt von unzähligen Eidervögeln. Das Inselchen ist ziemlich flach und erhebt sich

9*

nur in einigen Kuppen vielleicht 50 bis 60 Fuß über den
Meeresspiegel. Ich war dort grade zur Zeit, als die Vögel
ihre Nester bauten, und wo, möcht' ich sagen, die ganze Insel ein
großes Eidervogelnest ist.

Diese Gänse benutzen zum Nestbau theils natürliche Gruben im Boden, theils ist ihnen der Mensch durch Herstellung
solcher Vertiefungen zu Hilfe gekommen. Wenn das Nest fertig
ist, welches die Vögel aus ihrem eigenen Flaume, den sie sich
ausreißen, bereiten, und Eier darin liegen, nimmt man ihnen
Nest und Eier. Das wird vier= bis fünfmal wiederholt, da
der Vogel die Arbeit immer wieder von Neuem beginnt, bis
man ihn zuletzt brüten läßt.

Die Vögel sind auf Bidey so zahm, daß sie Einen
zwischen ihren Nestern herumspazieren lassen, ohne aufzufliegen.
Die Weibchen, welche brüten, bleiben sitzen, auch wenn man
sie streichelt.

Die Eier der Eidergans werden verspeist und der Flaum
bringt jährlich viele tausend Thaler in's Land.

Von geringerer Bedeutung ist der Aufenthalt des Schwans
in den weiten Busen des Westlandes, doch bringt der Verkauf
der eingesammelten Federn einzelnen Gemeinden immerhin eine
schöne Summe ein.

Wie oft wird nicht der Reisende in Island durch das un-
versehene Auffliegen einer Schneehühnerschaar erschreckt; welcher
erinnert sich nicht, wenn er etwa tagelang am Geysir auf dessen
Kunststücke wartete, des melancholischen Tipen des Brachvogels,
oder sah nicht an den trägen Sumpfgewässern die vielen Enten
mit glänzendem Gefieder!

Nur den Schneehühnern stellt man im Winter, wo sie
nahe an die Häuser herbeikommen, nach, und ist daraus bereits

ein Handelsartikel nach Kopenhagen gemacht. Enten und Schnepfen läßt man völlig unbehelligt, eben so wenig thut man dem Raubgeflügel zu Leib. Dieses Gethier ist aber auch so furchtlos, wie sonst nirgends. Die englischen Officiere, mit welchen ich zusammen am Geistr war, konnten in einer Viertelstunde vier bis fünf der prächtigsten Enten erlegen. Wie oft bin ich selbst kaum auf zehn Schritt Entfernung an mächtigen Adlern vorbeigeritten, welche mir so zutraulich in's Auge blickten, wie bei uns die Tauben. Wenn ich schrie oder in die Hände klatschte, hielten sie es für Spaß und flogen deswegen nicht davon.

Vom Seepapagei und Sturmvogel habe ich schon erzählt, daß ihre Gerippe auf den Westmannsinseln als Feuerungsmaterial gebraucht werden. Dem Sturmvogel werden auch seine Nester und Eier abgenommen, was eine halsbrecherische Arbeit ist, bei der viele Menschen ihr Leben einbüßen. Dieser Vogel nistet an den steilsten Klippen über dem Meere, und um zu ihm zu gelangen, läßt sich ein Mann von oben an einem Seile herab. Gar oft reißt dasselbe und der Unglückliche stürzt nieder in die Brandung, wo er verloren ist.

Gehegt werden in manchen Küstengegenden auch Seehunde, sie dürfen nicht geschossen und ihre Aufenthaltsorte nicht beunruhigt werden. Im Frühjahr fängt man die Jungen mit Schlingen, und der Thran, den man von denselben gewinnt, bildet einen bedeutenden Handelsartikel. Im Jahre 1842 wurden 6100 Tonnen Thran ausgeführt.

Vom Pflanzenreiche machen sich die Isländer besonders das nach ihrer Insel benannte Moos zu Nutzen, welches mit seinen weichen Polstern weite Strecken der Bergheiden überzieht. Um es einzusammeln, muß sich der Knecht oder der arme Bauer

wochenlang in den Bergen aufhalten, wo er in einem kleinen
schlechten Zelte wohnt und sich von den mitgenommenen getrock=
neten Fischen nährt. Das Moos gibt in Milch verkocht eine
sehr nahrhafte Speise. Einige andere Gebirgspflänzchen benutzt
man da und dort als Theesurrogate. Kartoffel, Kohl und
Rübenbau gewinnen im Lande eine immer größere Verbreitung.

Mit diesen habe ich aber nun von allen Erwerbsquellen
gesprochen, welche die Natur den Isländern eröffnet hat. Daraus
ergibt sich auch in der Hauptsache der Nahrungsstand derselben
und ich werde Alles gethan haben, um dem Leser eine erschö=
pfende Vorstellung zu ermöglichen, wenn ich Obigem noch einige
Angaben über die Einfuhr von fremden Nahrungs= und Luxus=
artikeln beifüge. Im Jahre 1843 wurden eingeführt: 20,000
Tonnen Korn, 4200 Tonnen Kornmehl, 7000 Tonnen Gerste,
4400 Tonnen Erbsen, 160,000 Pfund Brot, 330,000 Kannen
Branntwein, 10,000 Kannen Rum, 110 Oxehoveder Wein,
116,000 Pfund Kaffee, 142,000 Pfund Zucker, 25,000 Pfund
Syrup, 94,000 Pfund Taback. Eben so kann ich die schon ge=
machten Angaben über den Nahrungsmittelverbrauch eines wohl=
habenden Bauers und armen Fischers im Südlande bezüglich
eingeführter Eßwaaren dahin vervollständigen, daß der erstere
jährlich 5 Tonnen, der andere ½ Tonne Kornwaare verbraucht.*)

*) Die neuesten Aufschlüsse gibt Professor Maurer in einem Artikel
„Island" in Bluntschli's und Bratter's Staatswörterbuch (Seite 357 bis
358). Sie betreffen die Ein= und Ausfuhr im Jahre 1855. Ein Vergleich
der Einfuhr in diesem Jahre mit der vom Jahre 1843 gibt einen auffal=
lenden Unterschied bezüglich des Verbrauches geistiger Getränke und Kaffee
mit Zucker. Während die Volkszahl in den zwölf Jahren nur um 10 Pro=
cent stieg, ist die Einfuhr geistiger Getränke um 30 Procent und die von
Kaffee und Zucker fast um's Vierfache gestiegen.

An Einfuhrgegenständen lehrt uns derselbe Artikel noch kennen:
65,712 Stück Bauholz, 148,038 Pfund Eisen, 37,700 Pfund Hanf,

Wie die Isländer ihre Zeit hinbringen, geht auch größten=
theils aus den eben dargelegten Verhältnissen hervor. Es gibt zwei
große Arbeitsperioden, erstlich die Heuernte, woran das ganze
Volk betheiligt ist, männlich und weiblich. Dann die Fischerei=
zeit, während welcher die Weiber zu Hause die Schafwolle ver=
arbeiten. Viele Zeit nehmen dem isländischen Bauer die we=
nigstens zweimal im Jahre, die eine nach Schluß der Fischerei,
die andere vor dem Winter, nach den Handelsstationen an der
Küste zu unternehmenden Reisen, um zu · tauschen, zu kaufen
und verkaufen, hinweg.

Auf der Insel gibt es außer einem Sattler keine andere
Handwerker. Was also zur gewöhnlichen Nothdurft eines Hau=
ses gehört, darauf muß sich der Besitzer selbst verstehen. Wo
man die Dienste eines Schneiders, Schuhmachers, Zimmermanns,
Schmiedes nicht in Anspruch nehmen kann, da gibt es natür=
lich immer etwas zu thun.

Wenn ich dem Leser noch einige meiner Erfahrungen über
das Benehmen der Isländer im Umgange mit Fremden mit=
theile, so wird dabei auch auf deren Charakter, Gemüthsart und

---

15,179 Stück Fischleinen, 20,342 Pfund Salz, 6539 Tonnen Stein=
kohlen.

Die Ausfuhr war im Jahre 1855 folgende : Salz und harte Fische
24,079 Schiffspfund; gesalzener Lachs 387 Liespfund; gesalzener Rogen
1131 Liespfund und Häring 5 Tonnen; Hausenblasen 44 Schiffspfund,
Haifischhäute 55 Stück, Thran 6891 Tonnen, Salzfleisch 3362 Tonnen,
Talg 932,906 Pfund, Wolle 1,569,323 Pfund; gearbeitete Wolle, Paar
Strümpfe 69,305, Paar Händlinge 27,109, Wämser 2530, Zeug 2602
Ellen; Lämmer 29,385, gesalzene Schaffelle 12,712 Stück, Ziegenfelle
385 Stück, Fuchspelze 367, Schneehühner 10,000 Stück, Schwanenbälge
87 Stück, Schwanenfedern 8950, Daunen 4116 Pfund, andere Federn
25,097 Pfund, Pferde 244 Stück.

andere nationale Eigenthümlichkeiten genug Licht fallen, damit
er sie auch in diesen Beziehungen kennen lerne.

Eine Monate lang währende Reise, in einem Lande ohne
Weg und Steg, bei beständig unfreundlichem kalten Wetter, mit
schlechten Quartieren und Lebensmitteln, gibt dem Reisenden,
der aus einem Culturlande nach der Insel kommt, hinreichende
Gelegenheit, seine Geduld und Opferfähigkeit für höhere Zwecke
zu bethätigen. In der Behandlung und Aufnahme, die er von
den Eingeborenen erfährt, entspringen für ihn entweder neue
Quellen von Ungemach, oder sie sind darnach angethan, ihn
die Reisebeschwerden leichter ertragen zu lassen. Meine Erfah=
rungen waren in dieser Beziehung, wie das wohl immer der
Fall ist, gemischt, jedoch der guten mehr als der schlimmen.

Richtet sich das, was allgemeiner Brauch den Isländern
gegen die Fremden vorschreibt, natürlich nach ihren Lebens= und
Vermögensverhältnissen, so kann es auch durch den Charakter
Einzelner für den Touristen günstiger oder ungünstiger gestaltet
werden.

Wenn uns der Bauer zu Abär, dem hintersten Hof im
Thale der Jökulsau gegen das unwirthbare Hochland, nicht
seine eigene Stube, sondern eine Hütte, welche sonst ein Auf=
bewahrungsort für Hausgeräthe ist, zur Wohnung anbietet, so
erweist er uns damit schon eine große Aufmerksamkeit. Es steht
uns bei ihm Alles zu Gebot, was Küche und Keller vermögen;
bald breitet sich ein gutes Bett, das auch Stuhl und Tisch
vertritt, auf dem improvisirten Gestelle aus; um den Aufenthalt
in der Hütte heimlich zu machen, werden ihre Wände mit Decken,
die sonst das ganze Jahr nicht aus den Truhen kommen, deco=
rirt, und der Bauer selbst entfernt sich keinen Augenblick, um
den Wünschen der Gäste so viel als möglich nachzukommen. Bei

so viel gutem Willen befinden wir uns in seiner Hütte eben so wohl wie im elegantesten Hotel, wo geschniegelte Kellner auf unsere Befehle warten.

In Island wird auf den Gast Sorge verwendet, bis er in's Bett steigt. Man ist ihm auch noch beim Ausziehen der Kleider behilflich, und wie weit er auch damit fortfahren möge. Ich erhielt vor Antritt meiner Reise Andeutungen, daß diese Sitte romantische Erlebnisse im Gefolge haben könne, indem gewöhnlich den Töchtern des Hauses diese Dienste oblägen. Damit stimmen aber meine Erfahrungen nicht, denn wo man es nicht meinem Führer überließ, mich zu bedienen, da wurde das Geschäft von Männern oder alten Frauen besorgt, und nichts Romantisches war dabei.

In ungewohnte oder auch unbehagliche Situationen kann den Fremden der Mangel gewisser Hauseinrichtungen und Möbel bringen, die wegen ihrer Nützlichkeit oder aus andern Rücksichten bei uns nicht fehlen.

Man findet in keiner isländischen Wohnung den „unaussprechlichen Ort." Ich traf einen einzigen Bauernhof im Nordwestlande, dessen Besitzer zwar nicht in Folge des Sinnes für Schicklichkeit und Reinlichkeit, aber doch als rationeller Landwirth eine solche Anstalt errichtet hatte. Anfangs sucht man darnach, ja man frägt auch, besonders wenn die ersten Quartiere Pfarrhäuser sind. Auf die Frage wird man einfach vor die Hausthür gewiesen, wo man selbst die Recognoscirung beginnen mag, einen bestimmten Platz aber nicht finden wird. Man kann den Standpunkt nach Belieben aussuchen, wie das auch der Herr Pfarrer und seine Angehörigen so zu machen pflegen.

Wenn die Zahl der Stiefelknechte einen Maßstab für den Culturstand eines Landes abgäbe, so müßte Island auf einer

tiefen Stufe stehen. Es sind ganz vereinzelte Fälle, daß man
dort auf dieses Möbel stößt, und ich erinnere mich noch lebhaft
der triumphirenden Miene und des Freudengeschreies meines
Herrn Reisegefährten, als er es zum ersten Mal entdeckte. Uns
beiden machten die langen Wasserstiefel jeden Abend viel zu
schaffen, bis wir sie unter gegenseitiger Hilfeleistung abzustreifen
vermochten, daher das Auffinden eines Stiefelknechtes ein Ereigniß war, das wir mit Entzücken begrüßten.

Einen Spucknapf wird man in isländischen Wohnungen
nach der ersten Bekanntschaft mit deren Beschaffenheit ohnedies
nicht mehr suchen, aber doch fiel mir einmal der Abgang desselben auf, als ich bemerkte, wie ein Pfarrer sich dafür des nächsten Platzes vor der Zimmerthür bediente.

Diese Dinge hängen nun mehr oder weniger mit dem Bedürfniß nach Reinlichkeit zusammen, und diese ist eine Tugend,
welche den Nordländern überhaupt nicht in hohem Grade nach-
gerühmt wird. So sprechen Einen schon die schmutzigen, mit
Sand bestreuten Fußböden in öffentlichen Localen Kopenhagens
nicht sehr an.

Island ist hinsichtlich der Reinlichkeit in sichtbarer Besse-
rung begriffen. Man findet überall, daß sich die Leute die
größte Mühe geben, reinlich zu sein, wenn sie es auch oft nicht
recht anzustellen wissen und die Sache in ihrem Eifer schlimmer
statt besser machen. Einem Reisenden mit einigem Humor, der
nicht zu große Ansprüche macht, wird aber daraus wenig Un-
gelegenheit erwachsen.

Ein Pfarrer im Westlande, dessen Gast ich gewesen, gab
mir einmal bei meiner Abreise das Geleit. Trotz des ungewöhnlich schlechten Wetters ritt er eine ganze Stunde mit mir.
Es war ein biederer jovialer Mann, voll Schnacken und

Schnurren, befonders wenn ihn einmal des Nachmittags der Brandy in eine erhöhtere Stimmung zu verfetzen anfing. Die Augenblicke der Trennung bringen immer zugleich eine Ruhepaufe in die Reife, und fo ftiegen auch wir damals zum letzten Lebewohl von den Pferden. Während fich eine vertrauliche, faft wehmüthige Zwiefprache zwifchen uns einleitete, fuchte der geiftliche Herr jene Mittel hervor, welche den Isländer in den verzweifeltften Lagen des Lebens aufrecht zu erhalten vermögen, nämlich Schnupftaback und Branntwein. Zuerft erfchien das Tabackshorn. Mit dem Rücken gegen den Wind geftellt, um zu verhindern, daß ihm derfelbe den Taback fortnehme, fchüttete er davon in eine lange Zeile auf feine und auf meine Hand. Eine Prife Taback hat immer etwas Beruhigendes, befonders fo große, wie fie die Isländer anwenden. Auf den Schnupftaback folgte die Schnapsflafche, und ein tüchtiger Zug daraus zerftreute vollends den letzten Schatten von Ernft auf feinem geröteten Antlitz. Als er das Gefäß mir hinreichen wollte, überkam ihn mit einem Mal ein Gedanke, wie eine Ahnung aus beffern Sphären, es wäre unfchicklich, wenn daffelbe von feinem Mund an meinen wanderte, ohne daß vorher deffen Mündung abgewifcht würde. Darüber fiel er nun von einer Verlegenheit in die andere, ohne daß feine Bemühungen den Zweck erreichten, der ihm aus Reinlichkeitsrückfichten geboten fchien. Er greift erft nach feinem Tafchentuche, aber im Begriff, es zu gebrauchen, fällt ihm ein, daß grade diefes nicht durch Reinlichkeit fich hervorthut, eben fo untauglich erweifen fich nach einander Wefte, Hofe und Mantel, in Folge deffen er fich endlich genöthigt fieht, die Operation doch mit dem erftern auszuführen. Ich konnte nur unter Lachen feine Verlegenheiten mit anfehen, die er fich hätte erfparen können, da es zum Ende

der Reise ging, wo solche Dinge keinen Eindruck mehr auf mich
machten. Wie oft war ich anfangs in der Lage, meinem Führer sanfte Gewalt anthun zu müssen, bis es derselbe unterließ,
in seinem Eifer jedes Gefäß, bevor er mir darin Wasser brachte,
mit seinem durchaus nicht appetitlich anzusehenden Nasentüchlein
zu reinigen!

Alle Isländer, auch viele Weiber gebrauchen den Schnupftaback im Unmaß. Sie führen denselben in Gefäßen bei sich,
welche an Form und Größe mittelmäßigen Pulverhörnern gleichen. Zu Hause streuen sie davon in langen Zeilen auf die
Hand, grade wie es die Bewohner des baierisch = böhmischen
Waldgebirges mit dem sogenannten Preßltaback machen. Auf
der Reise, wenn sie zu Pferde sind, bewerkstelligen sie das
Schnupfen, indem sie die Mündung des Hornes, bei zurück-
gelegtem Kopfe, nach einander in die beiden Nasenlöcher bringen.
Auf diese Weise verlieren sie keinen Taback, was beim Reiten
um so mehr der Fall sein würde, als in Island fast beständig
ein heftiger Wind geht. Derselbe Grund erklärt die Form des
Behälters.

Eine Art, gebrauchte Teller zu reinigen, die man wohl nur
in Island sehen kann, besteht darin, daß man sie von den
Hunden ablecken läßt. Die Hunde, deren man in jedem Hause
mehrere hält, werden überhaupt fast wie Familienglieder behandelt und bewegen sich auf's Ungenirteste in den Wohnungen.
Mir ist es öfters begegnet, daß in meiner Schlafstube zugleich
eine Hündin ihr Wochenbett hielt. Am Anfang der Reise traf es
sich, daß wir in Skalholt — dem Orte des ehemaligen Bischofs-
sitzes im Südlande, nunmehr ein etwas vernachlässigter Bauernhof, wie es das Bild (S. 99) zeigt — Nachtquartier nehmen
mußten. Wir waren in einer Tagereise und unter beständigem

Regen von Laugar am Geisir hergeritten. Die ganze Zeit, welche unsere Reise schon gedauert hatte, zeichnete sich durch schlechtes Wetter aus, und es war noch keine Aussicht auf besseres, so daß ich Abends in Skalholt nicht grade rosenfarbenen Humors vor der Thür unserer Herberge stand. *) Während mein Blick die Gruppe von Hütten musterte, welche vor mir lagen, die einen nach rechts, die andern nach links hängend, als ob sie der Wind hergeweht hätte, schweiften meine Gedanken bald weit davon über das Weltmeer in die Heimath, bald waren sie bei meiner Reiseaufgabe, um derentwillen mich der Regen, welcher unablässig niederfiel, mit schwerer Sorge erfüllte. Da erregte eine Scene, welche sich mir gegenüber vor dem Eingang zur Wohnung des Bauers zutrug, meine Aufmerksamkeit. Es kam ein Mädchen, von einem Hunde begleitet, heraus und stellte zwei Teller auf den Boden, welche das Thier alsbald mit seiner Zunge zu bearbeiten begann. Da ich auf diese Reinigungsmethode schon vorher aufmerksam gemacht war und wir das Nachtmahl erwarteten, so entstand in mir die Vermuthung, daß die Teller „gespült" würden, um sie für uns nächstens zu gebrauchen, und ich rief meinen Reisegefährten herbei, sich den Vorgang auch mit anzusehen. Das Mädchen holte nach einiger Zeit die Teller wieder und nun wurde bald unser Mahl aufgetragen. Begreiflich fiel mein erster Blick auf die Teller. Ich erkannte sie sogleich als dieselben, welche man dem Hunde vorgesetzt hatte, da die Richtigkeit meiner Vermuthung in Strichen, wie sie dessen Zunge hervorbringen mußte, nur zu deutlich bestätigt wurde. In einer Schüssel lagen prachtvolle abgesottene Forellen. Da regten sich denn widerstreitende Gefühle in mir,

*) Auf dem Bilde die äußerste Hütte rechts, welche nur noch halb sichtbar ist.

es traten Hunger und Ekel gegen einander in die Schranken.
In einem andern Lande möchte der Ausgang dieses Streites
nicht zweifelhaft gewesen sein, ich würde mich unter sothanen
Umständen einen Abend zu fasten entschlossen haben. Wenn
man aber gewärtigen muß, die folgenden Tage in dieselbe Lage
zu kommen, nur etwa mit dem Unterschiede, daß keine leckeren
Forellen mehr dabei im Spiele sind, dann findet man leicht
durch eine kurze Betrachtung, daß der Hund eines der reinlich=
sten Thiere sei, und zieht kühn ein Stück Fisch aus der Schüssel
auf den Teller herüber, höchstens mit Anwendung der Vorsicht,
die von der Hundezunge am meisten markirten Stellen zu ver=
meiden.- Uebrigens war es ein glücklicher Zufall, daß ich die
Methode noch beobachten konnte, so sehr greifen auch in Island
Neuerungen um sich. Ich traf sie nirgends mehr wieder. Andere
Erfahrungen, welche ich in Betreff der Reinlichkeit auf der Insel
machte, sind alle nicht solcher Art, daß man sie nicht auch
anderswo, zum Beispiel bei den Bewohnern hoch gelegener Al=
penthäler, finden könnte. Jene Hautkrankheit, welche eine ge=
wöhnliche Folge der Unreinlichkeit ist, habe ich selbst nie dort
beobachtet, so daß das Mißtrauen, mit dem ich anfangs die
Hand zum Gruße reichte, bald verschwunden war.

Jn den volkreicheren Bezirken der Insel kommt man wäh=
rend einer Tagereise an manchem Gehöfte vorüber, so daß man
Gelegenheit genug hat, einzukehren. Mein Führer benutzte sie
mehr als mir lieb war, gewöhnlich mit der Ausrede, er müsse
sich um den Weg erkundigen, in Wahrheit aber, um sich zum
Kaffee einladen zu lassen. Vor einem Hause angekommen, darf
man dasselbe nach einer alten Sitte, auf welche noch streng ge=
halten wird, nicht betreten, bevor der Eigenthümer oder einer
seiner Angehörigen herausgekommen ist.

Die Isländer empfangen einander mit dem Gruße: „Seid ge=
segnet!" und auf diesen folgt Kuß und Umarmung. So that es
mein Führer immer Jedem, der zugegen war, zuerst dem Hausherrn,
dann den Uebrigen nach der Reihe. Erst nach dem Begrüßungs=
acte wurde er um seinen Namen und Heimath befragt. Dann
begann die Inquisition über mich. Man fragte: „Hvad heitir
thessi Madr; Hvadan kaemir han?" Mein Führer erwiderte:
„Han er Dr. Winkler, han kaemir fra Thuskerland, han
er Steinkundigar." Dieses genügte aber selten, sondern es
wurden noch viele andere Fragen gestellt, die ich in der Regel
nicht verstand. Ich sah der Scene gewöhnlich vom Pferde
herab zu. Erst nachdem über alle Verhältnisse des Fremden
Bericht eingeholt ist, wird auch er begrüßt und eingeladen, in's
Haus zu kommen. Während sich dort die Hausfrau sogleich
anschickt, Kaffee zu bereiten, bringt der Bauer die Branntwein=
flasche. Das erste Gläschen leert er selbst, das zweite präsentirt
er dem Gaste, der es ihm nachmachen soll. Wenn derselbe es
nicht vermag, so muß er, um nicht zu beleidigen, einen Andern
ersuchen, für ihn auszutrinken, und diese Aushilfe heißt man
dann sprichwörtlich: Einen Ertrinkenden an's Land ziehen.

Was mir an diesen Isländern so gar fremd vorkam, war
ihre Sprache. Aus tiefer Kehle gesprochen, lange consonanten=
reiche Worte, mit den oft sich wiederholenden Endsylben ar, ir,
um, klingt sie so alterthümlich ernst, als ob sie aus dem Munde
von Bewohnern des Unterberges oder Kyffhäusers käme.

Eine um so gewöhnlichere, fast widerliche Erscheinung macht
die Kleidung aus diesen Leuten. Wenn man so ein Bäuerlein,
mit seinem verdrückten Cylinder, dem abgeschabten Röcklein und
die Schnapsflasche in der Hand, sich betrachtet, so glaubt man

sich in eine Berliner Vorstadt versetzt, oder einen der Brüder
aus Lumpaci Vagabundus vor sich zu haben.

Wir haben schon in Reykjavik gesehen, daß die Männer-
kleidung, die Schuhe ausgenommen, jede Spur von Originalität
eingebüßt hat; dasselbe ist auf dem Lande der Fall. Wenn die
Kinder eines Bauers mit Schärpchen und Höschen, Blouschen
aus quabrirt gezeichnetem Zeug daher kommen, so sieht das doch
gar wunderlich aus. An der Werktagstracht der Weiber fällt
das Mieder und die Zipfelhaube auf, ihre Sonntagskleider sind
auch modern. Erwähnen will ich noch die Tracht verheiratheter
Weiber, die nur bei den höchsten festlichen Gelegenheiten in der
Kirche, zum Beispiel bei der Vermählung, dem Communion-
gange, getragen wird, und so hoch zu stehen kommt, daß sie sich
nur die eigentlichen Wohlhabenden anschaffen können. Auch
diese Tracht war schon ganz außer Brauch, bis sie in neuerer
Zeit, wo die Isländer anfingen, ihre Nationalität gegenüber
dem Dänenthum auf verschiedene Weise hervorzuheben, wieder
künstlich aus der Vergessenheit hervorgezogen wurde. Ich selbst
habe sie nie tragen sehen.

Viele der wohlhabenderen Gutsbesitzer erinnerten mich nach
ihrer äußern Erscheinung an die Bauern meiner Heimath.
Kurze, wohlleibige Gestalten, mit gutmüthig behaglichem Ge-
sichtsausdruck, sahen sie ganz Getreidehändlern ähnlich, wie man
sie auf der Schranne von München trifft.

Ich fand bei diesen Leuten meistens echt deutsch bäuerliche
Naivetät und Gutmüthigkeit. Wäre der Reisende ihrer Sprache
mächtig und nicht etwa zu hochmüthig, sich zu ihrer Gefühls-
und Denkweise herabzulassen, so würde er mit ihnen nicht nur
gut auskommen, sondern auch manche vergnügte und anregende
Stunde verleben, welche ihn die Strapazen der Reise gewiß oft

vergessen ließe. Immer bemerkte ich, wie sich die Leute gern mit mir unterhalten hätten. Sie waren besonders neugierig, mich über die deutsche Heimath, oder am liebsten über die Alpenberge, von welchen Alle Kenntniß hatten, erzählen zu hören, und es gelang öfter, obschon wir nicht zu einander reden konnten, durch andere Mittel die lebhafteste Unterhaltung zwischen uns in Gang zu bringen. So erinnere ich mich, wie wir einmal vor einem Hofe *) im Nordlande anhielten und ich nur höchst ungern der Einladung, einzukehren, folgte, weil ich den unnützen Aufenthalt der Reise fürchtete und nicht so oft Kaffee trinken wollte. Wir trafen alle Hausbewohner daheim, da es Sonntag war und Nachmittag. Der Bauer empfing mich gar freundlich, sonst sah ich nur gutmüthige Gesichter, und so kam auch ich bald wieder in eine zufriedene Stimmung. Wir bildeten alle zusammen eine ansehnliche Gesellschaft und saßen in einem wagenschuppenähnlichen Raume auf bemalten Truhen um einen rohen hölzernen Tisch herum. Die Leute waren erst stumm und hielten nur ihre Blicke neugierig auf mich geheftet; aber den Bauer, einen muntern, gesprächigen Mann, machte es ganz unruhig, daß er mit mir kein Gespräch anfangen konnte. Er suchte erst alle dänischen Worte aus seinem Gedächtniß hervor, ohne daß es seine Absicht gefördert hätte. Auf einmal kommt ihm ein Gedanke, wie abzuhelfen sei. Schleunig verläßt er das Gemach und kehrt bald mit lachendem Antlitz, eine Kreide in erhobener Hand, wieder zurück. Ich war begierig, was nun geschehen würde. Da faßt er, mir mit den Augen zuwinkend, den Tisch am Rande und schreibt auf denselben das isländische Wort Borda, zu deutsch „der Tisch," hernach übergibt er die

*) Es war Keldu oder Gilsbakki an der Ostjökulsaa, und der Bauer Hreppstori (Gemeindevorsteher, Schulze).

Winkler, Island.

10

Kreibe mir, zugleich burch Mienen anbeutenb, nun möchte ich
das beutsche Wort für Borda schreiben. So fuhren wir dann
fort, es mit allen Gegenständen zu machen, bie sich im Gemache
befanden. Unsere Versuche, bie geschriebenen Worte auch aus-
zusprechen, gaben, weil es nicht immer gut gelingen wollte, ber
ganzen Gesellschaft viel Anlaß zum Staunen unb Lachen, unb
bie Zeit verschwand so schnell, baß ich enblich zu meinem
Schrecken gewahrte, wie ich mich viel länger aufgehalten, als
es bas ausgesteckte Reiseziel bes Tages erlaubt hätte.

In ben blassen Gesichtern liegt oft ein ernster Ausbruck
ober auch eine eigenthümliche Abspannung, unb ber arme Fischer
an ber See, bessen struppig über bie Stirn hereinhängenbes
Haar nie eine gütige Fee mit gülbenem Kamme kämmt, hat
grabezu ein wildes Aussehen. Ein geräuschvolles Auftreten ber
Fröhlichkeit ist bei ben Isländern gänzlich fremb, sie singen niemals, selbst bie Kirchenlieder werben nur mit monotonem Steigen unb Fallen ber Stimme recitirt; sie tanzen nicht; von Na-
tionaltänzen existirt gar keine Erinnerung mehr, wenn es je
solche gab, nur von Ringspielen wurde mir noch erzählt, baß
sie erst vor nicht langer Zeit aufgehört haben. Ihre einzige
Unterhaltung besteht im Lesen ber alten Erzählungen unb im
Genuß bes Branntweins. Der Reisenbe, welcher flüchtig unb
ohne Kenntniß ber Sprache ihr Lanb burchzieht, muß sie baher
für ein prosaisches Volk halten, weil Poesie unb Humor, bie
ihnen keineswegs fehlen, nur Der beobachten kann, welcher im
Stanbe ist, sich vom Bauerknechte bessen selbst gemachten Ge-
bichte, sei es auf sein Liebchen ober sein Pferb, vorsagen zu
lassen.

An Inbividuen ber gebilbeten Classe, welche am zahlreichsten
burch bie Geistlichen vertreten ist, beobachtet man oft ein selt-

sames Gemisch von Aeußerungen der Civilisation und solchen,
welche man anderswo nur bei Leuten der niedersten Bildungs=
stufe findet. So sah ich einmal einen Pfarrer, es war ein ehr=
würdiger Greis in Silberhaaren, am Knopfloch seines schwarzen
Fracks hing mit langem rothweißen Band, offenbar nicht ohne
Ostentation, das Kreuz des Danebrogordens. Nicht nur in
der deutschen Literatur sehr bewandert, wußte er auch ganz nach
der Weise solch' alter Herren manches Sprüchlein aus lateini=
schen Classikern in die Unterhaltung einzuflechten. Dabei aber
mußte ihm den Abgang des Taschentuches eine bekannte Mani=
pulation mit den Fingern ersetzen, und der braune Saft des
Kautabacks quoll fast unablässig über seine Lippen hervor. Ein
andermal war ich in einem Pfarrhause über Nacht. Für mich
und meinen Reisegefährten war im Studirzimmer des Haus=
herrn ein gemeinschaftliches Bett auf zusammengeschobenen Stüh=
len errichtet, das fast den ganzen Raum einnahm. An der
Wand hingen einige französische Damenhüte. Als einer von
uns des Morgens eben das Bett verließ, trat die Frau Pfar=
rerin ein. Wir dachten, sie würde umkehren vor dem Mann
im tiefsten Negligee, allein mit nichten. Sie machte ruhig die
Thür hinter sich zu, als ob sonst Niemand im Zimmer wäre,
und ließ sich hart neben jenem auf ein Knie nieder, um in
einer Schublade des nebenstehenden Kastens eine gute Weile her=
umzusuchen. Die Situation des Einen ward dadurch höchst komisch.

Wenn man aus den bisher geschilderten isländischen Zu=
ständen den Schluß zöge, daß wenigstens das Reisen auf der
Insel sehr billig zu stehen kommen müsse, so wäre das ein
Irrthum. Es ist vielmehr dort mit größern Unkosten verbunden
als in jedem andern Lande, wo Eisenbahnen, Dampfschiffe und
elegante Hotels zu Gebote stehen.

Schon die nothwendigſten Bedingungen für das Fortkommen machen großen Aufwand nothwendig. Jeder einzelne Rei-
ſende braucht eine Anzahl von mindeſtens ſechs ausgerüſteten
Pferden, nämlich zwei Reitpferde für ſich, zwei für den Führer
und zwei andere für das Gepäck. Bei einer länger fortgeſetzten
Reiſe müſſen nämlich die Pferde den Tag über öfter gewechſelt
werden. Wenn man Unglück mit den Pferden hat, erwachſen
natürlich neue Koſten.

Am Orte, von dem man ausgeht, beſtellt man ſich einen
Führer für die ganze Reiſe. Bei Flußübergängen muß man
gewöhnlich Leute aus der Gegend beiziehen, und ich war immer
dazu genöthigt, ſo oft ich die gewöhnlichen Karawanenwege verließ und auf die Seite in ein Thal oder Gebirge kommen
wollte. Bei ſolcher Gelegenheit begegnete es mir einmal, daß
ich allmälig drei ſolche als mit dem geſuchten Gegenſtand ver-
traute Leute um mich verſammelt hatte, von welchen mir aber
Jeder, als ſich an Ort und Stelle das Vorgegebene nicht fand,
nur ſagte: „Ja, ich erinnere mich nicht mehr genau,“ ſich
aber bezahlen ließ.

Was man an Lebensmitteln bezieht, Wohnung, muß Alles,
wenn es auch unter dem Titel der Gaſtfreundſchaft gewährt
wird, bezahlt werden und kommt, weil dieſes auf andere Weiſe
als in unſern Gaſthöfen geſchieht, nicht billiger. Man ent-
ſchädigt nämlich den Hausbeſitzer gewöhnlich nach eigenem Er-
meſſen durch eine Gabe an ſeine Kinder. Ich habe jedoch oft
gradezu um meine Schuldigkeit gefragt, und die Forderung war
dann in manchen Fällen mächtiger, als wenn ich ſelbſt taxirt
hätte. Es belaufen ſich die Koſten einer Reiſe in Island, die
am einfachſten eingerichtet iſt, täglich auf mindeſtens 8 bis 9
Gulden rheiniſch.

Die Erfahrungen, welche man bei diesen Verhältnissen über
die Leute macht, sind zwar in manchen Fällen nur Aeußerungen
der Gesinnung Einzelner, in den meisten aber doch vom allge=
meinen Volkscharakter abhängig. Wie viel auch Beispiele der
glänzendsten uneigennützigen Dienstfertigkeit aufzuzählen wären,
so muß ich doch sagen, daß man auch in dieser Hinsicht irrthüm=
lich sich die Isländer als ein sogenanntes Naturvolk vorstellte.

Im Westlande mußte ich mich einmal landeinwärts in ein
Thal zurückbegeben. Ein Bauer, den ich auf dem Gebirge mit
Heuarbeit beschäftigt fand, diente mir als Begleiter bei meinen
Untersuchungen. Auf dem Rückwege kamen wir an seinem klei=
nen Hofe vorbei, und als wir uns trennen wollten, reichte ich
ihm als Entschädigung für seine Mühe ein Geldstück hin.
Darob erblaßt der Mann und sieht mich, zurücktretend, mit
wehmüthigem Blick, stumm an, so daß auch ich erschrak und dachte,
das Angebotene sei ihm zu wenig. So war es mir nämlich
auch schon vorgekommen. Nur allmälig fand er seine Sprache
wieder, um mir sagen zu lassen, was ich von ihm dächte, wie
ich ihn für fähig halten könnte, von einem Manne, der so weit
und zu solchen Zwecken hergekommen, Geld anzunehmen. Er
war so erschüttert, daß es nicht anders möglich war, ihn zu
beruhigen, als indem ich die Rolle umkehrte und mich beleidigt
erklärte, wenn er das Geld nicht annehme, da es nur der schul=
dige Ersatz für seine Zeit und Mühe sei. Nach langem Zu=
reden gab er sich endlich zufrieden. Sein ferneres Benehmen
machte aber nun seinem Herzen nicht weniger Ehre. Ich konnte
ihm nicht mehr abschlagen, bei ihm zum Kaffee einzukehren, und
er entfaltete sofort die größte Aufmerksamkeit und Sorge, um
mir so einen Ersatz für mein Geld zu leisten.

Seine Hütte war in Schnelligkeit mit den schönsten Tep=

pichen tapeziert, auf den weichsten Dunenkissen sollte ich sitzen, in die Stimme suchte er den freundlichsten Ton zu legen und selbst der Gegenstand der Unterhaltung sollte mir seine Aufmerk= samkeit offenbaren, indem er eine alte isländische Geographie herbeibrachte und da die Seite aufschlug, wo von Baiern und München geschrieben war. Zuletzt mußte ich allein ihm in eine andere Hütte folgen, wo er in einer Truhe ein Getränk (ich hielt es für Rosoglio) aufbewahrte, womit er mich noch beson= ders bewirthen wollte. Nach seiner Ansicht war das offenbar etwas ganz Ausgezeichnetes, da nicht einmal sein Pfarrer, der mit in Gesellschaft, daran Theil haben sollte.

Ich fühlte aber dabei recht sehr, wie hart es ist, bei einem Volke zu reisen, dessen Sprache man nicht kennt. Den Namen des braven Mannes ließ ich mir vom Geistlichen in mein Tage= buch schreiben, er hieß Thorbur in Kjallaksvellir.

Mit diesem Erlebniß stehen ein paar andere in grellem Contraste.

Bei der Erzählung vom Aufenthalt in der Badstoba zu Halbjarnarstadir erwähnte ich auch der affectirten Freundlichkeit meines damaligen Wirthes, und wie dadurch in mir der Ver= dacht erregt wurde, daß er mich prellen wolle.

Als ich ihn des Morgens, während wir noch alle im Bette lagen, im Zwiegespräch mit seiner Frau hörte und bemerkte, daß der Gegenstand desselben meine Person war, stellte ich mich schlafend. Der Mann that um so ungenirter, als er glaubte, daß ich das isländisch Gesprochene nicht verstände. Das viele Anhören der Sprache hatte mich aber bis dahin schon so weit mit ihr vertraut gemacht, daß ich manche Gespräche, wenn ich einmal den Faden gefunden, der Hauptsache nach verstand. Mein Gastfreund theilte seiner Frau einen Plan mit, wie er mir unter geschicktem Vorwand möglichst viel Geld abverlangen könnte.

Mein Führer war nicht bei ihm, sondern bei dem Nachbar einquartiert, und meine Unkenntniß dieses Verhaltes wollte er benutzen, um seine Entschädigungsansprüche gleichwohl auf jenen lauten zu lassen. Wenn er nur einmal bezahlt wäre, dann dürfte ich schon erfahren, daß ich auch gegen die andere Seite Obliegenheiten hätte. So war sein Plan. Ich war nur vom 22. Juli Vormittags 10 Uhr bis zum folgenden Tage Nachmittags 3 Uhr sein Gast gewesen und hatte dreimal Styr, Kaffee und Pfannenkuchen genossen. Seine Antwort auf die Frage nach meiner Schuldigkeit war schließlich mit derselben gleißnerisch freundlichen Miene gegeben, die er von Anfang an gezeigt hatte: er glaube, es würde gewiß nicht zu viel sein, wenn ich, für mich und meinen Führer nämlich, 6 Thaler (3 Kronenthaler rheinisch) bezahlte. Ich erklärte ihm darauf, daß ich wohl wisse, daß mein Führer nicht bei ihm gewohnt und nichts von ihm erhalten habe, daß ich ferner nicht gesonnen sei, ihm eine Summe, die sich für einen Londoner Gasthof passen möchte, auszubezahlen, und er seine Forderung herabsetzen müßte. Als mich der Mann so sprechen hörte, fing er an, seine wahre Natur hervorzukehren, die Freundlichkeit wich mit einem Male von seinem Gesichte, und er sagte mir nunmehr, zwar nicht sehr höflich, ich hätte ihm 4 Thaler zu bezahlen, was ich denn auch ohne weitere Umstände that, während er es nicht mehr für nöthig fand, mich vor das Haus zu begleiten.

Ein anderes Mal war ich veranlaßt, mir die Rechnung geschrieben vorlegen zu lassen. Da ich das Actenstück noch in Händen habe, so kann ich mich nicht enthalten, dasselbe hier

wiederzugeben. Es war dänisch verfaßt und lautet in wörtlicher
Uebersetzung:

Herrn Dr. Winkler.

1. Ein Führer und zwei Pferde für zwei
   Tage nach Baer am Selstrand   . . 6 Reichsthaler (dän.)
2. Ein Reitpferd für drei Tage nach
   Vatnsfjorde 2   „
3. Bedienung und Verpflegung auf sechs
   Tage von Doctors Führer 3   „
4. Gras für Doctors und seines Führers
   Pferde 1   „
5. Doctors ganze Bedienung und Wäsche 2   „

Summa   14 Reichsthaler.

Bezahlt.

Stadir, am 21. August 1858.

S. Gislason.

Der Unterschriebene ist ein Pfarrer.   Ich selbst war in
seinem Hause nur während dreier Nächte. Mein Führer war
volle sechs Tage da, weil ich zu meinen Reisen immer andere
Leute mit mir nahm. Meine Pferde mußte ich einige Tage
ruhen lassen, da sie von der Reise schon arg mitgenommen
waren, und ich schon eines an einem andern Orte hatte krank
zurücklassen müssen. Als ich den Herrn Pfarrer um meine Rech=
nung frug, bemerkte ich ihm, er möge sich wohl besinnen, was
ich ihm schuldig sei, und Sorge tragen, daß er nicht zu kurz
komme.

Wenn ich ihm 10 Thaler (5 Kronenthaler rheinisch) gäbe,

so wollte er recht zufrieden sein, war seine Antwort. Mir schien
die Forderung mäßig und so schickte ich mich an, sogleich zu
bezahlen. Während ich das Geld vorzählte, hob er indeß im
submissen Ton wieder zu sprechen an: 10 Thaler sei wenig,
mit 12 Thalern wollte er schon ganz zufrieden sein.

Gut, ich will 12 Thaler bezahlen.

Mittlerweile war sein Sohn, ein Student, der in Ferien
zu Hause war, in's Zimmer gekommen. Vater und Sohn
setzten sich nun über den fraglichen Handel in's Einvernehmen,
und thaten mir bald als Resultat ihrer leisen Unterredung zu
wissen, daß ich um weitere 2 Thaler mehr, also 14 Thaler zu
bezahlen habe. Diese Summe kam mir nun sehr hoch vor,
abgesehen von der Art, wie ich sie hatte allmälig wachsen sehen,
ich wendete aber nichts dagegen ein. Jene strichen das Geld
zu sich und gingen weg.

Nach einiger Zeit kam der Herr Sohn wieder allein zurück
und suchte mir mit süßlicher Miene und kriechender Geberde
beizubringen, wie sich sein Vater doch noch geirrt hätte, es
mache meine Schuldigkeit 16 Thaler, aber damit, bemerkte er
selbst, hätte ich schon Alles recht gut bezahlt. Das war mir
nun denn doch zu stark und ich erbat mir die geschriebene Rechnung, in welcher trotz der übertriebenen Ansätze nur die Summe
von 14 Thalern erreicht wurde. Für ein Pferd bezahlt man in
Island per Tag 4 Mark (50 Kreuzer rheinisch) Miethe, wie
das im zweiten Posten auch so berechnet ist. Im ersten kommen auf Pferd und Mann je 1 Thaler per Tag, und darin
liegt eine doppelte Ueberforderung. Für Pferdefutter zahlt man
in Island nirgends, weil deswegen auch Niemandem etwas
entgeht.

Daß Leute, wenn sie meine gefüllte Börse und meine Bereitwilligkeit zum Zahlen bemerkten, ihre erste Forderung erhöhten, ist mir öfter begegnet.

Diese Beispiele zeigen übrigens nur, daß man auch in Island unseres alten Sprüchleins eingedenk sein muß: Den Mund auf oder die Börse.

Die Isländer sind bei den dänischen Kaufleuten in die Schule gegangen und waren gelehrige Schüler, indem sie sich selbst rühmen, daß bezüglich der Schlauheit in Geldsachen die erstern ihnen nie einen Vorsprung abzugewinnen vermochten.

Bei den Isländern trifft man allgemein einen lebendigen Nationalstolz. Sie sprechen gern von sich als Nation, während der Fremde, welcher aus Europa kömmt, wo die großen Culturvölker nach vielen Millionen zählen, sich schwer an die Vorstellung von einer Nation aus 60,000 Hirten und Fischern bestehend, gewöhnt. Mir schienen sie vielmehr nur eine große Familie zu bilden, denn es begegnete mir oft, daß ich Diesen oder Jenen schon gesehen zu haben glaubte, während er doch nur einem Andern gleich sah, der vielleicht einem ganz entgegengesetzten Punkte der Insel und einem ganz andern Lebensberuf angehörte — so geht eine gewisse Familienähnlichkeit durch Alle. Mit dem Nationalstolz verbinden sie die tiefste Liebe zu ihrer Heimath. Noch niemals ist ein Isländer ausgewandert, nur den Mormonen gelang es merkwürdiger Weise vor einigen Jahren, einen Bauer auf den Westmannsinseln und eine Schaar junger Mädchen zu bekehren und sie zu vermögen, das Land zu verlassen.

Da es auf dem Lande keine Schulen gibt, so haben die Eltern die Verpflichtung, die Kinder zu unterrichten, und die Geistlichen, darüber Controle zu führen. Dieser Aufgabe wird auf's Fleißigste genügt, denn es findet sich gewiß Niemand im

Lande, der nicht Lesen und Schreiben und anderes Nützliche gelernt hätte, meistens viel mehr als unsere Bauerbuben aus der Dorfschule mit in's Leben bringen. Wie wollten sie auch sonst mit ihren Saga's zurecht kommen!

Die Isländer sind treue Anhänger der evangelisch-lutherischen Kirche, und es wird den französischen Bemühungen kaum gelingen, Einen von diesem Bekenntniß abtrünnig zu machen, um so weniger, als sie überhaupt keine Neigung zu haben scheinen, Frömmigkeit durch äußere Symptome zu manifestiren.

Doch ist der geistliche Stand der einzige, dessen Vertreter mit einem Titel „Siera," Herr, angeredet werden. Außer diesem gibt es keinen Standesunterschied.

Ueber die Kirchen will ich bemerken: dieselben sind wie die Häuser in Reykjavik Bretterbuden, meist an den Seiten durch Steinrasenmauern geschützt. Das Innere ist völlig schmucklos. Es befinden sich darin Stühle, eine Kanzel und ein Altar, den oft noch einige Tafeln aus der alten katholischen Zeit schmücken. Thürme sind fast nie vorhanden und die Glocken werden daneben unter einem eigenen Dache untergebracht.

Neben dem Christenthum üben noch die geheimnißvollen Gestalten der Sage, deren Wurzeln in die Zeit und in das Wesen des Heidenthums zurückreichen, einen mächtigen, unbeschränkten Zauber über den Isländer. Eine ganze Welt von Elfen, Gnomen, Erweckten, Fluß- und Berggeistern ragt noch leibhaftig in's Leben dieses Volkes herein, und während es bei uns fast nur noch der List gelingt, einem alten Mütterchen von diesen Dingen etwas abzufragen, öffnet der Isländer Demjenigen, der ihm recht entgegenkömmt, gern jene dunkeln Tiefen seines Gemüthes, aus welchen sich der Sagenforscher die kostbarsten Perlen hervorholen kann.

Während uns der Bauerknecht über die Furth im Gletscher-
flusse vorausritt, oder am dunkelnden Bergsee vorbei, oder über
das bizarre Felsgemäuer und die weite öde Heidi geleitete, erzählte er manche lustige und traurige Geschichten, wie sie sich
zwischen den Menschen und gespenstischen Wesen vor Zeiten
und jüngst zugetragen haben. Des Abends dann, wenn wir
im stillen Kämmerlein allein waren, hielt mein Reisegefährte,
der den Erzähler verstanden hatte, in seinem Gedächtniß die
Nachlese des Gehörten und schrieb es in sein Tagebuch nieder,
wobei ihm oft noch das Licht der mitternächtigen Sonne dienen
mußte.

Der Herr Professor Maurer hat uns in seinem Buche
„Die isländischen Volkssagen der Gegenwart" das meiste davon
auf die anziehendste und lebendigste Weise wiedererzählt. Vom
größten Werthe für die wissenschaftliche Ergründung der germanischen Volkssage, wirft sein ausgezeichnetes Werk auch das
hellste Licht auf den Charakter und das ganze innere und zum
Theil auch äußere Leben des Volkes, welches ich im Bisherigen
nach unmittelbarem Anschauen und mit eigenen Erlebnissen zu
schildern versuchte. Diese Schilderungen zu beschließen und zu
vollenden, sei mir erlaubt, eine der magischen Erzählungen jenes
Buches mit den erklärenden Bemerkungen des Verfassers wiederzugeben: „Ein junger Mann hatte seiner Geliebten versprochen,
sie am Christabend abzuholen und in die Kirche zur Christmette
zu begleiten. Er machte sich auch richtig auf den Weg; aber
als er über einen heftig angeschwollenen Bach setzen wollte,
scheute das Pferd vor den dahertreibenden Eisschollen, ein un-
glücklicher Ruck am Zügel brachte es zum Sinken, und über
dem Bestreben, sich und sein Thier zu retten, erhielt der Reiter
von einer scharfen Eisscholle eine Wunde am Hinterhaupte,

welche ihm sofort den Tod brachte. Lange wartet das Mädchen
auf den Geliebten; endlich in später Nacht kommt der Reiter,
hebt sie schweigend hinter sich auf's Pferd und reitet mit ihr
der Kirche zu. Unterwegs wendet er sich einmal zu ihr um
und spricht: „„Der Mond gleitet (watet durch die Wolken,
lautet sonst der Ausdruck in den Sagen), der Tod reitet; siehst
Du nicht den weißen Fleck an meinem Nacken, Garun, Garun?““
Es hieß nämlich das Mädchen Gudrun; aber Gut, Gott, kann
das Gespenst nicht aussprechen, daher die Entstellung des Namens. Dem Mädchen wird ängstlich zu Muthe; aber sie reiten
fort, bis sie zur Kirche kommen. Hier hält der Reiter vor
einem offenen Grabe und spricht: „„Warte Du hier, Garun,
Garun, bis ich den Faxi (Faxi heißt Pferd) ostwärts über
den Zaun hinausbringe.““ Als sie diese Worte hört, fällt
Gudrun in Ohnmacht; aber zu ihrem Glücke liegt das Grab,
an dem sie abgesetzt worden war, hart an der Seelpforte, das
heißt am Eingange zum Kirchhofe, über welcher sehr häufig die
Glocken zu hängen pflegen; sie erwischt noch das Glockenseil
und zieht dieses im Zusammenbrechen an; vor dem Geläute verschwindet natürlich das Gespenst und sie ist gerettet."

Nachdem Professor Maurer noch aufmerksam gemacht hat,
wie die Sage einerseits in merkwürdiger Uebereinstimmung mit
jener andern deutschen Sage, welche der bekannten Ballade
Bürger's „Leonore" zu Grunde liegt, andererseits aber in durchaus specifisch isländische Nationalfarben gekleidet sei, frägt er:
„Kann es ein schlagenderes Zeugniß geben für die im Einzelnen
so freie und doch im Ganzen so gebundene einheitliche Entfal-
tung der Volkssage bei einheitlichen Volksstämmen?"

V.

Das Südland.

Derjenige bewohnte Landestheil, welchen die Isländer als Südland bezeichnen, bildet ein geographisch und politisch abgeschlossenes Gebiet und umfaßt circa 120 Quadratmeilen. Dieser Landstrich endigt gegen Norden am Rande des Westgebirges. Gegen Nordost bezeichnet seine Grenze keine besondere geographische Form, sondern nur eine klimatische Linie, welche das Aufhören der Bewohnbarkeit gegen das Innere beschreibt und welche die Folge der allgemeinen Erhöhung des Landes über den Meeresspiegel ist. Im Osten breitet er sich am Fuße des Südostgebirges hin. Den Süden und Westen bespült der Ocean. Seine Ausdehnung ist größer von Westen gegen Osten als von Norden gegen Süden. Er ist am breitesten, nämlich zehn Meilen, im Osten und verschmälert sich allmälig gegen Westen, wo er als Halbinsel mit einer Breite von vier Meilen endigt. Das Ganze zerfällt in zwei fast gleich große, aber nach Bodenbeschaffenheit und Ausbreitung der menschlichen Wohnungen sehr verschiedene Hälften. Die Isländer selbst unterscheiden diese als „Westland" und „Ostland." Das Westland wird fast ganz von einem vulcanischen Gebirge erfüllt, welches theils ein zusammenhängendes Plateau bildet, theils in einzelnen kleinen

Bergreihen oder isolirten Kegelbergen auftritt. Dieser gebirgige Theil ist noch weit über seine Ränder hinaus mit alten Lava=strömen bedeckt. Er ist eine Wüste, welche im äußersten Süd=westen der Halbinsel beginnt und, diese erfüllend, zwölf Meilen weit gegen Osten fortsetzt, bis ihm andere Ströme von Norden her begegnen. Die letztern haben sich vom Westgebirge herab ergossen, so daß eine fast ununterbrochene sterile Lavadecke sich bis tief in's Innere an den Fuß der ungeheuren Gletscher=plateaus verbreitet. Vom Westlande sind kaum sechzig Meilen Land, insofern man damit einen bewohnten Erdstrich versteht, nämlich nur die niedere Berglandschaft nordöstlich von Reykjavik, welche von vulcanischen Ausbrüchen verschont geblieben ist. Das Uebrige gestattete nur am äußersten Küstensaume die Ansiedlung einer Bevölkerung, die vom Fischfang ihre Nahrung ziehen muß.

Die Küstenlandschaft von Reykjavik hab' ich dem Leser be=reits als eine schöne, nach Umständen reizende geschildert, und doch enthält kein anderes Gebiet der Insel ödere und mehr düstere Scenerien, als das Innere dieses „Westlandes," von seinem Anfang bis zum Ende. Man darf nur auf die Hügel=ebene gleich hinter den letzten Häusern von Reykjavik hinauf=steigen und den Blick, vom Meere abgewendet, gegen Südosten richten, um sich von den Schauern, welche dasselbe birgt, berüh=ren zu lassen. Da versperren bald lange Hügelrücken, deren breite Abhänge mit dunkelm Schutt bedeckt sind, die weitere Einsicht. Auf der graubraunen Fläche zu unsern Füßen hat sich, so weit das Auge unterscheiden kann, nicht ein Grashälm=chen niedergelassen. Die nächsten höhern Rücken, welche über das verdeckte Land herüberschauen, sind schon einige Meilen ent=fernt und gleichen an Form großen Särgen. Wie ein Riesen=behälter dieser Art begrenzt der dunkle, eben abgeschnittene Rand des Bulcanenplateaus den Gesichtskreis. Wenn eine dunkle Wolke ihren Schatten in das Vorland schüttet, und die Särge dahinter im farblos wässerigen Schein der Sonne aufleuchten, dann hat man den Eindruck einer vom Licht der Lampe erhellten Gruft.

Eine jener schauerlich öden Scenerien, wie sie sich am Rande des Bulcanenplateaus selbst finden, habe ich oben zu schildern versucht, als ich von der Passage eines Lavafeldes erzählte.

Ich glaube somit den Leser in Stand gesetzt zu haben, sich eine Vorstellung von diesem Lande zu machen. Es ist eine immerwährende Wiederholung derselben wenigen und düstern Züge.

Ganz anders ist die Osthälfte des Südlandes, das „Ostland," beschaffen.

Dieses unterscheidet sich durch Bodenbeschaffenheit nicht nur vom „Westlande," sondern fast von der ganzen übrigen Insel. Nirgends mehr bildet deren Oberfläche in solcher Ausdehnung ein Tiefland und zwar mit großen Ebenen, wie hier im Süden. Es ist nur noch ein einziger, viel kleinerer Strich im Westen von solcher Landesbeschaffenheit. Alles Uebrige ist ja Gebirge, Thal oder Küste.

Dieses Tiefland, welches sich vom Ostrande des Bulcanenplateaus bis an den Fuß des Hekla und Eyjafiallajökul ausbreitet, umfaßt einen Raum von circa siebzig Quadratmeilen. Im Süden, der Küste entlang, bildet sein Boden weite Ebenen. An der nordöstlichen Grenze treten größere zusammenhängende Hügelmassen auf, zwischen welchen sich die Ebenen in breiten Thälern verbreiten. Zehn Meilen von der Küste, am Fuße des Westgebirges, wo der Quellenboden des Geisir liegt, erreicht es die Höhe von 330 Fußen über der Meeresfläche und zugleich die Grenze der Bewohnbarkeit. In der Mitte tauchen aus den Ebenen isolirte schanzenartige Berge oder Hügelstöcke auf, an deren steilen Seiten die dunkeln Felsringe des Trappes zwischen dem Weidegrün zum Vorschein kommen. Die Ufer der Flüsse säumen oft Bänke einer alten Lava ein, oder sie setzen quer durch dieselben und veranlassen hohe Stromschnellen. Es sind die größten Flüsse der Insel, die Thiorsau und Hvitau, welche durch dieses Tiefland hinab dem Meere zueilen. Vor ihrer Mündung breiten sie sich seeartig aus und bilden mit ihren Armen große Delta's. Ueber das ganze Land wechseln weite, mitunter üppige Wiesen und Weidegründe mit eben so weit erstreckten Sumpfflächen. Nur einige kleine Striche haben jüngere Lavaergüsse unfruchtbar gemacht.

Die Bevölkerung wohnt am dichtesten drei bis vier Meilen einwärts von der Küste, wo das Land am niedersten und flachsten ist. Da stößt man alle Viertelstunden auf eine Niederlassung. Weiter einwärts tritt die Bevölkerung nur in einzelnen, durch die Terrainverhältnisse begünstigten Bezirken gedrängter auf.

Tiefländer bieten auch in besseren Himmelsstrichen keine reizenden Landschaftsbilder, so daß man solche von den isländischen um so weniger erwarten möchte, als hier auch all' der Ersatz mangelt, welchen in andern die Cultur, der Verkehr auf großen Flüssen, reiche Getreidefluren, Gartengelände, Wälder und Auen gewähren. An den Ufern der mächtigsten Ströme dieser Insel ist es so einsam wie in den weiten Berggefilden. Aber große Wasserflächen, Seen und Flüsse, haben immer ihre Schönheiten, und so sind es auch diese, welche in die Einförmigkeit des isländischen Tieflandes Abwechslung und selbst manche Reize bringen. Bei ihrem kurzen Lauf in der Ebene und weil auch da noch Lavabänke sie nöthigen, sich über sie abzustürzen, oder an ihrem Grunde verborgen sie tosend aufschäumen lassen, geht ihre wilde Bergnatur nicht verloren. Es macht einen eben so großartigen Eindruck, sie in der Nähe zu sehen, wie sie in ihrem wilden Ungestüm an uns vorüberrauschen, als in der Ferne von einer Höhe herab, wie sie ihren glänzenden Spiegel meilenweit mäandrisch in die Ebene hinbreiten, bis sie endlich zwischen den fernen Felshügeln wie innerhalb der Mauern einer Stadt verschwinden.

Von zwei Seiten umschließen dieses Tiefland hohe Gebirge, zu kühnen schneefreien, dunkeln Kuppen oder in mächtigen Gletscherdomen aufgethürmt. Manche Punkte eröffnen herrliche Aussichten auf dieselben, und wenn der Blick über jene Eiswüsten hingeschweift, wie wohl thut Einem dann das Weidegrün zu den Füßen, wie zufrieden naht man sich dem niedern Dache der gastlich winkenden isländischen Hütte.

Jedoch nur selten kann dieses Tiefland seine Reize und Schönheiten vor den Reisenden zur Geltung bringen. Nebel und finstere Wolken, von denen man nicht weiß, ob sie aus den Sümpfen hinauf zu den Jökuln oder umgekehrt wandern, halten fast beständig ihren Hexensabbath und verdüstern nicht nur jede Aus- und Ansicht, sondern versperren sie meistens gänzlich.

Das ist die Geographie und die Landschaft des „Südlandes" in den Hauptzügen.

Dieser Landestheil enthält das Großartigste und Seltenste, was die Insel in ihrer vulcanischen Natur bietet, und zugleich die ältesten und wichtigsten Stätten in der Geschichte ihrer Bewohner. Um der Naturvorkommnisse willen war derselbe schon das Ziel vieler ausländischen Reisenden und ist es noch immer.

Andere Gegenden werden seltener besucht, am wenigsten die unbewohnten innern Landestheile.

Ich sollte auch das Südland zuerst durchwandern. Die einzuschlagende Route bestimmten die durch ihre Natur merkwürdigen Punkte und der Weg, auf welchem die Reise nach dem „Nordlande" fortgesetzt werden sollte.

In der Regel sind im Südlande die Spuren des Winters schon bis Ende April so weit verschwunden, daß von dieser Seite einer Reise durch dasselbe kein Hinderniß gesetzt würde. Das flache Land ist bis dahin schnee- und eisfrei. Andere Ursachen aber halten dieselbe immer bis Mitte Juni und noch länger auf. Man benöthigt zu einer längern Reise eine große Anzahl von Pferden. Während des Winters sind aber diese Thiere auf Island völlig unbrauchbar. Sie werden erst wieder diensttauglich, wenn sie sich beim Frühlingsfutter auf den Weiden neue Kräfte gesammelt haben. Auf der Reise selbst, wo ihrer keine geringen Anstrengungen warten, bekommen sie keine andere Nahrung, als was in Wirklichkeit auf und neben dem Wege wächst. Die Vegetation erholt sich sehr langsam und somit auch die Thiere, welche ihrer bedürfen. Die Pferde werden vor Mitte Juni nicht so stark, daß sie anhaltend schwere Dienste thun könnten, und der Futterkorb am Wege füllt sich auch nicht früher hinreichend genug, um ihnen Tag für Tag das Nothwendige zu geben.

Für kleinere Reisen, etwa zum Geysir und zurück, kann man Pferde miethen, bei größern ist es nothwendig, sich solche als Eigenthum zu erwerben. Da von der Art, wie man beim Einkaufen bedient wird, die Reise in mehrfacher Beziehung, was Kosten, Sicherheit, Bequemlichkeit betrifft, sehr beeinflußt wird, so muß man dabei vorsichtig zu Werke gehen. Wir hatten,

11*

was ich jedem Reisenden empfehlen möchte, einem Kaufmann
und geborenen Isländer Commission gegeben, unsern Pferde-
bedarf zu besorgen und durch seine Erwerbungen ward unser
Vertrauen vollkommen gerechtfertigt. Es kostet im Frühjahr ein
gutes Reitpferd 60 bis 70 Gulden rheinisch, ein Packpferd aber
nur 40 bis 50 Gulden. Mit den Pferden muß man sich die
ganze Ausrüstung, Sättel, Zäume, Hufeisenvorrath, geeignete
Gepäckkisten, selbst beschaffen. Auch die Wahl des Führers muß
mit Rücksicht auf die Pferde getroffen werden, weil diesem ihre
Besorgung auf der Reise obliegt. Ein ungeschickter oder nachlässiger Mensch könnte den Reisenden in großen Schaden bringen. So sind zum Beispiel die bessern Weideplätze oft entfernt
von den Quartieren, und es darf der Führer nicht zu bequem
sein, die Thiere dahinzuschaffen. Wenn ihre Anzahl zehn
erreicht, wird man gut thun, dem ältern Führer einen jüngern
Gehilfen beizugeben.

Wir hatten die Absicht, die Reise in der uns gewährten
Zeit von drei Monaten so weit als möglich auszudehnen. Nach
der Wanderung im Südlande wollten wir auf dem sogenannten
Sprengisandrweg, einem hohen Gebirgspaß in Mitte der Insel,
nach dem Nordlande, durch dieses hinüber nach der nordwestlichen Halbinsel und von da durch das „Westland" wieder herab
nach Reykjavik.

So war der allgemeine Plan, wie er mir und meinem
Herrn Reisegefährten paßte. Innerhalb desselben sollte Jeder
Freiheit haben, besondere Wege je nach seinen Reisezwecken zu
wählen. Nur der Weg durch's Innere, von Süden nach Norden, war geboten, gemeinschaftlich gemacht zu werden.

Es dauerte ziemlich lange, bis wir die Pferde und Ausrüstung beisammen hatten, obwohl nach allen Seiten Aufträge

abgegangen waren. Der Nachwinter war in diesem Jahre im Norden sehr streng und langwierig gewesen. Erst am 20. Juni konnte Kaufmann O.... die letzten Pferde erwerben, welche die Zahl zwölf voll machten. Wir benöthigten nämlich für uns und unsere Begleiter acht Reitpferde und zu diesen vier Packpferde. So ward endlich der 21. Juni für den Antritt der Reise bestimmt. Ich hatte bisher nur kleinere Excursionen in die Umgebung von Reykjavik gemacht, nach dem Esiagebirge, nach Havnefjord und andern Orten.

Das Wetter war immer gut gewesen, aber am 19. Juni stellte sich Regen ein, und am Tage unserer Abfahrt war nicht die geringste Aussicht, daß das bald anders würde. Vormittags 11 Uhr, nach unserer Sonne 1½ Uhr, verließen wir die Hauptstadt. Die Isländer sind immer gewohnt, das Reisen spät am Tage zu beginnen, aber auch um so länger in die lichte Nacht hinein fortzusetzen. Unsere Roßhirten waren etwas früher mit dem Train aufgebrochen, wir kannten ja schon selber die nächsten Wege!

Als ich in der letzten Stunde sah, wie meine bisherige Hausfrau und ihre hübsche Tochter so eifrig bemüht waren, uns noch vor dem Abgang einen stärkenden Trunk vom besten Stoffe, den sie hatten, zu bereiten und dort und da, in die Mantelsäcke, oder wo es anging, auch heimlich Eßwaaren hineinzustecken, als ich ihre wiederholten Versicherungen hörte, wie hoch wir noch den Werth dieser Sachen „im Lande" schätzen würden, da beschlichen mich, aufrichtig gestanden, etwas unheimliche Gefühle. Wir führten keinen Gaul mit Kochapparat und einen andern mit Proviant aller Art mit uns, wie das andere Reisende für gut fanden. Nun sollte es Ernst werden, mich von Allem loszusagen, auf Alles zu verzichten, was ich bisher von der Civi-

lisation, wenn auch nur in geringem Maße, für Behaglichkeit
in Anspruch zu nehmen gewohnt war. Es galt nicht nur, den
Baier auszuziehen, was schon lange, aber auch nicht ganz schmerz-
los geschehen war, sondern auch den Dänen, überhaupt den
civilisirten Menschen unseres Verstandes, um ein Isländer „im
Lande" zu werden. Bei solcher tief in die physische Natur ein-
greifender Wandlung, wie sie im Anzuge war, sind Gefühle,
wie man sie etwa haben würde, wenn man sich am Anfang
einer schweren Krankheit glaubte, begreiflich und verzeihlich.
Sind ja doch auch im Thierreiche die Wechsel gewisser physischer
Zustände, zum Beispiel das Haaren, Häuten, wahrhafte Krank-
heitsprocesse. Und konnte ich getröstet werden, wenn ich zum
Fenster hinaussah auf die düstern grauen Wolken, die in geringer Höhe vom Sturm gepeitscht dahin jagten und die ganze
Gegend in ein trauerndes Halbdunkel hüllten? Wie werde ich
da meine Aufgabe erfüllen können, wie werde ich mit meinen
Untersuchungen zurecht kommen? Diese Gedanken lasteten schwer
auf mir, während gleich Rachegeistern die Gestalten europäischer
Gelehrten in meiner Seele heraufzogen, mich mit finstern Gesichtern und drohenden Geberden zur Rede stellend:

„Ob des Wassers oder Feuers Macht
Island an den Tag gebracht."

Hinter unserm schwarzen Häuschen standen die Gäule schon
lange, angebunden und aufgezäumt. Resignirt schwang ich mich
endlich in den Sattel und fort ging's unter den oftmals herzlich
wiederholten „Farewells" meiner Hausleute. Langsam trabten
wir durch den Ort hinab, ohne Geleite. Selbst die schönen
Reykjavikerinnen thaten ihrer Neugierde diesmal Einhalt und

schauten uns nur durch die Fenster nach. Es wollte Niemand heraus in das abscheuliche Wetter.

Wir ritten an der Ostseite zum „Städtle" hinaus. In dieser Richtung liegt der Quellenboden des Geysir, das Ziel unserer nächsten Tour, vierzehn Meilen von Reykjavik.

Der Weg dahin nimmt die kürzeste und bequemst zu befol=genbe Richtung, so daß bei Anlegung einer Straße auch nicht viel andere Wahl bliebe. Man legt ihn gewöhnlich in zwei Tagereisen zurück. Einen Tag früher als wir hatten vier eng=lische Officiere, welche auf einer Yacht zu ihrem Vergnügen und, um den Geysir springen zu sehen, nach Island gekommen waren, auch die Reise dahin angetreten.

Das Ziel des ersten Tages war der Kirchort Dingrellio, am See, der nach ihm den Namen führt.

Eine Strecke weit über Reykjavik hinaus ist der Weg breit, wird aber rechts und links von großen, scharf= und vielkantigen Steinblöcken eingerahmt. Man pflegt darauf mit zweiräbrigen Karren, den einzigen Anstalten dieser Art auf der Insel, den Torf aus dem nahen Moore nach der Hauptstadt zu schaffen. Nach mehreren Regentagen bildet dieser Weg eine Reihe von Pfützen und, indem die Pferde diesen ausweichend an die Seiten hinauslaufen, kommt man schon einige Minuten vom Orte in Gefahr, an den Steinblöcken einen Fuß zu verlieren. Anfangs sind die Ponys hitzig. Nach einer Stunde Rittes erreicht man den Rand eines engen Thales, in welchem das Flüßchen Lachs=achen in mehreren prächtigen Katarakten von Osten herabkommt. Bald fällt das Auge auf das im italienischen Villenstil erbaute einsame Häuschen des Kaufmanns Thomsen am jenseitigen Ab=hange. Ein solcher Anblick hier in Island verfehlt nicht zu überraschen, zwar nicht angenehm. Er macht den Eindruck eines

letzten Versuches auf dem Haupte einer schon sehr gealterten
Schönen.

Der folgende Weg bis an das Plateau der „Mosfells=
heidi" bietet nichts Erwähnenswerthes. Einige Mal begegneten
uns auf schmalem Pfade Karawanen von Einheimischen, welche
zum Handel nach Reykjavik zogen. Bei solchen Begegnungen,
wo viele Pferde zusammenkommen, kann man die Gewandtheit
der Leute bewundern, wie sie jene an einander vorbeibringen
und dabei noch Zeit haben, ihre Umarmungen und Küsse aus=
zutauschen.

Die Landschaft ist manchmal nieblich. Mit ihren muntern
Bächen, üppigen Weidegründen und den dunkelnden Flächen
kleiner Hochseen erinnert sie an Scenerien aus dem Vorlande
der nördlichen Alpen.

Die „Mosfellsheidi" habe ich schon oben bei den Passagen
gezeichnet. Das Land steigt von Westen her allmälig zu diesem
Plateau herauf, so daß nur ein niederer Abhang gegen des
Vorlandes innerstes Wiesenthälchen, genannt Seljadalr (Alpen=
thal), es von dieser Seite beschließt. Seljadalr kam bei den
Mineralogen und Geologen zu einiger Berühmtheit, weil Pro=
fessor Sartorius in dem Gestein der Schlucht, an welcher vorbei
der Weg auf die „Heidi" hinausführt, zum ersten Mal in
Island ein Mineral wiederfand, welches er früher in den vul=
canischen Gebirgen Italiens entdeckt und nach der Stadt Pala=
gona dort, Palagonit genannt hatte.

Der ermüdende Ritt über die „Heidi" nimmt drei Stunden
in Anspruch und man ist froh, deren östlichen Rand erreicht zu
haben, „wo die grünen Wasser des Dingvellirsees heraufgrüßen."

Der Weg will nun allmälig abwärts steigen in den Mul=
den eines flachen, aber breiten Abhanges. Wir halten zuvor

ben Gaul an. Es ist ein Bild vor uns aufgerollt, einzig auf
Island, vielleicht auch einzig auf der Erde, und hier haben
wir den unbeschränktesten Ueberblick. Laffen wir die andere
Gesellschaft voraus; die Wege werden jetzt besser und Alles
ist frei um uns, so daß wir sie nicht aus den Augen verlieren
können.

Der Rand des Plateaus, an welchem wir angelangt sind,
verläuft von Norden gegen Süden und fällt gegen Osten in
der Richtung unseres Weges sehr allmälig, ungefähr 200 Fuß
abwärts zu einer Ebene. Der ganze große Raum, den wir
vor uns erblicken, gegen Norden und Osten, beträgt gewiß vier
Quadratmeilen und wird von Gebirgen eingefaßt. Nur auf
eine kurze Strecke, uns grade gegenüber, ist eine Lücke in dem
Bergrahmen, durch welche fernere Gipfel herübersehen. Doch
bildet das Land auch da einen hohen Wall.

Die Ebene zunächst unter uns ist anscheinend wassergleich
und erstreckt sich gegen Norden dem Abhang des Plateaus entlang, bis sie in der Ferne sich an den Bergen verliert. Es
geht wenigstens drei Stunden weit da zurück. Zur Rechten,
gegen Süden, verbirgt sie sich bald hinter dem Heibirande.
Gegen Osten findet sie in kurzer Entfernung eine auffallende
Grenze. Sie endigt plötzlich. Man erkennt das deutlich an
einer graden Linie, welche mit ihr im Süden beginnt und gegen
Norden, immer weniger kenntlich, so weit forsetzt, ungefähr zwei
Meilen weit, bis man sie nicht mehr unterscheiden kann. Das
Land, welches von der andern Seite anstößt, läßt eine größere
Entfernung und eine tiefere Lage daran erkennen, daß im ganzen
Verlauf der Linie sich ein plötzlicher großer Unterschied in der
Deutlichkeit seiner Oberfläche geltend macht. Am kenntlichsten wird
es mehr südlich, wo der See anstößt, daß die Ebene in völlig

graber Richtung von Norden gegen Süden, an einem sehr hohen,
senkrecht niedergehenden Rande endige. Das Terrain am Fuße
dieses Randes ist in einiger Entfernung davon unsichtbar, eben
so wie man vom First eines Daches den Boden zunächst am
Hause nicht sehen kann.

Gegen Norden zwischen den Bergen läuft das unterhalb
der Ebene gelegene Land mit dieser zusammen. In der Mitte
beginnt es sich aufzublähen, so daß es gegen Süden dann ziem=
lich steil an die Nordufer des Sees herankommt. Auch gegen
Osten sinkt es ein, bevor jener Wall ansteigt, über dem eine
Lücke zwischen den Bergen ist. An dieses Walles fernem Abhange
gewahrt man wieder eine dunkle grade Linie, welche noch inner=
halb des Gebirges nördlich beginnt und lang, parallel mit der
Randlinie der nahen Ebene zum See herabzieht. Es ist nicht
zu unterscheiden, wodurch sie hervorgebracht wird.

Der See tritt gegen Nordosten mit tiefer Bucht in das
Land herein, während an seinem östlichen Ufer sich drei niedere
Bergrücken in kurzen Zwischenräumen nach einander in südlicher
Richtung folgen. Man sieht ungefähr die Hälfte desselben, der
übrige südliche Theil wird von dem Heibirande verdeckt.

Das ist der geographische Grundplan dieser Gegend, wel=
cher sich durch die starren graden Linien, die darin vorkommen,
als eigenthümlich genug erweist. Was gibt das aber für eine
Landschaft?

Diese kahlen, dunkeln Berge da hinten scheinen nur unge=
heure Haufen lose aufgeschichteter Steintrümmer, ohne Kanten
und Spitzen, mit Seiten, welche kaum in breite Falten gebrochen
sind, wie schwere Gewande. Das sind scheue, finstere Gesellen,
die sich nie mit dem Grün des Frühlings, noch mit den bunten
Farben des Herbstes schmücken. Zwischen zwei hochgewölbten

Rücken ringelt sich eine schwarze Masse hervor, gleich der Haar=
flechte am dunkeln Busen des äthiopischen Weibes.

Von deren Fuße her strömt das Land an uns heran, es
strömt, aber so träge, und mitten durch zieht der Rand eines
Abgrundes, von dem sich das Auge mit Schauder abwendet.
Ward denn hier Abirons Rotte verschlungen? Die nahe Ebene
breitet sich gefleckt wie ein Tigerfell aus. Durch hundert Löcher
der dünnen Rasendecke dringt das Gestein hervor, und je ferner,
um so mehr verlischt ihr mattes Grün. Es ist, als ob die
Oberfläche durchsichtig wäre und uns durch die Folge ungeheurer
Felslagen hinabblicken ließe zum dunkeln Grunde, wie durch die
Wasserschichten eines klaren ruhigen Bergsees.

Wenn wir bei uns vom hohen Standpunkt eine Gegend
überblicken, mehrere Stunden weit, so können wir Dörfer, Wäl=
der und Fluren, Bäche und Flüsse nach Formen und Farben
noch wohl unterscheiden. An diesem isländischen tiefern Lande
ist bei solcher Entfernung nichts von alledem zu sehen, nicht
einmal die Beschaffenheit seiner Oberfläche ist zu entziffern. Nur
einige der nächsten Stellen scheinen mit grünem Hauch bedeckt,
das andere liegt grau in Grau, rings von dunkeln Schatten
umfangen. Nur die langen starren Linien darin, wenn sie den Blick
auch abstoßen, ziehen doch immer wieder unsere Aufmerksamkeit
an. Wir fürchten, das schwere Land sinke noch tiefer und
es stürzen sich des Sees grüne Wogen darüber, bevor wir zu
ihm hinabgestiegen sind.

Dann däucht Einem, man habe hier die hochaufstrebenden
Felsmauern der Berge auf den Boden niedergelegt, und davon
schreibe sich dieses Uebergewicht der leblosen Natur, diese un=
wandelbare Oede, die Einem in's Herz hineingreift. Wenn
man einen einzigen Baum seine Krone ausbreiten sehen könnte,

wenn nur ein Steinhaufen zertrümmerte Bauwerke verrathen würde, so möchten sie dieses Land mit seinen großen Zügen in ein romantisches Licht versetzen. Aber wohin sich das Auge wendet, Alles trägt den Stempel der Unabänderlichkeit, es war hier nie anders und wird nie anders werden. Die wenigen Menschen und ihre Wohnungen verschwinden in dem weiten Raume wie die Spinnen in den Mauerritzen einer alten Burg, und doch hatte der Anblick dieser Gegend uns so lange beschäftigt und gefesselt!

Nicht nur Geologen, sondern auch völlige Laien in dieser Wissenschaft werden manchmal durch Betrachtung von Landesformen veranlaßt zu fragen, wie ist das so geworden? Dieser Boden hatte einmal eine andere Gestalt! Die Gegend von Dingvellir legt uns diese Frage in so ungeheuren Zügen vor, wie nicht leicht eine andere, und darin liegt ihr Zauber, nicht für das Gemüth, sondern für den denkenden Geist. Aber es fällt von dem großen Bilde doch noch etwas für's Erstere ab. Wenden wir das Auge weg von den starren Linien, da unten liegt der See, von kahlen, braunen Bergen eingerahmt — ein Smaragd in prunkloser Fassung.

In die krystallhelle Fluth hat sich das Leben geflüchtet, in ihrer Tiefe ist die „Welt," da wohnt Pracht und Glanz und wiederhallt's von Melodien, wenn die Nixen den Reigen führen um ihre Königin. Schon umgaukeln uns die anmuthigen Gestalten der Märchen, aber die Ungeduld des Pony, der den Boden scharrt und den Kopf hin und her wirft, mahnt, daß wir weiter ziehen müssen. Unsere Gesellschaft ist nun weit voraus. Es geht nicht steil abwärts, aber einzelne abschüssige Stellen kommen, wo der Rasen abgelöst ist und die Pferde im Kothe waten müssen. Da sollte man langsam reiten oder wenig-

stens die Zügel straff anziehen. Ich bin noch ein ungeschickter
Reiter! Der Gaul gleitet aus und im Nu sind ich und er
geschiedene Leute, beide auf dem Boden, ich eine Klafter weit
von ihm, Arme und Beine gegen den Himmel gestreckt. Ich
fühlte dabei keine Schmerzen, aber mit Bangen hatte ich das
Aechzen meines Barometers gehört, der, an meinem Rücken hän=
gend, die halbe Kreisbewegung mitgemacht hatte und zuletzt
unter mir zu liegen kam. Der Pony, früher als ich wieder
auf den Beinen, hatte mir pflichtschuldigst gewartet, und so er=
reichte ich bald wieder die Karawane, die bereits auf der Ebene
angekommen war.

Die Gegend war nun sehr verändert und bot weder dem
Nachdenken, noch der Phantasie Stoff. Es war als ob wir
auf einem platten Dache dahin zögen. Der See hatte sich völlig
unsichtbar gemacht. Der Boden, eine alte Hraun, nahm alle
Aufmerksamkeit für Weg und Pferd in Anspruch. Seine leichte
Rasendecke wurde alle zwanzig Schritt von wunderlich gerunzel=
tem Lavaschaum durchbrochen.

Es hatte noch keinen Anschein, daß die Ebene bald ein
Ende nehmen würde, als ich den Führer, der einige dreißig
Schritte voraus war, rufen hörte, wir seien nun an der Allma=
magiau. Zugleich sah ich eins der freien Pferde in einer selt=
samen Stellung. Es waren nur noch dessen Hinterfüße und
was sich diesen zunächst nach oben anschließt, sichtbar, grade als
ob es im Begriff wäre, über eine Treppe hinabzusteigen.

Hier mußte die Grenze der Ebene sein, welche die grade
Linie andeutete. Das Interesse begann wieder.

Wir finden uns unversehens an den Rand einer tiefen
engen Schlucht versetzt. Der Abhang, der zwischen den hohen
Felswänden niedersteigt, ist so steil, daß die Pferde leichter über

die Treppe aus Lavaplatten hinabkommen, als den schlüpfrigen
Grasboden. Diese Passage sieht nicht einladend her. Während
unsere Isländer ruhig auf den hinabkletternden Pferden sitzen
blieben, wagte ich es nicht, kam aber dadurch in eine noch schlim-
mere Lage. Neben dem Gaul gab es keinen Raum mehr, vor
und hinter ihm war ich nicht sicher. Ich mußte um Hilfe
rufen.

Die Treppe geht in einen minder steilen Steig über.

In einer Tiefe von siebzig bis achtzig Fuß kommt man
wieder auf ebenem Boden und fängt wieder an, sich weiter
umzusehen.

Die neue Oertlichkeit könnte man, grade wie sie ist, für
einen Festungs= oder Stadtgraben ausgeben. Herabgefallene
Mauerstücke haben ihn halb angefüllt, das Wasser ist vertrocknet
und dafür breitet sich grüner Rasen aus, wie das in den Gräben so mancher guten alten deutschen Stadt der Fall ist. Die
östliche Seite des Naturgrabens bildet eine siebzig bis achtzig
Fuß hohe Mauer, welche, die Richtung unseres Weges kreuzend,
also von Norden nach Süden, fortläuft. Wir sind durch eine
Querschlucht, durch eine weite Scharte in derselben, herabgekommen. Die andere Seite ist nur eine circa fünfzehn Fuß hohe
Wand. Die Riesenmauer besteht aus ungeheuren Platten eines
dunkeln Steines, die mit ihren Enden oft sehr kunstreich inein-
ander gefügt sind. Sie haben eine Dicke von zwei bis zehn Fuß
und einige bilden für sich wieder Zusammensetzungen aus fünf=
und sechsseitigen, nicht einen Schuh dicken Säulen, andere sind
nur von der einen Oberfläche bis zur Mitte ihrer Dicke eingeschnitten, gekerbt. Grade so ist auch die niedere Mauer gebaut. Durch eine kleine Oeffnung in der letztern führt der Weg
wieder nach der andern Seite aus dem dreißig bis vierzig Fuß

breiten Graben. Nach auswärts fällt die Einfassung schief, bucklig ab, grade wie ein Festungswall. Deren Oberfläche zeigt sich als ein gerunzelter und geklüfteter Lavaboden und von ihrem Fuße kommt im breiten sandigen Bette ein Fluß, auch von Norden, herab.

Jenseits des Flusses steigt der Boden sehr allmälig an. Zunächst daran verrathen das üppige Grün und die in kleine Buckel gebrochene Oberfläche eine „Tun" und über einem Hügelvorsprung ragt der Giebel eines Daches, mit einem Kreuz darauf, hervor. Es ist die Kirche von Dingvellir.

Wird sind am Tagesziele, müde und hungrig, und wollen uns das Weitere auf morgen versparen. Bei Herrn Pfarrer Simon Bech fanden wir ein gutes, freundlich gewährtes Quartier.

Dingvellir heißt zu deutsch Dingort. „Ding" ist so viel als Parlament, Reichstag. Jedoch wurde auf den Dingen der alten Skandinavier auch Gericht gehalten. Der Ort führt diesen Namen, weil sich in seiner Nähe der Platz befindet, wo bis in die neuere Zeit der allgemeine Ding, Allding, bei dem Vertreter aus dem ganzen Lande sich versammelten, abgehalten wurde.

Der nahe See heißt Dingvallavatn, das ist Dingortsee, Valla ist der Genitiv von Vellir.

Dingvellir war durch alle Jahrhunderte herab das Herz des kleinen Volkes, von dem das Leben hinausströmte an die äußersten Grenzen des weiten Landes.

Bevor wir das Capitol aufsuchen, oder dessen Ruinen bewundern, wollen wir uns die nicht minder interessanten Naturverhältnisse besehen und eine Antwort auf jene Frage zu erhalten suchen, welche sich beim Ueberblick der Gegend aufgedrängt hatte.

Als ich Morgens vor die Thür des Pfarrhauses trat, war
mein erster Blick in die Richtung, wo wir gestern hergekommen
waren. Die hohe Mauer, nun mir gegenüber, kaum einige
hundert Schritte entfernt, schien nach auf= und abwärts kein
Ende nehmen zu wollen: Eine Lücke konnte ich darin nicht
mehr entdecken, obwohl ihr regelmäßiger Bau auch hier noch
deutlich sichtbar war. Vor derselben zog sich parallel der niedere
Wall hin.

Mauer, Wall und der Graben zwischen ihnen sind in ihrer
ganzen Erstreckung, die nahe zwei Meilen beträgt, gleich be=
schaffen, als wie dort, wo wir gestern durchritten.

Dingvellir befindet sich auf dem Lande unter der Ebene
und zwar so nahe am Steilrande der letztern, daß wir weit
gegen Osten hinübergehen müßten, um über diesen weg jene
Stelle am Ausgang der Heidi sehen zu können, welche dort den
Ueberblick der ganzen Gegend bot, wie man nahe an der Seite
eines Hauses nicht zum Firste hinaufsieht.

Gegen Norden und Osten wird auch die Aussicht durch
die nächsten Terrainerhöhungen versperrt und nur die höhern
Gebirge schauen herüber.

Beim Ritt über die Ebene bemerkte man, daß dieselbe ein
alter Lavaboden und ihr Steilrand, die hohe Mauer, zeigt, wie
tief diese Steinmasse niedergeht, das heißt ihre Dicke oder Mäch=
tigkeit, wie die Geologen es nennen. Daß der gegenüberliegende
Wall aus derselben Lava besteht, zeigt sich in der Beschaffenheit
der Masse, wenn es nicht schon unverkennbar wäre, daß die
zwei sich gegenüberstehenden Wände die Enden von Bruchtheilen
ein und derselben Lavakruste sind, welche, bevor sie durch irgend
eine Ursache aus einander gerissen wurden, Eins waren. Die
gleiche Lavamasse verfolgt man als zusammenhängende, obwohl

in tiefen Sprüngen klaffende Decke gegen Osten, bis das Land wieder zu jener Anhöhe aufsteigt, an deren Abhang wir eine zweite grade Linie bemerkten. Diese Linie wird, wie wir uns davon bei Fortsetzung der Reise überzeugen werden, von einem andern Bruch der Lavakruste hervorgebracht.

Gegen Norden reicht dieselbe Masse bis in's Gebirge hinein, aus dem wir sie von oben als dunklen Strom herauskommen sahen. Im Süden verliert sie sich unter dem Spiegel des Sees.

Das ganze Terrain mit einem Umfang von nahe vier Quadratmeilen bedeckt also Lavakruste, deren Masse sich einmal aus dem Innern des Westgebirges heraus ergossen hat und das Ergebniß eines einzigen vulcanischen Ausbruches war.

Es finden sich zwar noch viel größere Strecken auf der Insel, wo zusammenhängende Lavamassen die obers Rinde des Bodens bilden und in einer Mächtigkeit, wie in andern Ländern neptunische Formationen, aber niemals wird es so auffällig wie hier. Man hat nirgends mehr die Gelegenheit, so ungeheure Massen dieses vulcanischen Productes nach ihrer Einheit und Mächtigkeit zu erkennen. Man reitet durch solche Ströme oft zwei bis drei Stunden weit, aber die breiten sich über Ebenen hin, ihre Grenzen sind verwischt und ihre Fläche ist geschlossen, so daß sie keinen Ueberblick noch Einblick in ihre Masse gewähren.

Hier ist aber eine der größten Decken in ungeheure Theile zerbrochen worden, die durch ihre scharfen bloßgelegten Ränder die Umfangsverhältnisse des Ganzen und der Theile recht in die Augen springen lassen.

Diese Brüche wurden durch die Gestalt des Bodens veranlaßt, über welchen sich die Lava ergossen hat. Die jetzigen Verhältnisse erklären die frühern und umgekehrt. Die ehemalige vorangegangene Bodengestaltung war folgende: Das Becken, welches der See nunmehr ausfüllt, erstreckte sich damals viel weiter gegen Norden, bis nahe an den Fuß der Gebirge, muldenförmig, aber seicht. An den Seiten wurde es von steilen

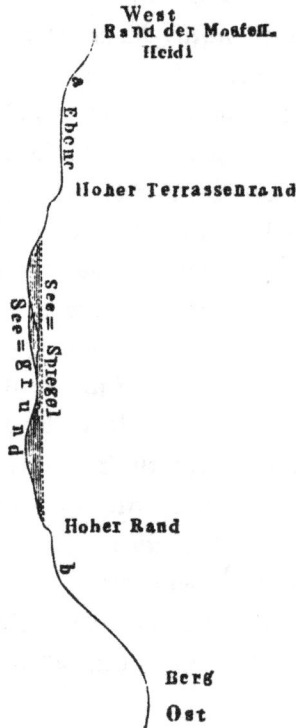

West
Rand der Moafell.
Heidl

a
Ebene

Hoher Terrassenrand

See = Spiegel
See = grund
grund

Hoher Rand

b

Berg
Ost

Profil I.

niedern Terrassenrändern, die in der Richtung von Norden gegen Süden sich erstreckten, begrenzt. Ueber dem westlichen Steilrande breitete sich eine größere Ebene bis an den Fuß des Heidirandes aus, während links sich alsobald das Gebirge darüber erhob. Wenn man sich das Terrain nördlich von

Dingvellir mit damaliger Gestalt in der Richtung von Westen nach Osten senkrecht durchschnitten denkt, so gäbe es eine Oberflächenlinie, wie sie Profil I. in kleinem Maßstabe zeigt. Ueber den ganzen Raum zwischen a und b hat sich die Lava vom Gebirge herab ergossen. Die Hauptmasse wurde in die Mitte zum tiefsten Grunde hereingezogen, wo sie sich aufstaute und die jetzige Blähung des Bodens veranlaßte. Das Uebrige fluthete nach den Seiten hinaus über die hohen Ränder, und zwar mit solcher Macht, daß über dem Fuß der Ränder in ihrer ganzen Erstreckung ein dreieckiger Raum leer blieb.

Allmälig erstarrte die Lava und zog sich zusammen. Dabei vermochte sie sich über der Höhlung an den Terrassenrändern nicht schwebend zu erhalten, sondern sie brach entzwei und das eine Ende sank in die Tiefe, während das andere über dem Rande hervorragend blieb. Diese Risse bilden nun jene zwei Gräben mit ihren einschließenden Mauern, der westliche genannt Allmanagjau (Gjau, isländisch gleich Kluft), und der östliche Hrafnagjau (Rabenkluft). Die Stelle am Rande bekam nämlich nach dem Risse die aus Profil II. ersichtliche Gestalt. Das ganze Terrain aber erhielt die Oberflächenlinie, welche sie jetzt noch besitzt und welche auch Profil II., über der alten aufgetragen, darstellt.

Der Lavastrom zerfällt nach seiner Längenerstreckung in drei Bruchtheile. Der mittlere größere Theil liegt im Grunde des alten Seebeckens, die schmalen Seitentheile bedecken die Terrassenebenen. Aus dem seichtern Theile des Beckens ward der See durch die Lava verdrängt, im tiefern wurde diese unter jenem begraben. Was mag das für ein Schauspiel gewesen sein, wie sich der Gluthstrom aus den Bergen heraus in die Wasser ge-

stürzt hat! Wer das von hohem Standpunkt aus hätte mit
ansehen können! Aber damals existirte noch kein Mensch auf
dem Eilande. Auf diese Weise sind also jene Riffe entstanden,

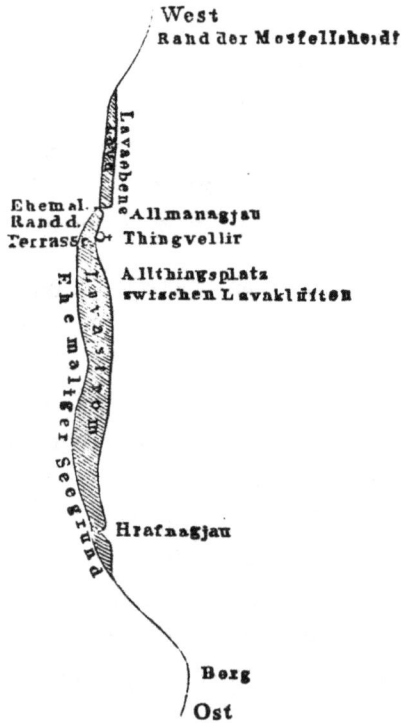

West
Rand der Mosfellsheidt

Lavaebene

Ehemal.
Rand d.
Terrasse

Allmanagjau
Thingvellir

Allthingsplatz
zwischen Lavaklüften

Lav. D. H. H.

Ehemaliger Seegrund

Hrafnagjau

Berg

Ost

Profil II.

welche, wie der Schnitt des Anatomen die Lagen der Haut eines
Thierkörpers, das Innere eines Lavastromes enthüllen.

Die Krystallisation ist der Gegensatz und Feind alles Lebens,
und der ganze weite Boden um Dingvellir ist eine geschlossene
Masse, aus zusammengehäuften Krystallen zweier Mineralien
bestehend. Die einzigen Vorkämpfer, welche hier die Pflanzen=

welt gegen diese Macht der leblosen Natur hat, sind Moose und die Zwergbirke. Aber auch diese können dem gerunzelten und gefritteten Lavaschaum nur wenig Terrain abgewinnen und ihr fahles Grün ist nicht im Stande, den großen nackten schwarzen Lavastrecken einen freundlicheren Ton mitzutheilen. So werden dem Leser Formen und Farben obigen Bildes erklärlich sein.

Wie aber diese Geschichte eines Stückes isländischen Bodens, so sollen wir nun noch dessen Beziehung zur Geschichte des isländischen Volkes kennen lernen. Bei Dingvellir ward der allgemeine Ding, der Allding, abgehalten. Dieser Ort besteht zur Zeit nur aus dem nicht sehr wohlbestellten Pfarrhause und einer Bretterkirche, und das war auch vor Zeiten nicht anders. Der nächste Hof ist eine Stunde weit entfernt. Da gab es niemals ein Parlamentshaus, eben so wenig ist abzusehen, wo die Leute, welche zum Ding versammelt waren, gewohnt haben mögen, kurz, es ist nichts da von Menschenhand, was die einstige Bestimmung dieses Ortes verriethe. Es sind nur Erzeugnisse der wilden vulcanischen Natur, woran sich die historischen Erinnerungen knüpfen. Doch ich soll nicht vergessen, jenseits des Flusses, dem Pfarrhause gegenüber, zeigte uns der Herr Pfarrer rechteckige mauerartige Erhöhungen aus Rasen, auf grünem Wiesenplan errichtet, welche augenscheinlich einmal einem bestimmten Zweck gedient haben. Der Herr Pfarrer nannte das Budenstellen. Diese Einfänge wurden zur Zeit, wenn der Allding abgehalten wurde, mit Leinwand überspannt und dienten den vornehmern Abgeordneten als Quartiere. Die übrigen bivouakirten in Zelten.

Der Platz, welcher zur Abhaltung des Ding benutzt wurde, liegt einige hundert Schritte vom Pfarrhause entfernt, gegen Norden.

Der wellig auf= und niedergehende Lavaboden ist dort von
tiefen senkrechten Klüften durchzogen.   Einige derselben sind
mehrere hundert Fuß lang.   Sie verengern und erweitern sich
oft in ihrer Erstreckung, von Berührung der Wände bis zwanzig
und dreißig Fuß Weite, und sind bis fünfzehn Fuß unter dem
Rande mit krystallhellem, wie von einem Sturm bewegten Wasser
angefüllt.   Eine solche Kluft bildet eine Art fast unzugängliche
Halbinsel, indem sie sich in zwei Arme theilt, die sich krümmen
und wieder einander nähern.   Einer der Kluftarme ist nun auf
einige Fuß so eng, daß man ihn überschreiten kann. Auf dieser
Lavainsel wurde der Ding abgehalten.   Dahin hatten nur die
berechtigten Allthingsmänner Zutritt.   In Mitte derselben befindet
sich eine kleine natürliche Erhöhung, welche der „Logberg,“
Gesetzesberg, hieß.   Das nicht stimmberechtigte Volk harrte
außer der Kluft auf die Verkündung der gefaßten Beschlüsse
und gefällten Urtheile.

Die karge Natur der Insel hatte dem armen freiheitslieben=
den Volke nicht die Mittel geboten, ein dem Zwecke, seine edelsten
Männer zur Berathung der Landesinteressen aufzunehmen, wür=
biges Gebäude zu errichten.   Dafür bot sie ihm ihre eigenen
Werke, welche sie in einer ihrer geheimnißvollsten und großartig=
sten Actionen aufgeführt hat.

Vom Dingplatz aus sieht man die gegenüberliegende Lava=
mauer weit hin, bis sie im Norden an den Bergen sich verliert.
Sie läuft in die Ferne fort als ein dunkler Streifen, anscheinend
immer mit gleicher Höhe.   Nur einmal wird sie, etwas nörd=
licher als die Dingstätte, von einem Querstreifen unterbrochen,
als ob ein Stück weißer Leinwand daran herabhinge, und aus
dieser Richtung bringt ein dumpfes Brausen und Tosen an das
Ohr des Beschauers.   Der Fluß Oxrau, Rinderachen, der gleich

unterhalb des Dingplatzes ruhig im breiten Bette dahin fließt, kommt von Nordwesten über die Ebene her und stürzt über deren Rand, die Mauer, herab in den Graben. Dieser Sturz bildet die weiße Unterbrechung der dunkeln Wand.

Das Rauschen und Donnern dieses prächtigen Wasserfalles vermengte sich mit dem Lärmen der Kämpfenden, wenn der Allding, wie es in den ersten Zeiten oft geschah, mit Streit und Blutvergießen endigte.

Der Fluß wälzt sich im Graben über die abgestürzten Mauerstücke nur eine kurze Strecke weit mühsam fort und drängt sich dann durch eine Lücke im vorliegenden Walle, grade dem Dingplatz gegenüber, heraus auf den flachen Grund, um schon nach einer Viertelstunde in den See zu münden. An jener Lücke wurden vom überhängenden Felsen die zum Tode Verurtheilten in den Fluß gestürzt, auf daß ihnen, wenn sie den Untergang nicht in den Fluthen fänden, noch in deren Kampf mit den ungeheuren Lavablöcken die Knochen zerbrochen würden. So nöthigte man die wilde Natur, auch noch der Gerechtigkeit oder Ungerechtigkeit zu dienen.

Hiermit haben wir alle Merkwürdigkeiten Dingvellirs gesehen. Den Tag über, welchen wir uns dort aufgehalten hatten, regnete es unausgesetzt. Als wir den Ort am 23. Juni verließen, schien es besser werden zu wollen. Ich bemerkte Mittags bei unserm Abgange in mein Tagebuch: „Deutscher Spätherbsttag, frischer Schnee auf den Bergen."

Der Weg führt von Dingvellir grade gegen Osten. Nach einstündigem Ritt hat man die Hrafnagiau, den östlichen Riß der Lavakruste, zu überschreiten. Dieser ist weniger tief, die untere Masse ist nicht so weit herabgesunken, so daß die beiderseitigen Ränder fast gleich hoch sind. Der Abhang des bedeckten

Bodens muß weniger scharf und hoch gewesen sein, als jener unter der Allmanagjau. Man gelangt durch einen Querwall, der durch Einstürze von den Wänden her entstanden ist, über die Kluft. Wenn man weiter oben den Blick nochmals rückwärts wendet, gegen Westen, so hat man ein umgekehrtes, aber sonst wenig verschiedenes Bild, wie es vom Rande der Mosfellsheidi auch war. Die Allmanagjau erscheint nur noch als ein dunkler Strich. Gegen Süden sieht man den fünf Stunden langen und drei Stunden breiten See hinauf. Damit nehmen wir von dieser Landschaft Abschied.

Von nun an verläßt der Weg bis zum Quellenboden des Geisir nicht mehr den Rand des Westgebirges.

Dieses Gebirge, zu unserer Linken, bildet eine fortlaufende Kette von Rücken und wird nirgends durch ein Thal geöffnet. Nur einige kleine Winkel entstehen durch die Stellung der Berge an seinem Rande, in welche sich die ebenen Wiesengründe hinein= erstrecken. Kurz, bevor man Laugarvalr erreicht, wo man die ersten kochenden Quellen anstaunt, und nachdem man grade ein höchst steriles, tristes Lavaplateau verlassen, führt der Weg durch einen solchen Gebirgsbusen, von schönen Berggipfeln umstellt, der in der Erinnerung eines jeden Geisirfahrers bleiben wird, wenn auch nur, weil die Pferde, auf dem Wiesenplane ange= kommen, so plötzlich, ohne Antrieb, wie gehetzt, auszugreifen beginnen.

Schöne, kühn geformte Rücken, die mich an manche hei= mathliche Alpenberge erinnerten, beobachtet man öfter und um so mehr, je weiter man gegen Osten kommt.

An den Abhängen der Vorberge bringt dort und da ein Flecken dicht stehender Birken Abwechslung in das sonst immer

gleiche fahle Grün der Gräſer und erfreut uns dann wie zu
Hauſe ein Hochwald.

Das Tiefland zur Rechten breitet ſich in Ebenen aus und
iſt ſelten in flachen Hügeln geſchwellt. Ferner und näher leuchten die Spiegel von Seen oder ſich mäandriſch fortwindender
Flüſſen darin auf.

Das Seltſamſte auf dieſer Tour iſt der Uebergang über
die von Norden herkommende Bruarau, die Brückenachen. Obwohl dieſer Fluß da, wo unſer Weg hindurchführt, kaum zwei
Meilen von ſeinem Urſprung entfernt iſt, ſo kommt er doch
ſchon mit einer anſehnlichen Waſſerfülle heran. Seinen Grund
bildet die Oberfläche eines Lavaſtromes, der einmal auch in
gleicher Richtung aus dem Gebirge herabgefloſſen war.

Die Bruarau hat gleich nach ihrem Urſprunge eine müh-
ſame Wanderſchaft zu beſtehen, indem ſie entweder in Lava-
klüfte eingezwängt wird, oder über zackige Katarakte ſtürzt und
daran zerſplittert und zerſtäubt. Es gibt nur eine einzige Stelle,
an der es möglich iſt, hindurchzuſetzen, und das nur durch ein
in Island einziges Exemplar einer Art von Brücke — darum
Brückenfluß. An dieſer Stelle iſt unter ihrem Spiegel in der
Lavakruſte eine Kluft, welche ſich gleich mit dem Waſſerlauf
erſtreckt. Ueber dieſer Spalte liegt eine Brücke, welche aus ſtarken
Dielen zuſammengefügt und mit Eiſen in den Felſen eingeklam-
mert iſt. Dieſe Brücke befindet ſich alſo im Fluſſe, wenigſtens
einen Fuß tief unter ſeiner Oberfläche. Gleich unterhalb des
Steges fällt derſelbe über eine hohe abgeriſſene Felsbank ab.
Vom Ufer weg treten die Pferde auf die glatte, ſeit Jahrtau-
ſenden vom reißenden Waſſer abgewaſchene Lavakruſte und obwohl das Waſſer noch nicht tief iſt, gehen die Thiere doch
zagend vorwärts, denn ſie fürchten auszugleiten, und der Reiter

fühlt das mit. Dabei donnert es von dem Katarakte herauf, so
daß man seine eigenen Worte nicht versteht, und der Wind jagt
Einem den Wasserstaub in's Gesicht. Mit Grauen fällt der
Blick von der Brücke in den schwarzen Schlund hinab, durch
den die Wasser pfeilschnell hervorschießen. Auf dem hölzernen
Boden treten die Pferde fest auf. Ueber der Spalte haben sie
wieder bis an das Ufer Lava unter den Füßen.

Diese Passage sieht viel gefährlicher aus als sie ist. Es
muß nur der Wasserstand dabei berücksichtigt werden.

Gestreckten Trabes sprengten wir um die Ecke eines Berges,
als mit einem Mal eine Erscheinung vor unsere Augen trat,
die nur den Quellenboden des Geisir anzeigen konnte. Das
gab eine Freude! Der Schauplatz schien aber wenigstens noch
eine Stunde weit entfernt zu sein und ein großes Moor trennte
uns von ihm. Am Fuße eines niedern isolirten Bergkegels
war der Boden weithin mit Dampfwolken bedeckt, welche schwer-
fällig hin- und herwogten und in mächtigen Streifen nach rechts
in die Ebene hinausflossen. Bald entzog uns derselbe Bergkegel den Anblick wieder, indem sich der Weg gen Norden wendete, um das Moor zu umgehen. Wir sahen nun nichts mehr,
bis wir eigentlich auf dem Platze selbst ankamen. Am südwestlichen Fuße des Bergkegels, hart daran, liegt der Hof Laugar,
Quellenort, kaum eine Viertelstunde von den Quellen. Aber
auch hier wird man noch immer durch den Berg gehindert,
etwas zu sehen, obwohl nur einige Schritte weiter gegen Süden
das großartige Schauspiel sich schon in nächster Nähe zeigt.

Der Anger des Hofes, der sich am Berge nach Nordost
hinüberzieht, grenzt an das Quellenrevier. In Laugar sollte
unser Quartier sein. Wir hatten einen Empfehlungsbrief an
den Bauer. Der Mann erschien mit einer Schirmmütze auf

dem Kopfe, in Weste und Pantalons, mit einer mächtigen messinggefaßten Brille auf der Nase, wie wir bei uns auf dem Lande Meister Schuhmacher und Schneider in der Werkstätte treffen. Während er den mit feierlicher Miene in Empfang genommenen Brief las, standen wir schweigend, des Bescheides wartend vor ihm, wie General Mack und seine Obersten vor Napoleon, als sie die Schlüssel von Ulm übergeben hatten. Die Sache schien schwierig, weil schon die englischen Herren bei ihm Posto gefaßt hatten. Endlich faltete er ernst den Brief und versprach, sein Möglichstes zu thun. Die Führer zäumten nun die Pferde ab, während ich und mein Herr Reisegefährte uns beeilten, die Engländer zu begrüßen. Diese waren nur einige Stunden vor uns angekommen und hatten ihre Zeit bisher nur darauf verwendet, ein prächtiges Zelt, welches früher die Krim=sonne beschienen hatte, auf der nahen Wiese aufzurichten.

Unruhig vor Neugierde schlug ich sogleich einen Spazier=gang nach den Quellen vor und fand allgemeine Zustimmung. Während der Eine und Andere unserer nunmehr so großen Ge=sellschaft noch etwas zu bestellen hatte, hafteten meine Augen ungeduldig an dem wechselvollen Spiele der aus den Quellen aufwirbelnden Dämpfe. „Was ist das?" Weit zurück in dem Dampfmeere schwingt sich eine Wolke empor und aus ihr steigen weiße perlende Strahlen hoch in die Luft hinauf. „Schauen Sie, meine Herren!" Es kommt noch einmal. „Ist das der Geistr?" „Nein, das ist der Strokkr," belehrt der Bauer. „Daß doch der noch einige Minuten gewartet hätte!"

Es war eine Eruption der Quelle. — Die Gesellschaft ist nun bereit. Bei diesem ersten Spaziergang konnte ich nur eine allgemeine Recognoscirung des Platzes und seiner Umgebung vornehmen.

Die Quellen sind über einen Flächenraum von circa fünfunddreißig Tagwerken vertheilt. Darauf sind achtundzwanzig
größere und kleinere Oeffnungen, in welchen heißes Waffer zu

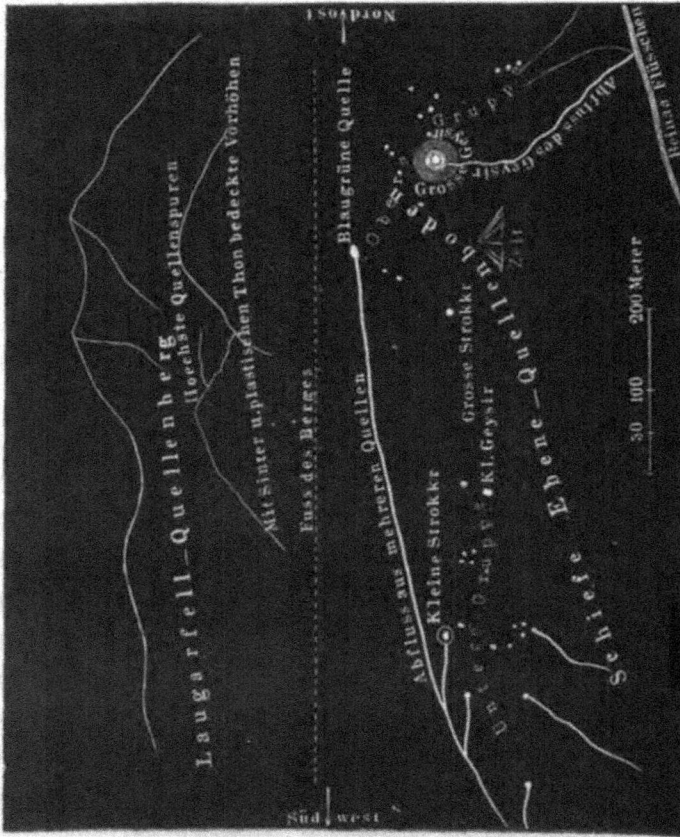

Quellenbodenplan.

• Quellen

Tage kommt und noch zehn bis zwölf Stellen, an welchen her-
vorbringende Dämpfe und ein vernehmbares Brodeln die unter-
irdische Gegenwart deffelben verrathen.

Dieser Raum bildet eine kaum merklich gegen den Fuß des Bergkegels Laugarfell, Quellenberges, ansteigende rechteckige Fläche, deren längerer Durchmesser von Süd-Süd-West gegen Nord-Nord-Ost gerichtet ist. Gegen Nordost endigt diese Ebene zum Theil, gegen Südost ganz an einem Steilrande von zwanzig bis dreißig Fuß Höhe, an dessen Fuß ein Bach in südwestlicher Richtung herabfließt. Gegen Nord und Südwest fällt sie flach ab.

Der Quellenberg, an welchen sich die Ebene in Nordost auf eine kurze Strecke weit lehnt, streckt sich von Südwest nach Nordost als ein schmaler, eine Viertelmeile langer Rücken, der am höchsten in einer felsigen zweispitzigen Kuppe an seinem nordöstlichen Ende ist. Dessen Höhe beträgt höchstens 500 Fuß über dem Niveau des nahen Baches. Auf der Seite gegen die Quellen fällt er allmälig ab und ist auf zwei Drittheil ganz mit Vegetation bedeckt. Nur der Theil über den großen Quellen Geisir und Strokkr unter der höchsten Kuppe ist kahl. Auf der entgegengesetzten Seite stürzt er mit senkrechten Wänden ab und wird von einem aus Nordost kommenden Bach bespült.

Die große Ebene, in welcher der Quellenberg, von allen Seiten frei, aufragt, wird erst eine halbe Meile nordwestlicher von dem vielleicht 2000 Fuß hohen, steil ansteigenden „Bärenberge," Bjarnarfell, begrenzt, welcher zum Westgebirge gehört.

Auch unsere kalten Quellen entspringen gern am Fuße von Bergen oder Hügeln. Sie finden entweder gleich, wo sie hervorbringen, eine geneigte Fläche, über welche sie abfließen können, oder bilden, wenn es ein ebener Grund ist, kleine Bassins, deren Boden mit reinen weißen Kieseln oder andern Steinen bedeckt ist. Das frisch abströmende Wasser führt alle erdigen Theile und Schlamm weg. Sie entspringen entweder aus Gerölllagen ober unter festen Gesteinschichten, gewöhnlich mit wenig Wasser. In Kalkgebirgen brechen sie oft mächtig aus Höhlen hervor und treten gleich nach ihrem Ursprunge als Flüsse auf. Sie stehen in keiner Beziehung zu dem Boden, in dem ihre Oeffnungen sich befinden; sie liefern nichts zu dem Materiale, aus welchem er besteht, im Gegentheil entziehen sie ihm nach Umständen etwas von seinen Bestandtheilen. Dieser Boden ist ihnen völlig fremd, sie verlangen von ihm nur durchgelassen zu werden.

Die isländischen warmen Quellen dagegen haben meistens ganz eigenthümlich geformte Ursprungsöffnungen, runde Becken, cylindrische Schachte, Trichter, höhlenartige Gruben, und diese Behälter bestehen aus einem Materiale, welches von den Quellen selbst stammt, einer Steinmasse, welche sich aus deren eigenen Wasser abgesetzt, oder, wie die Chemiker sagen, niedergeschlagen hat. Sie entspringen nicht wie jene aus einem fremden Boden. In diesen isländischen Quellen macht sich eine Eigenschaft des Wassers geltend, von der die meisten Menschen keine Ahnung haben, oder sie wenigstens nicht beachten, wenn sie auch täglich damit umgehen.

Das Wasser ist eine Großmacht in der Natur. Wenn sich die Schleusen des Himmels öffnen und die Fluthen niederstürzen über Gebirge und Ebenen, ganze Häuser vom Boden wegfegen und die größten Steinmassen meilenweit fortwälzen, dann werden wir eine Macht des Wassers inne und erstaunen darüber. Welch' ungeheure Mengen Sand und Schlamm in den Flüssen und Strömen jährlich aus den Gebirgen in die Ebenen und Meere hinausgeführt werden, das entgeht gewöhnlich schon unserer Aufmerksamkeit. Noch mehr aber bleibt seine chemische Thätigkeit, durch welche es im Schoße der Erde die großartigsten Verände=

rungen und Zerstörungen bewirkt, den meisten Menschen verborgen.

Es ist eine Eigenschaft des Wassers, feste Körper aufzulösen. Es löst den Zucker auf und macht ihn flüssig, so daß
im „Zuckerwasser" der Zucker mit den Augen nicht mehr erkannt
werden kann. Eben so leicht unterliegt das Kochsalz seiner auflösenden Kraft. Wenn es Berge von Zucker und Kochsalz gäbe,
so würde der Regen sie in kurzer Zeit verschwinden gemacht
haben und zwar ohne Gewalt und Aufsehen. Die nahen Bäche
würden nur Zucker- oder Salzwasser führen. An den einen
würden sich unsere Elegants, an den andern die Wiederkäuer
erquicken.

Mit dieser Eigenschaft bewegt sich das geschmeidige Wasser,
dem keine Ritze zu klein, daß es nicht den Weg dadurch fände,
unter der Oberfläche der Erde.

Aber die Gesteinschichten bestehen gewöhnlich nicht aus Kochsalz und niemals aus Zucker, während man von festen Steinen,
z. B. Kalksteinen, noch nie gesehen hat, daß sie sich im Wasser
auflösten. Und doch! Wasser allein kann freilich dem Kalkstein
nichts anhaben, auch nicht, ja noch weniger, wenn es warm
ist, in welchem Zustande dasselbe die Eigenschaft aufzulösen,
gewöhnlich in einem höhern Grade, besitzt. Dasselbe gesellt sich
aber bei seiner Arbeit Verbündete zu, die es schon vor dem Ein-
bringen in die Erde und auch dort noch vorfindet. Der gewöhnlichste Bundesgenosse, der ihm bei seiner auflösenden Wirksam-
keit zu Hilfe kommt, ist die Kohlensäure. Ueber die zerstörende
Einwirkung der Flüssigkeiten und Gase oder Luftarten, welche
man „Säuren" heißt, auf Körper aus allen Naturreichen, hat
Jeder schon selbst Erfahrungen gemacht, oder doch schon gewiß
davon gehört. Scheidewasser, Vitriolöl sind Säuren. Die

Kohlensäure äußert ihre auflösende Einwirkung besonders gegen
den Kalkstein, dessen Masse selbst fast zur Hälfte aus Kohlensäure besteht. Die Kohlensäure ist, wie sich die Chemiker aus-
brücken, sehr verwandt zur Kalkerde, und ist doch dieselbe Luftart, welche sich in den Lungen der Menschen und Thiere aus
dem Blute bildet und ausgeathmet wird. Kalkerde ist etwas
anderes als Kalkstein; dieser wird Erde, wenn man ihn brennt.
Kalkstein ist Kalkerde und Kohlensäure, oder nach chemischer
Ausdrucksweise, „kohlensaure Kalkerde.“ In großer Hitze vermögen Säure und Erde nicht mehr vereinigt zu bleiben, und
das wird benutzt, um sie zu trennen. Man kann aus Kalkerde
und Kohlensäure auch wieder Kalkstein machen. Wenn man
26,88 Gewichtstheile (Pfunde, Lothe gleichgiltig) Kohlensäure,
mit 28,00 Theilen derselben Art Kalkerde in Wasser bringt,
so entsteht eine pulverige Kalksteinmasse, welche mit der Zeit
und unter Druck so hart und fest würde wie Gebirgskalkstein.
Dieselben Gewichtstheile Kohlensäure und Kalkerde findet man
beim Zerlegen des natürlichen Kalksteins.

Wenn man statt 26,88 Gewichtstheile Kohlensäure doppelt
so viel, also 53,76 Gewichtstheile, nähme, aber dieselbe Menge
Kalkerde, nämlich 28,00 Gewichtstheile, so gäbe das in Wasser
auch eine „kohlensaure Kalkerde,“ aber keinen Kalkstein,
kein festes Product, denn diese „kohlensaure Kalkerde“ würde
löslich sein und im Wasser nicht bemerkt werden können.

Nach Diesem muß auch klar sein, daß, wenn Wasser zum
gewöhnlichen Kalkstein noch Kohlensäure bringt, die zweite Art
„kohlensaure Kalkerde,“ natürlich im Verhältniß zur Menge der
nun herbeigeführten Kohlensäure, entstehe, die also im Wasser
löslich ist und mit ihm fortfließen kann und muß. Auf diese
Weise vermögen es die kohlensäurehaltigen Wasser, aus den

Gebirgskalksteinen Kalk aufzulösen und wegzuführen. Dieser kohlensaure Kalk bleibt aber im Wasser nur so lange gelöst, als die gehörige Menge Kohlensäure und überhaupt Wasser vorhanden ist. Wenn die erstere allein weggeht, und sie geht immer mit dem verdampfenden Wasser weg, so entsteht wieder der unlösliche kohlensaure Kalk. Wenn ich also Wasser mit aufgelöster kohlensaurer Kalkerde in einer Schale verdampfe, so bleibt unlösliche auf dem Boden derselben zurück; man braucht zu diesem Versuch nur Quellwasser aus kalkhaltigem Boden, zum Beispiel Münchener Trinkwasser, zu nehmen.

Das Wasser hat an sich große Neigung, die Dampfform anzunehmen, in auffallender Weise zwar nur in großer Hitze; in kleinen Mengen verdampft dasselbe aber immer, selbst in der Kälte. Wenn daher Kalkgebirgsquellen an die Oberfläche kommen, so setzen sie so viel Kalk, als in dem verdampfenden Wasser enthalten ist, wieder als unlöslich ab. Durch ihr Wasser werden auf diese Weise an einem Orte Gesteine zerstört und verkleinert und an einem andern wieder neue gebildet. Dieser Vorgang macht sich bei den isländischen Quellen zwar nicht mit Kalk, aber mit einem andern Mineralstoff auf eine merkwürdige Weise geltend. Er ist Schuld an Entstehung der isländischen Springquellen.

Die neu gebildeten oder eigentlich versetzten Kalksteinmassen haben immer ein äußerliches Aussehen, woran man die Art ihrer Bildung erkennt; sie sind locker, löchrig, rindig, schalig, gekräuselt und so den Gebirgskalksteinen sehr unähnlich, obwohl sie ganz aus demselben Stoffe bestehen. Man nennt solche Massen „Sinter." Eine bekannte Quelle, welche viel Kalk aufgelöst enthält und damit Sinter bildet, ist der Karlsbader Strudel. Ihr Kalkgehalt ist so groß, daß in kurzer Zeit Gegenstände aus dem Thier= und Pflanzenreiche, wenn sie in's Wasser gehängt, davon mit Kalk überzogen oder ganz versteinert werden. Wie mit Kalk, so verhält es sich mit andern Mineralstoffen, sie finden sich in unsern kalten Quellen aufgelöst und können daraus abgesetzt werden. Es führen zum Beispiel diejenigen, welche aus Eisenerzgebirgen kommen, aufgelöstes Eisen und setzen Eisenrost ab. Wir zeichnen solche Quellen durch die Bezeichnung Mineralquellen aus.

Die isländischen bringen Kieselsteinstoff (Kieselerde, Kieselsäure, Kiesel) aus dem Boden hervor und setzen ihn, sobald von ihrem Wasser an der Oberfläche verdampft, als ziemlich lockere, geperlte, schalig schiefrige Masse, als „Sinter," wieder ab. Diese Masse ist derselbe Stoff wie die gewöhnlichen Kieselsteine, die Feuersteine, welche zu den härtesten Steinen gehören, die es gibt. Der äußere Unterschied in Massen von demselben Stoffe schreibt sich eben von der Art, den Umständen bei ihrer Bildung her.

Der Kieselstein ist im Wasser so unlöslich wie Kalkstein. Er kann auch nicht durch Kohlensäure, ja durch keine Säure *) aufgelöst werden, und ist doch ganz derselbe Stoff, dieselbe Kieselerde, welche zum Beispiel im Wasser des Geisir sich in großer Menge aufgelöst findet.

Es ist das eine wunderbare Eigenschaft von manchen Stoffen, wie eben von der Kieselerde, daß sie, ohne in ihrem Wesen etwas zu ändern, in verschiedenen Zuständen, die in einander entgegengesetzten Eigenschaften sich äußern, sich befinden können. So hat die Kieselerde einen Zustand, in welchem sie

---

*) Flußsäure, die ihn auflöst, kann hier nicht in Betracht kommen.

unlöslich ist, den des Kieselsteines, und einen Zustand, in welchem sie löslich ist.

Das Wasser der isländischen Quellen wird in seiner auf= lösenden Thätigkeit schon durch seine eigene Eigenschaft der Wärme sehr unterstützt. Besonders mächtig wird dasselbe aber durch mehrere Verbündete, welche im Innern des Bodens sich zu ihm gesellen. Nach diesen Bundesgenossen unterscheidet man zwei Arten unter den isländischen Quellen, nämlich solche, welche durch ihre Kohlensäure Laugen bilden, in welchen die Kieselerde aufgelöst ist, und solche, in welchen schweflige Säure und Schwe= felwasserstoffsäure überwiegen.

Quellen der ersten Art sind die berühmten Springquellen und alle übrigen desselben Reviers. Im Nordlande werden wir einen Boden mit solchen der zweiten Art besuchen.

Der chemische Vorgang ist bei beiden Arten ein viel ver= wickelterer als bei den Kalkquellen.

Das heiße kohlensäurehaltige Wasser greift in Island nicht, wie kaltes anderswo Kalkstein, Kieselstein an, sondern seine Einwirkung geht auf ein Mineral, eine Steinart, welche aus mehreren Stoffen besteht, unter welchen einer Kieselerde ist. Die Verschiedenheit der Mineralien besteht nämlich nicht nur in der Verschiedenheit der Stoffe, sondern auch im Unter= schiede ihrer Zahl. Der Kieselstein zum Beispiel besteht nur aus Kieselerde; jenes Mineral aber, welches die heißen Quellen angreifen, besteht aus Kieselerde, Thonerde, Kalkerde, Bittererde, Eisenoxyd (Rost), aus zwei Laugenstoffen und aus Wasser. Letzteres kann nämlich auch, in einem eigenthümlichen festen Zu= stande, Bestandtheil eines Minerals sein. Ist ja im Kalkstein sogar eine Luftart, die Kohlensäure, fest. Obiges ist dasselbe Mineral, von dem ich bereits erwähnte, daß es von Prof. Sartorius zuerst in Sicilien entdeckt wurde, nämlich der „Palagonit."

Die Kieselerde des Palagonites würde schon Widerstand leisten, aber die andern Bestandtheile unterliegen den Verlockungen des Wassers und der Kohlensäure, sie verbinden, lösen sich in diesem und lassen die Kieselsäure im Stich. Es wird die chemische Ehe, wie sie zwischen den Stoffen im Palagonit besteht, gelöst und jeder folgt nun andern Neigungen.

Durch die Einwirkung des heißen Wassers und der Kohlensäure auf den Palagonit wird also dessen Kieselerde frei. Die auf solche Art „befreite" Kieselerde ist aber immer im Zustande der Löslichkeit, und um dieses Umstandes willen kann sie sich, und zwar um so mehr, als mitvorhandene Laugen ihre Lösungsfähigkeit erhöhen, aufgelöst in dem Wasser der isländischen Quellen finden, kann mit ihm an die Oberfläche kommen und dort durch Verdampfen desselben als Sinter abgesetzt werden. So geschieht es auch, denn aus solchem Sinter haben sich Geistr, Strokkr und ihre Nachbarn den eigenthümlichen Boden gebildet, durch welchen sie in die Höhe steigen und zu Tage kommen. Unter dem Sinterboden liegt ihnen fremder Grund, nämlich die in der Gegend allgemeine Gesteinsart, der lockere Palagonittuff. In diesem legen sie den ersten Theil ihres Weges zurück und holen sich daraus das Material zu ihrem Erzeugniß. Im Anfang lagen auch ihre Ursprungsöffnungen im Palagonittuff und erst im Laufe der Jahrhunderte haben sie über demselben jene Kruste von Sintermasse abgesetzt, welche viele Tausende von Cubikfußen beträgt. Der ganze Quellenboden nämlich bis zu einer Tiefe von vielen Fußen besteht aus solchem Materiale. Indem die Quellen diesen Boden zu errichten begannen, bauten sie sich nicht selbst zu, sondern es geschah so, daß immer eine Oeffnung blieb, durch welche sie an den Tag kommen konnten. Diese Ursprungsöffnungen wurden mit der Zunahme der Sinterkruste immer tiefer, indem die Ränder in die Höhe stiegen und verschiedene Gestalten erhielten, so daß sie nun wie künstliche Maschinen wirken und im Verein mit dem Wasserdampf die Ursache jener Phänomene geworden sind, welche mehrere von ihnen zu den hervorragendsten Naturseltenheiten machen. Besonders wurden zwei derselben, der Geisir und Strokkr, wegen der Großartigkeit und Schönheit ihrer Wasserbewegungen bekannt und finden sich in allen Handbüchern der Geographie aufgeführt.

Der Name Geisir ist wohl dem Ohre keines Gebildeten fremd, aber häufig werden, wie ich mich selbst überzeugte, mit ihm falsche Vorstellungen verbunden. Daran mögen nicht wenig die mancherlei Abbildungen Schuld sein, welche von dieser Quelle im Umlauf und gewöhnlich die reinsten Phantasiegebilde sind. Der Geisir ist kein Vulcan, wie Vesuv oder Hekla.

Geisir ist ein isländisches Wort, bedeutet „der Sprudler" und wird von den Leuten für jede Quelle angewendet, bei welcher sich periodische Wasserauswürfe einstellen. Es gibt viele Geisire in Island und jene Quelle, welche auf dem bezeichneten Boden diesen Namen trägt, zeigt die Erscheinung nur am großartigsten. Sie heißt „der große Geisir" wegen des Umfanges ihrer Ursprungsöffnung und ihres Wasserreichthums.

Der Name „Strokkr" dagegen bezieht sich auf eine bestimmte Quelle und hat keine Beziehung zu jenem Phänomen. Er wurde ihm wegen der Gestalt der Ursprungsöffnung gegeben, in welcher die Isländer eine Aehnlichkeit mit dem Gefäße erblicken, worin sie Butter bereiten.

Geysir und Strokkr sind die Könige unter den andern

Quellen, sowohl wegen der Auszeichnung ihrer Wasserbewegun= gen, als wegen des eigenthümlichen, in den größten Maßen angelegten Baues ihrer Oeffnungen.

Der Sinterbau des Geistr liegt am nordöstlichen Ende des Quellenbodens und bildet den höchsten Punkt desselben. Er erhebt sich über die Fläche in der Form eines ungefähr 6 Fuß hohen Hügels. Der Fuß des Hügels bildet einen fast vollkom= menen Kreis von 150 Fuß Durchmesser. Er steigt etwas ge= wölbt an wie ein Kugelabschnitt, bis zu einem Drittel des Durchmessers, dann bildet der oberste Rand eine grade Linie, so daß das Ganze, vom Fuße gesehen, wie ein abgeplatteter Kugelabschnitt aussieht. Die Oberfläche hat eine Beschaffenheit ähnlich der Rinde einer alten Eiche oder der Außenseite einer Auster= schale. Steigt man hinauf, bis wo der Hügel mit einer Ebene zu enden scheint, so findet man anstatt dieser eine Vertiefung, in der Form eines fast regelmäßig kreisrunden seichten Beckens, welches mit dem klarsten heißen, aber nicht siedendem Wasser angefüllt ist. Da das Wasser bis an den Rand des Beckens reicht, so endigt der Hügel doch mit einer Ebene, welche aber der Quellenspiegel ist. Es läuft aus dem Becken in der Ruhe= zeit der Quelle nur wenig Wasser ab über den an der Südseite etwas minder hohen Rand. Der Durchmesser des Beckens be= trägt ein Drittheil desjenigen des ganzen Hügels. Aus seiner Mitte steht durch Wasser und Dampf ein dunkler rundlicher Fleck hervor und verräth den tiefen cylindrischen Schacht, in welchen die Quelle aufsteigt. Der Durchmesser desselben beträgt wieder ungefähr ein Drittheil des Beckendurchmessers. Die fol= gende Zeichnung gibt Form und Maß des Innern dieses Quellen= behälters nach den Untersuchungen und Messungen Professor Bunsen's.

Das war der Geisir in seiner Ruhe. Bis es zu einem Paroxysmus kommt, wie ich ihn nun schildern möchte, vergehen fünf bis sieben Tage.

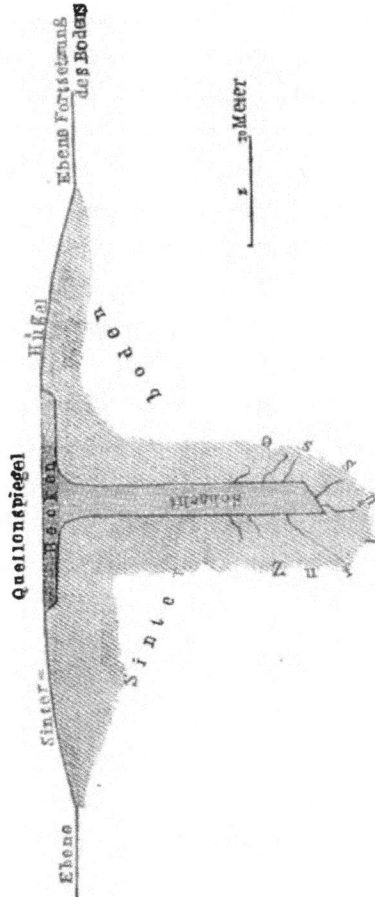

Durchschnitt des Geisirbaues.

Die Engländer hatten ihr Zelt, zu dessen Mitgebrauch sie uns einluden, auf den Quellenboden verlegt und auf einer

Rasenoase zwischen Geisir und Strokkr aufgeschlagen. Ich war grade in demselben beschäftigt, einige gesammelte Felsarten einzupacken, zwei andere Mitbewohner hatten Anderes zu schaffen, da schlug plötzlich ein dumpfer Knall an unsere Ohren. Der Knall glich an Stärke einem in Entfernung von mehreren Meilen gefallenen Kanonenschuß; sein Laut war aber ganz eigenthümlich, keinem andern, den ich je gehört hätte, zu vergleichen, und wir fühlten es Alle im eng geschlossenen Zelt, daß er aus dem Bauche des Geisir herauskam. Ein wunderlicher Bauchredner das! Keiner besinnt sich mehr, sondern wirft auf die Seite, was er eben in der Hand hat, und stürmt zum Zelt hinaus. Ich purzelte über die Zeltstricke und kam keuchend am Fuße des Geisirhügels an. Ein zweiter Knall war indeß nachgefolgt! Es ist begreiflich, mit welcher Spannung man einem Vorgang entgegensieht, mit dem man nur die Vorstellung des Außerordentlichen verbindet und den man sonst nirgends auf der ganzen Erde in dieser Pracht soll wiedersehen können.

Wenn ein Chor von Engeln himmlische Weisen um uns angestimmt hätte, so würden sie unsere Sinne nicht mehr gefesselt haben als das Kochen und Brodeln, das einige zwanzig Schritte von uns im Becken oben vor sich ging. Für diesmal blieb es aber dabei und wir sahen nur kleine Ströme Wassers von allen Seiten des Hügels herabquellen. Nach einigen Secunden war auch das vorbei, und als wir zum Beckenrand hinaufgestiegen waren, fanden wir den Wasserspiegel der Quelle vielleicht einen halben Fuß niederer als vorher, aber vollkommen ruhig. Nur ein dichterer Dampfqualm war als Zeuge des Eruptionsversuches zurückgeblieben. Diese erste Aufregung, die ich beobachtete, fand an einem Samstage Statt und wiederholte sich während dieses Tages, die darauf folgende Nacht bis

Der Geisir bei Beginn der Eruption.

Sonntag Nachmittag noch fünfmal, indem sie uns jedes Mal
in unnütze Aufregung versetzte. Am Sonntag 5 Uhr Abends
überraschte mich wieder ein Knall, aber diesmal nicht im Zelte,
sondern im Freien, vielleicht 100 Schritte vom Geisir entfernt,
da ich grade im Begriff war, von ihm wegzugehen. Meine
Gefährten waren dort und da zerstreut, da entspann sich denn
ein Wettlaufen von allen Seiten nach den Quellen. Ich kam
zuletzt an und stürzte noch einige Schritte über den Hügel hin=
auf. „Zurück, zurück! Sie verbrennen sich!“ Ein heißer
Regenstaub kam auf mich herab und meine Füße umspülten
zischende Wassergüsse. Ich riß mich herum und zurück, aber
am Fuße des Hügels blieb ich stehen. Es war kein Zweifel
mehr, diesmal mußte eine Eruption erfolgen!

Während wir einige Secunden lang nur ein Getöse ver=
nahmen, wie es eine Masse kochenden Wassers hervorbringen
muß, vermengt mit starken dumpfen Tönen, wie wenn eine
Wassermasse auf eine andere hinabplumpfte, stieg mit einem
Male gleich einem Geiste eine silberglänzende Säule aus der
Mitte des Hügels auf und stürzte, nachdem sie eine Höhe von
höchstens fünfzehn Fuß erreicht hatte, wieder in sich zusammen.

Wie soll man in der Secunde, welche die Erscheinung
dauert, zurechtkommen und die Höhe der Säule richtig schätzen,
während sie durch die Reize ihrer prächtigen Gestalt, welche
durch die zarte Dampfumschleierung nur noch erhöht werden,
die ganze Seele in Anspruch nimmt!

Indem sich unser Auge anstrengt, die Höhe und Gestalt
der Erscheinung, und das Ohr, die wunderbaren Töne festzuhal=
ten, hat sich die Scene schon wieder geändert. Zum zweiten
Mal steigt die Wassersäule empor, diesmal vielleicht vierzig Fuß
hoch, aber nicht mehr so regelmäßig, so voll und geschlossen,

und gleichbeschleunigt im ganzen Umfange. Ein dichter Regen wird dabei nach den Seiten ausgeschüttet und über den Sinterberg herab wälzen sich Ströme Wassers. Die Bewegung ist viel heftiger als das erste Mal, als ob sie durch mehrere schnell sich folgende Stöße hervorgebracht wäre. Es folgt noch eine dritte Erhebung, welche das Schauspiel beschließt, dabei fährt das Wasser noch höher auf, aber es bildet keine Säule mehr, sondern nur einen mächtigen Strahl, der je höher um so dünner wird und endlich zischend zerstäubt.

Wenn es möglich wäre, den Vorgang in kurzer Zeit sich öfter wiederholen zu sehen und man die Erscheinung nach ihrer Verschiedenheit in Formen und Tönen in einem Gesammteindrucke auf sich wirken lassen könnte, so würde die Eruption des Geisir eines der prachtvollsten Naturschauspiele sein. Man sieht aber den Vorgang mit solcher Spannung und Anregung und es ist so schnell vorüber, daß es Einem darnach nur ist, als ob man aus einem lebhaften aber verworrenen Traum erwachte.

Wir standen noch immer wie angewurzelt, die Augen nach der Höhe des Hügels gerichtet, als uns ein Isländer aufmerksam machte, daß nun Alles vorbei sei. Diese Nachricht war niederschlagend.

Wie auf Commando eilten nun alle Zuschauer gleichen Schrittes und schweigend den Hügel hinauf. Das Becken war nun ganz leer und das Wasser stand tief unter dem Rande des Schachtes. Das besieht man sich denn mit der höchsten Verwunderung, als ob es auch anders hätte erwartet werden können. Nicht schnell ermannen sich unser Verstand und unsere Sinne von der Passivität, worin sie durch die Größe und das Geheimnißvolle der Phänomene versetzt wurden, zu messender und rechnender Thätigkeit.

Erst sammelten sich Alle um den Rand des Beckens und gingen herum, als ob es noch immer voll Wasser wäre, und Jeder scheute sich hineinzutreten. Als aber Einer den Fuß hineingesetzt hatte und ihm nichts widerfuhr, so schien das ein Signal für die Uebrigen zu sein, es ihm so hastig als möglich nachzumachen. Aber bisher hatte noch Keiner das Schweigen gebrochen! Kreuz und quer schreitet man nun durch den Beckenboden und stellt sich an den Rand des Schachtes, starrt in seine Tiefe, besieht sich Dieses und bewundert Jenes. Mittlerweile ist aber das Wasser im Schachte schon wieder höher gestiegen und dem Rande nahe gekommen. Jeder möchte gern ein unmittelbares Andenken von dem merkwürdigen Boden haben, und mein Geognostenhammer ist ein willkommenes Werkzeug, mit dem sich Einer nach dem Andern ein Stück Sinter abschlägt, um es als theuerstes Erinnerungszeichen über das Meer mit nach Haus zu nehmen.

Es war auch Zeit, denn nach einer Stunde war das Bassin wieder bis zum Rande des Beckens voll angelaufen und damit war die ganze Periode der Springphänomene des Geiſtr beendigt. Wir hätten wieder sechs bis sieben Tage warten dürfen, bis sie sich wiederholten.

Der Strokkr sieht schon äußerlich ganz anders aus als der Geyſtr. Er hat seinen Sinter nicht zu einer hügelartigen Erhöhung aufgebaut, sondern der trichterförmig sich verengende Schacht vertieft sich mit einem kaum bemerkbaren Wulst am Rande in den ebenen Boden, so daß man ganz an den Rand hinantreten und hinabblicken kann. Das Wasser reicht nicht bis an den Rand, sondern steht wenigstens zwanzig Fuß niedriger und ist beständig im Sieden begriffen. Der Strokkr hat die Aufgabe, in den Pausen zwischen des Geiſtrs ernsten maje-

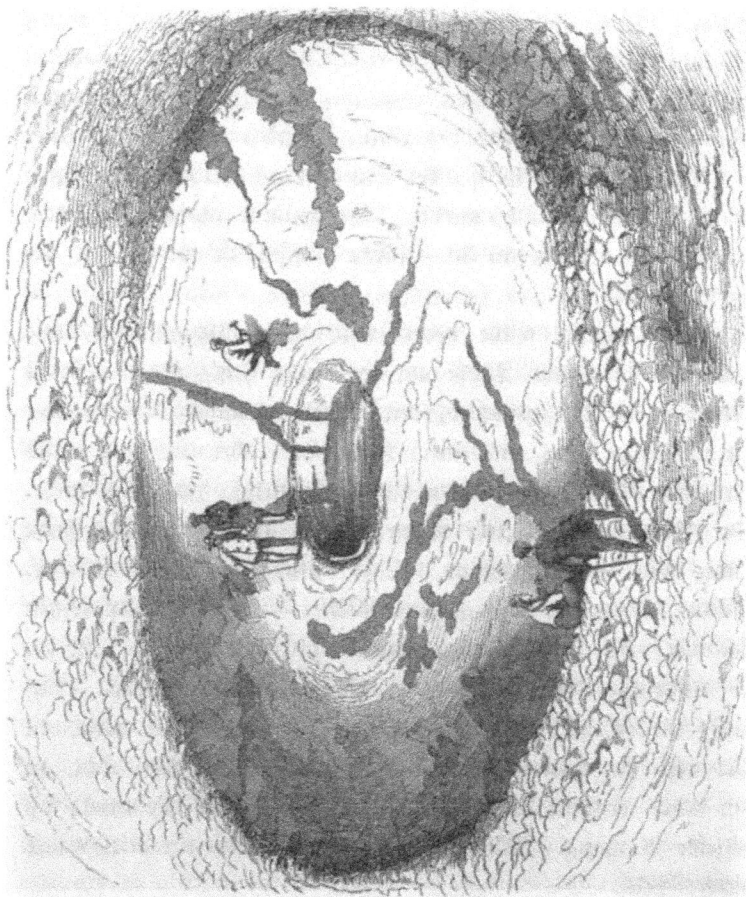

Das Geisterbecken nach der Eruption.

stätischen Spielen das Publicum als Harlekin zu ergötzen. Der
Strokkr hat keine Selbständigkeit, sondern ist ein dienstfertiger
Sclave, der nach Belieben veranlaßt werden kann, seine Kunst=
stücke preiszugeben. Man braucht nur eine Ladung Rasen oder
Steine, wie sie etwa in ein Scheffelmaß hineinginge, in seinen
Schlund zu werfen, um ihn in einigen Minuten in der höchsten
Aufregung zu sehen. Das Schauspiel, in gewisser Beziehung
viel interessanter als das des Geisir, verliert dadurch an seiner
Schönheit, daß die Wasser der Quelle durch die Erde der Rasen
schmutzig braun gefärbt werden. Es beginnt alsbald, nachdem
die Ladung, welche an dem Rande aufgehäuft wurde, in die
Tiefe gestürzt ist.

Das Wasser wallt herauf und droht überzulaufen, wie
wenn es in einem Topfe am Herdfeuer heftig siedet. Dann
poltert es wieder zurück in den Trichter. Anfangs haben nur
die Ohren zu thun, mit einem Male fährt aber ein Strahl aus
der Tiefe hoch in die Luft, vielleicht siebzig Fuß und mehr.
Der Strahl ist dick, wie wenn er aus einer Riesenfeuerspritze
käme, und seine Bewegung ist so heftig stoßend, schwirrend,
zischend, gleich der gelungensten Rakete. Diese Strahlen folgen
sich vier= bis fünfmal nach einander und die Richtung, in der
sie aufsteigen, ist immer schief, nach auswärts geneigt. Auf
dieses Raketenspiel folgt eine Art Erschlaffung, man vernimmt
nur noch ein dumpfes Grollen, getraut sich aber doch nicht, an
den Rand vorzutreten und thut klug, denn bald wiederholt sich
derselbe Vorgang. Manchmal geschieht es noch ein drittes und
viertes Mal.

Was die übrigen Quellen aufzuweisen haben, sowohl in
Bezug auf Wasserbewegungen, als auf Sinterbauten, scheint
nur eine stümperhafte Nachahmung der zwei Matadoren. Allein

der „kleine Strokkr" hat sich eine niedere hügelförmige Erhöhung um seinen engen Schacht, ähnlich der des „großen Geisir," auf-gebaut. Die Schächte des „kleinen Geisir" und einer andern gleich nebenan liegenden Quelle vertiefen sich in dem flachen Boden wie der des „großen Strokkr." Die Ursprungsöffnungen der übrigen sind ganz unansehnliche, mehr oder minder weite und tiefe Gruben, meist bis zum Rande mit Wasser angefüllt und mit geringem Abflusse. Zwei davon bilden sackförmige Grübchen, welche mit einem bläulichen Thonbrei ausgefüllt sind, in dem Dampfblasen aufquirlen. Nur noch eine Quelle außer Geisir und Strokkr erregt gewiß die Bewunderung eines Jeden, der je diese Stätte besucht, wenngleich ihr Spiegel nie eine Bewegung erfährt, als wenn er vom Winde gekräuselt wird. Ihre Reize bestehen in der Form ihres Bassins und in der wunderbaren Klarheit und Färbung ihres Wassers. Sie ist schwer zu beschreiben.

Man denke sich eine Tropfsteingrotte, deren Wände mit zackigen, spitzigen Steinformen ausgekleidet sind, statt über sich gewölbt, umgekehrt zu den Füßen in den Boden versenkt und bis herauf an den zackigen Rand mit Wasser angefüllt. Das möchte eine ungefähre Vorstellung von der Art dieses Bassins geben. Ein leises Zittern geht von der Oberfläche hinab durch die blaugrünen Wasserschichten bis zum dunkeln Grunde und die Zacken und Schnörkel der fahlgelben Wände beben ·mit. Nicht ohne geheimes Grauen sah ich diese Schönheit, ohne ein Gelüsten, darin ein Bad zu nehmen.

Es ist nicht nothwendig, daß des Geisirs glänzender Wasser-dom zum Himmel aufsteige, oder des Strokkrs zischende Raketen, um sich auf diesem Boden wundersam angeregt und gehoben zu fühlen.

Der Stroffr, Anstalten zur Veranlassung einer Eruption.

Wir stehen in einer heitern Juninacht oben am Rande des Quellenbodens. Blau spannt sich der Himmel über uns, wie am hellen Mittag, und doch ist es Nacht! Die Natur ist nicht in Tagesstimmung, das Tippen des Brachvogels auf dem Moore und das Geschnarre der Enten am Bache sind verstummt, die eigenen Fußtritte schallen herauf zu unsern Ohren, so daß wir in Finsterniß zu sein glauben könnten, und es verfolge uns ein Gespenst. Die Sonne ist hinabgestiegen, obwohl noch ein Hauch ihres röthlichen Lichtes an der Eiskuppe des fernen „Blauberges" hängen geblieben.

Bald fesselt uns das nähere Schauspiel, denn während es über der Erde ruhig geworden, scheint es in der unterirdischen Werkstätte um so lebendiger herzugehen.

Von dem untern Quellenboden erhebt sich ein Wald von Dampfpinien. Hoch in der Luft fließen sie zusammen und in einem breiten Strom hinab gegen Westen.

Eine Menge kleiner Strahlen dringen aus dem Boden im Halbkreis um Geisir hervor, mit einer Geschäftigkeit, als ob sie alle die Fähigkeit in sich verspürten, Geistre zu werden. Bei Tage könnte man sie gar nicht bemerken. Der Spiegel der großen Quelle selbst ist in einen zarten Schleier gehüllt, der, je höher, um so dichter wird, bis er sich zu einer Wolke ballt, die endlich auch gegen Westen hinabtreibt. Eine mächtige Dampfsäule schwingt sich aus dem Schlunde des Strokkr hervor, hoch hinauf, um dann auch dem Zuge der andern zu folgen. In den Lücken zwischendurch schweift der Blick hinaus in die Ebene, wie vom Gipfel eines Alpenberges durch die verschwindenden Morgennebel in die stillen Thalgründe. Nur erglänzt hier keines Kirchthurms Kreuz im Sonnenlichte!

Ist das noch die Erde? Und jene Gestalt im Dampf-

schleier da unten am Geistrande, die jetzt steht, dann sich bückt
und wieder geht, ist das ein Mensch oder ist es ein Schatten?
So vergeht eine halbe Stunde unter den seltsamsten Eindrücken,
wie wir sie noch nie im Leben empfanden. Da fällt zufällig wieder
unser Blick auf den fernen Blauberg, an dem noch immer derselbe röthliche Schimmer, jetzt sogar wieder lebhafter, sich zeigt.
Ah! Die Hügel im Westen sind schon in volles Licht getaucht
und vom Moore fliegt ein Vogel auf! Die Sonne kommt
wieder, es wird Tag!

Das war aber eine Geisterstunde im Juni am Geistr!

Die Beantwortung einiger Fragen, die sich dem Leser beim
Durchlesen des Obigen aufgedrängt haben, wird er mir nicht
erlassen, bevor ich ihn weiter führe.

Die Frage, wodurch entstehen diese Quellen, woher kommt
ihr Wasser, beantwortet sich wie diejenige nach dem Ursprunge
der Quellen, also auch unserer kalten, überhaupt. Regen, Schnee,
Thau, Wasser der Bäche, Flüsse, Meere, das Eis der Gletscher
lassen aller Orten die Quellen entstehen. Regen, Schnee und
Flußwasser geben dem Geistr und seinen Nachbarn ihren Ursprung.

Dieser Quellenboden liegt zunächst am Fuße eines Berges
und wird in kurzer Entfernung nochmals von hohen Gebirgen
begrenzt, welche zum größten Theil aus lockeren, vom Wasser
leicht durchdringlichen Tuffmassen bestehen. Er liegt in einer
Gabel von zwei Flüssen, die ganz nahe neben einander aus
Nordost herkommen und am Fuße des höhern Gebirges, kaum
eine halbe Meile oberhalb, entspringen. Deren Niveau ist ungefähr gleich dem ehemaligen Spiegel der Quellen, bevor sie
die Sinterdecke aufgebaut haben. Die Ebene ist gegen Süden
und Westen größtentheils Moorgrund. Die Quellen verlieren

außer durch Dampf wenig Waffer, da viele gar keinen Abfluß haben. Um so leichter können sie durch den in Island häufigen Regen und durch das aus den beiden Flüffen von der Seite her einbringende Grundwaffer gespeist werden.

Nicht so leicht ergibt sich eine Antwort auf die Frage, wo kommt ihre Wärme her? Denn wenn man sagte, diese Wärme ist vulcanisch, das heißt dieselbe, welche die aus den Vulcanen ausgefloffenen Laven im Innern der Erde geschmolzen hat, so ist die Frage nur erweitert, nicht gelöst.

Diese Wärme hängt jedenfalls mit dem Materiale zusammen, aus welchem das Erdinnere besteht, und mit deffen Zustande. Nun wiffen wir aber davon fast gar nichts oder doch viel zu wenig, um damit die Wärme, welche die Quellen mitbringen, zu erklären, und so wird denn umgekehrt diese benutzt, um auf die Art von jenen zu schließen. Die heißen Quellen sowie die Vulcane werden als Beweise aufgeführt, daß das Innere der Erde aus einer in ungeheurer Hitze feuerflüffigen Maffe bestehe. Waffer, welche tief in der Nähe des feurigen Kernes sich sammelten, würden so sehr erwärmt, daß sie nach Umständen noch siedend an die Oberfläche hervorkommen müßten. Da diese Verhältniffe nicht unmittelbar unterfucht werden können, so bleibt nichts übrig, als uns mit diesen Muthmaßungen zu bescheiden.

Nicht viel beffer sind die Ausfichten, wenn wir über die Ursache der Waffebewegungsphänomene Auffchluß haben wollen. Denn wenn auch die ersten denkenden Reifenden an diesen Quellen zur Ueberzeugung kamen, daß die Beschaffenheit der Wafferbehälter, die inwendigen Räume, mit den Bedingungen der Dampfbildung, dieselben entstehen laffen, so blieb doch noch immer viel des Unerklärten zurück.

14*

Bis zu den von Professor Bunsen mit so viel Genialität ausgeführten Untersuchungen dieser Phänomene bestand für alle Quellen die Ansicht: es stehe deren senkrechter Schacht durch eine enge Oeffnung mit wagerechten Höhlungen in Verbindung, welche abwechselnd mit Dampf und Wasser gefüllt wären und daher wie Dampfkessel wirkten.

Im Gegentheil zu dieser Ansicht hat Bunsen von gewissen Quellen bewiesen, daß die Ursache der Wasserbewegungen im äußern Schachte liege.

Bunsen unterscheidet zwischen den in beständiger Bewegung befindlichen und den nur in Fristen, periodisch erregten Quellen.

Jedermann ist bekannt, daß Wasser, um im Topfe zu sieden, bis zu einem gewissen Grade erwärmt werden muß, aber kaum, daß dasselbe, wenn man auf seine Oberfläche einen größern Druck als den der eignen obern Masse und der allge= meinen Luft einwirken ließe, m e h r erwärmt werden müßte, auf daß es bei dem e r h ö h t e n Druck sieden könnte.

Ein Naturgesetz ist: das Wasser braucht zum Sieden, also um Dampfgestalt anzunehmen, um so mehr Wärme, je ein größerer Druck darauf ausgeübt wird. Der Druck der Luft, welche die Erde umgibt, liegt unter gewöhnlichen Umständen auf jedem Wasser.

Setzen wir aber den Fall, eine Menge Wassers würde durch eine Maschine zusammengepreßt und dabei dem vermehr= ten Drucke entsprechend bis nahe an den Punkt des Siedens erhitzt, so würde dasselbe hierbei viel mehr Wärme aufgenommen haben, als es zum Sieden ohne die Pressung nöthig hätte, und welche überflüssig wird, wenn letztere aufhörte.

Nehmen wir nun weiter an, die Pressung w i r d s c h n e l l entfernt und das Wasser kehrt unter den gewöhnlichen geringern

Druck zurück, so findet sich's in einem höhern Wärmezustande gleichsam überrascht, ein großer Theil Wärme wird plötzlich überflüssig und dadurch eben so schnell eine große Masse Wasser zum Sieden gebracht, in Dampf verwandelt. Dieser Dampf wird Alles von sich schleudern, was ihm im Wege steht und wenn obenauf kältere Wasserschichten liegen, wird er sie vor sich her stoßen.

Dies einfach auf die isländischen Quellen übertragen, erklärt auch deren Wasserbewegungen. Dieselben sind bis zum Sieden, oder nahe daran im untern Theile des Schachtes erhitzt, und zwar unter dem Druck der Luft und dem der kältern Wassermasse im obern Raume. Wird dieses Obere gehoben, so daß davon abfließt und der Druck sich vermindert, so entsteht in der Tiefe mit einem Male überflüssige Wärme und eine große Dampfmasse. Diese bricht dann hervor und wirft, was sie über sich hat, in die Höhe, so daß beständige Springquellen entstehen müssen, wenn die Vorgänge sich schnell wiederholen.

Verwickelter ist das bei des Geistrs periodischen Eruptionen.

Bunsen fand, daß das Wasser in keinem Punkte des Geistrschachtes von zuunterst bis an den Spiegel solche Hitzgrade hat, um bei dem theils von der Luft, theils von den obern Wasserschichten darauf ausgeübten Druck sieden zu können. Am niedrigsten ist dessen Temperatur gegen die Oberfläche, an welcher eine beständige und wegen des Umfanges der letztern einflußreiche Abkühlung stattfindet, am höchsten und nächsten der Siedhitze in der mittleren Höhe des Schachtes. Wenn nun an letzterer Stelle die geringste Aenderung in der Stärke des Druckes eintritt, so wird Wärme überflüssig und es entsteht Dampf. Nach Umständen kann die ganze Wassermasse im Raume von der Mitte bis auf den Grund plötzlich in Dampf verwandelt werden.

Eine Druckänderung könnte aber leicht dadurch sich ergeben, daß aus tiefern Seitencanälen höher erhitztes Wasser in den Schacht träte, dessen Dampf ein Emporheben und Ueberfließen der ganzen Säule und damit die große Druckverminderung zur Folge hätte.

Je nach der Heftigkeit der Hebungen und ihrer Folgen entstehen Eruptionen oder jene verunglückten Versuche, die jenen vorausgehen. Die kleinen Pausen in dem Hervorbringen des Wassers während einer Eruption erklärten sich aus einem großen Verbrauch der vorhandenen überflüssigen Wärme durch die zurückgestürzte abgekühlte Wassermasse.

Durch Rechnung hat Professor Bunsen gefunden, daß die im untern Theile des Schachtes entstehende Dampfmasse groß und stark genug ist, um das ganze obenauf liegende Wasser zu der Höhe emporzuheben, wie sie beobachtet wird. So viel vom Geistr.

Ueber die Strokkrquelle und ihre Phänomene sagt derselbe wörtlich Folgendes: „Man kann nicht daran zweifeln, daß der untere Theil des Strokkrtrichters von einem hervorbringenden Dampfstrahl erfüllt ist, der die in verschiedenen Höhen sich gleichbleibende Temperatur (welche seine Messungen nachgewiesen haben) an dieser Stelle bedingt, während das im obern Trichter von diesem Dampfstrahl getragene Wasser durch denselben fortwährend im Kochen erhalten wird. Die Kraft aber, welche die periodischen Eruptionen bedingt, muß in größern, für directe Versuche unzugänglichen Tiefen ihren Sitz haben. Es ist eine vielleicht dem Geistrapparat ganz ähnliche Vorrichtung."

Für andere isländische Springquellen, namentlich für jenen „kleinen Geistr," welcher sich auf einem Quellengebiet, zehn bis zwölf Meilen südwestlich von dem des „großen Geistr," bei

dem Orte Reykir befindet, glaubt Bunsen auch die zuerst von
dem englischen Reisenden Makenzie aufgestellte Ansicht von unter=
irdischen Dampfkesseln gelten lassen zu müssen.

Es geben also die Quellen auch in dieser Hinsicht noch
immerhin genug Stoff zum Nachdenken und sind die Acten
darüber keineswegs geschlossen.

Am 28. Juni verließen wir das Quellengebiet des Geisir.
Die Engländer gingen nach Reykjavik zurück, wir wendeten uns
gegen Süden, nach Skalholt, dem ehemaligen Bischofssitze. Ich
wollte die geologischen Verhältnisse am Flusse Laxau studiren
und dann dem Hekla meinen Besuch abstatten, meinen Reise=
gefährten veranlaßten einige historisch merkwürdige Punkte, noch
weiter an die Südküste hinabzugehen. In Skalholt sollten wir
uns trennen. Ich ging von da ostwärts nach dem Kirchorte
Storinupr, welches für mich als Mittelpunkt zu Excursionen
und für uns beide zur Wiedervereinigung am günstigsten gelegen
war. Von dort konnte die Reise wieder gemeinschaftlich durch's
Innere nach Norden fortgesetzt werden.

Die nächsten vierzehn Tage boten, weder was die Land=
schaft, noch mein Wanderleben betrifft, die mancherlei Quartiere
in Pfarrhäusern und schlechten Bauerswohnungen, nichts, was
den Leser interessiren könnte, und ich will daher seine Aufmerk=
samkeit gleich auf den Hauptgegenstand des folgenden Berichtes,
den Hekla, wenden.

Eine Gruppe von Bergrücken bildet, obwohl sie nur ein
Theil des großen Südostgebirges sind, durch die ihnen allen
gemeinsame Richtung von Südwest nach Nordost und ihre enge
Verbindung unter einander, einen eigenen, abgeschlossenen Ge=
birgsstock, auf einem Flächenraume von zwanzig Quadratmeilen.
Ziemlich in der Mitte derselben Gruppe erhebt sich der Hekla,

die übrigen Rücken alle an Höhe wenigstens um ein Drittheil
überragend. Er allein ist ganz in Schnee gehüllt, während an
den andern nur einzelne Flecken liegen bleiben. Die zwischen=
liegenden Hochthäler und die nächste Umgebung des Gebirgs=
stockes sind mit Lavaströmen bedeckt.

In Südwest, West und zum Theil Nordwest zieht die
Ebene des Tieflandes an diesen Gebirgsstock heran, gegen Osten
und Süden scheiden ihn tiefe Thäler von den folgenden weiten
Gletscherplateaus. Der Hekla ist von der Südküste in grader
Linie sechs Meilen entfernt.

Ich kam eines schönen Abends am Hofe Selsund an.
Dieser Ort liegt vor dem dem Hekla südwestlich anliegenden
Rücken auf einer ebenen Wiese, welche an zwei Seiten von den
hohen Rändern alter Lavaströme wie von zwei Wällen eng ein=
gerahmt wird, hart an den Fuß des einen, nördlichen, an=
gebaut.

Auf den nächsten Tag ward mit dem Bauer die Besteigung
des Berges verabredet, wenn das Wetter gut bliebe. Leider
war dieses nicht der Fall und ich mußte mein Vorhaben gänz=
lich aufgeben, da der Bauer den andern Tag nach Reykjavik
abreisen wollte und sein Nachbar, der Einzige, welcher außer
ihm noch die Führung hätte übernehmen können, nicht zu
Hause war.

Der Tag sollte nun verwendet werden, den Lavastrom,
welcher als Product der letzten Thätigkeit des Vulcans im
Jahre 18⁴⁵/₄₆ zurückgeblieben war, in Augenschein zu nehmen.
Zu diesem Zwecke mußte ich mich an die Nordwestseite des Ge=
birges hinüberbegeben. Dort ist die breite Seite des Berges
zum Theil frei, die anliegenden Parallelrücken treten gegen
Nordost und Südwest aus einander und zwischendurch steigt der

Boden vom Fuße des höhern schneebedeckten Heklagewölbes allmälig und etwas muldig vertieft zur Ebene herab. Dieses war das Bett des letzten Stromes.

Nach einstündigem Ritte bekamen wir die Lavamasse zur Ansicht.

Zu unserer Linken ist ebenes Land, welches sich in einiger Entfernung als ein alter Lavaboden zu erkennen gibt. Nach rechts erhebt sich allmälig ein Bergabhang. Ungefähr noch zehn Schritte von dessen Fuß entfernt steigt aus dem ebenen Boden ein schwarzer Damm auf, mit steiler, fünfzehn Fuß hoher Böschung und setzt gegen den Berg und über ihn hinauf mit manchen Krümmungen und Ecken fort, nicht unähnlich den Mauern an den Seiten eines befestigten Gebirgspasses.

Wenn auch die Masse, aus welcher derselbe besteht, beim Beschauen in der Nähe zusammenhängend scheint, so merkt man ihr doch die verrätherische Lockerheit und Zerbrechlichkeit an, von der man sich auf unangenehme Weise überzeugt, wenn man den Damm betreten will. Alle die Schnörkel, Fadengewinde, Pyramiden und Thürmchen sind von unsichtbaren Sprüngen durchzogen und die leiseste Berührung löst die Theile von einander. Als ich da hinaufklimmen wollte, begannen meine Bergschuhe zu ächzen und zu stöhnen, zum Erbarmen, das wäre in Bälde ihr Ende gewesen. Jetzt balancirte der eine Fuß auf einer Kante, dann versank der andere in eine unsichtbare Grube, die sich knirschend wie eine Falle über ihm schloß, und als ich nach einer drei Fuß hohen, einige Centner schweren Pyramide meinen Arm als nach einem Halt ausstreckte, wollte sie mir an die Brust sinken, so daß ich fast ein Opfer der heißen Freundschaft geworden wäre. Durch einen Sprung rettete ich mich, fiel aber dabei auf den Boden und lag da eine Weile, am ganzen Körper

wie von Nadeln schmerzlich berührt. Es war unmöglich, diese
Wanderung länger fortzusetzen. Dafür stieg ich über den Berg=
abhang am Rande des Stromes aufwärts und überzeugte mich
dabei, daß derselbe immer dieselbe Beschaffenheit behielt, wie
unten am Ende. Selten verdickte er sich zu größern Massen
oder zeigte auch nur eine Anlage zur Absonderung in Lagen,
wie man das an den alten Lavaströmen so ausgezeichnet beob=
achtet. In einer Höhe von ungefähr 500 bis 600 Fuß kam
ich auf einer weiten Terrassenebene an, aus welcher der vorderste
der südwestlichen Parallelrücken, der „Langafell," mit steilen
Seiten sich vielleicht nochmal so hoch erhebt. Dieser Berg, an
dessen Fuß der Lavastrom von Nordost herangeflossen war, ver=
sprach eine weite Aussicht und lud zum Besteigen ein. Wirklich
übersah man von seinem Gipfel den ganzen Strom von da,
wo er sich eine halbe Meile breit unter dem Schneemantel des
Hekla herabwälzte bis hinab zum schmalen Ende auf der Ebene.

Grade unter mir, gegenüber dem Langafell, hatte sich ihm
ein niederer Felshügel entgegengestellt. Diesen umfloß der größte
Theil der geschmolzenen Masse, und ein kleinerer strömte durch
eine Einsenkung darüber weg. Die grüne Kuppe des Hügels
bietet nun einen eigenthümlichen Anblick zwischen den schwarzen,
im Aufthürmen erstarrten Brandungswellen.

Etwas tiefer verlor sich der Strom fast in einer tiefen
schmalen Rinne, und auf der Ebene unten floß er nochmals
weiter aus einander.

Uebrigens sieht man, daß nur ein kleiner Theil der ganzen
von dem Berge ausgeworfenen Lavamasse sich so weit von ihrem
Ursprung entfernte.

Unwillkürlich begann ich diesen neuen heklaischen mit
alten Lavaströmen zu vergleichen. Wenn ich mich an den von

Dingvellir erinnerte, so erschien er mir wie ein wahres Kinder=
werk. Die alten Ströme flossen oft meilenweit auf Ebenen fort
oder über Tiefen und Höhen hinweg. Auch noch ältere Ergüsse
des Hekla, wie die, deren Enden die Alpenweide von Selsund
umrahmen, haben einen viel weitern Weg zurückgelegt. Dann,
welche Verschiedenheit im innern Bau; jene, möcht' ich sagen,
gleichen darin wahren Gebirgen, während dieser nicht viel mehr
als ein Trümmerhaufen ist.

Die Gesteinsmassen der Insel Island, welche in feuer=
schmelzenden Strömen auf den Gipfeln von Bergen oder im
Grunde der Thäler aus eingebrochenen Oeffnungen entsprangen,
also die „Laven," unterscheiden sich in einzelnen kleinen Stücken
oft sehr wenig von den übrigen Gebirgsgesteinen, dem Trapp
und Trachyt, denn diese sind auch schmelzend oder wenigstens
bei großer Hitze gebildet worden. Die Verschiedenheit dieser
Massen tritt aber hervor, wenn man sie im Großen betrachtet
und vergleicht. Die „Lava" läßt immer leicht erkennen, daß
sie über eine vorher vorhandene Unterlage, einen Boden, und zwar
immer von höhern Punkten an tiefere abgeflossen. Die andern
Gesteine zeigen diese Merkmale nicht. Dieselben liegen ganz
selbständig nach allen Richtungen sich gleich erstreckend, wie in
Gebirgen, welche nach allgemeinem Urtheil für Erzeugnisse des
Wassers gelten.

Die Vulcane sind nicht immer thätig; sie halten Pausen
von längerer und kürzerer Dauer ein, nach Jahrzehnten oder
auch Jahrhunderten messend. Auch die Zeitdauer der Ausbrüche
ist verschieden, sie kann Tage, Wochen oder Monate anhalten,
selten währt sie ein volles Jahr. Von Vulcanen, über deren
Thätigkeit man keine historische Kenntniß hat, hält man, daß
ihre Thätigkeit aufgehört habe, und nennt sie erloschen. Gleich=

wohl gibt es Beispiele, daß auch solche Berge wieder erwachten. Vom Vesuv weiß die ältere römische Geschichte keine Eruption, sein Krater diente im Sclavenkriege den Truppen des Spartakus als Aufenthaltsort. Nur Strabo erklärte die Gesteine, welche er darin fand, für feurigen Ursprungs, für Lava, ohne aber zu ahnen, daß im Innern die Anlage zur Hervorbringung dieses Productes noch wirklich vorhanden war. Erst 79 v. Chr. erfolgte jene merkwürdige Eruption, welche die Städte Pompeji und Herculanum verwüstete, und so den Vesuv als Vulcan auf eine für seine Anwohner fürchterliche Weise verrieth. Zwischen 1200 und 1600 n. Chr. schien der Berg wieder erloschen, in dem Krater konnten Schafe weiden. 1630 erwachte er wieder mit einem heftigen Ausbruche und seitdem hatte er keine anhaltende Ruhepause mehr.

Ein großer Theil der Lava, welche Island bedeckt, stammt wohl von vielleicht schon vor Jahrtausenden erloschenen Vulcanen.

Ich unterscheide in der vulcanischen Thätigkeit, wie sie sich auf der ganzen Insel geäußert hat, drei Zeitabschnitte. Die Laven, welche aus der ältesten Zeit stammen, zu welchen zum Beispiel diejenige gehört, worauf Reykjavik steht, lassen ihren Ursprungsort auch nicht mehr annähernd nachweisen. Sie sind meist mit jüngern Schuttablagerungen bedeckt, auf welchen sich magere Wiesen oder Sümpfe gebildet haben. Oft verrathen sie ihr Vorhandensein nur an der Katarakte eines Flusses.

In einer jüngern Periode, aber auch noch ehe die Insel bewohnt war, trat die vulcanische Thätigkeit besonders an drei Gebieten concentrirt hervor und eröffnete auf engem Raum zahlreiche Ausbruchsstellen. Diese Gebiete waren das vulcanische Plateau im äußersten Südwesten der Insel, das Gebirge am

See Mywatn im Norden und die westliche Halbinsel, das Schneefellsyssel.

Eine dritte Periode kann man die historische nennen, nämlich diejenige, aus welcher über vulcanische Ausbrüche Nachrichten vorhanden sind, weil die Insel schon colonisirt war. In dieser Zeit war die vulcanische Thätigkeit auf einzelne höhere Berggipfel beschränkt, die sich fast ganz auf die südliche Hälfte der Insel vertheilen. Mehrere von diesen Bergen ruhen aber auch schon seit Jahrhunderten, freilich ohne daß man sie deswegen als erloschen betrachten könnte. Damit sind wir aber wieder beim Hekla angekommen. Dieser hat alle andern isländischen Feuerberge an Zahl der Eruptionen übertroffen. An Furchtbarkeit und Heftigkeit derselben, an Umfang der Lava und Aschenauswürfe haben es ihm aber einige von jenen zuvorgethan. Die meisten Vulcane liegen nicht schädlich für die Bewohner des Landes, mehrere sind weit entfernt von bewohnten Bezirken und ergossen ihre Lava über ohnedies sterilen Boden. Um deren Betragen hat man sich in Island nie gekümmert. Das ist bei Hekla anders.

Mit hehrer Gestalt herrscht er weithin über das südliche Tiefland, an seinem Fuße verlaufen grasreiche Ebenen mit vielen Niederlassungen und historisch merkwürdigen Stätten, so daß die Geschichte seiner Schrecken und Verheerungen zugleich ein Stück Geschichte des armen Volkes ist. Und wenn dieses nicht, so würde das überwältigende Schauspiel seiner Eruptionserscheinungen, die sich jedesmal vor den Augen so Vieler zutrugen, die Annalisten zu ihrer Aufzeichnung bewogen haben.

Auch im Aberglauben der skandinavischen Volksstämme spielt Hekla eine hervorragende Rolle, nämlich die unseres Blocksberges, auf seinem Gipfel soll das Hexenvolk sich zum Sabbath versammeln.

Man zählt von der ersten geschichtlich bekannten Eruption des Hekla bis jetzt achtzehn Eruptionen. Sie waren von verschiedener Heftigkeit und ungleich verwüstenden Folgen, die meisten aber durch ihre mächtigen Aschenauswürfe ausgezeichnet.

Die Perioden, innerhalb welcher diese Ausbrüche erfolgten, waren sehr verschieden. In das zehnte Jahrhundert fallen vier, in das dreizehnte, vierzehnte und siebzehnte je drei, in das zwölfte zwei, in das fünfzehnte und achtzehnte je einer. Vertheilt man alle auf die sieben Jahrhunderte, so treffen auf jedes zwei bis drei. Die Dauer der Ruhepausen, nach ihrer Zeitfolge berechnet, gibt folgende Reihe von Jahren:

53 — 48 — 16 — 72 — 6 — 41 — 48 — 47 — 74 — 14 — 24 — 19 — 22 — 17 — 57 — 73.

Zwischen der Größe der Ausbrüche und der Dauer der Pausen findet keine Beziehung Statt; es folgten auf die kürzeste Ruhezeit immer die heftigsten Eruptionen.

Während der Ruhepausen verliert der Berg nahezu alle Spuren vulcanischer Thätigkeit.

Seitdem Island ein Ziel für wissenschaftliche Reisende geworden ist, wurde der Vulcan schon öfter bestiegen, so daß auch genaue Nachrichten über seine Beschaffenheit in verschiedenen Zeitabständen von Eruptionen vorhanden sind.

Die Dänen Olaffen und Povelsen bestiegen ihn 1750, sechzehn Jahre vor seinem vorletzten Ausbruche, 1766. Sie fanden keine Spur vulcanischer Aeußerung und hatten nur, wie sie selbst sagen, den Genuß einer herrlichen Aussicht. *)

*) Diese Heklabesuche finden sich zusammengestellt in: Hekla, og dens sidste Udbrud. En Monographie af J. C. Schythe. Kjöbenhavn 1847.

1772, also sechs Jahre nach der vorletzten Eruption, waren die Reisenden Troil, Banks und Solander auf dem Hekla. Sie fanden ihn ganz mit Schnee bedeckt, nur an einigen Stellen hatten den Schnee Dämpfe weggeschmolzen. Nahe der Spitze trafen sie im Sande eine Höhlung, aus welcher Dämpfe hervorkamen, die wegen der großen Hitze die Messung mit dem Thermometer nicht zuließen. An andern Stellen stieg der Wärmemesser, in Sand eingestellt, auf + 67 Grad Celsius, während die Temperatur der Luft — 4 Grad Celsius war.

Ein isländischer Arzt, Svein Palsson, der den Berg zweimal bestieg, 1793 und 1797, konnte auch nur Spuren heißer Dämpfe im Boden eines Kraters bemerken und inwendig ein sausendes Geräusch wie von kochendem Wasser vernehmen.

1810 fand der Engländer Makenzie den Bergrücken aus drei verschiedenen Spitzen bestehend und auf der mittlern höchsten einen 100 Fuß tiefen Krater. Auf dessen Boden lag eine große Schneemasse, deren durch Schmelzung hervorgebrachte Höhlungen von einem bläulichen Schimmer erleuchtet wurden. Von Lavaschlacken waren einige so heiß, daß man sie nicht in der Hand behalten konnte. Der Thermometer stieg, in den Boden gesteckt, auf 62 Grad Celsius, während die Temperatur der Luft + 4 Grad war.

Die Angaben des Deutschen Thieneman vom Jahre 1821 stimmen mit denen von Makenzie überein.

Eine wissenschaftliche Expedition aus Frankreich, von Paul Gaimar geleitet, welche 1836 nach Island kam, traf den Berg völlig gleich mit Schnee bedeckt und keine Spur von Wärme oder Dämpfen.

Die Dänen Schythe und Steerstrupp beobachteten 1839 nur an einer Stelle eine sehr unbedeutende Dampfentwicklung.

Hekla, von Nordwesten.

Bei diesem Zustande des Vulcans während seiner Ruhe konnte ich es leichter verschmerzen, daß ich mein Vorhaben, ihn zu besteigen, nicht ausführen konnte; ich hätte mir ja nur den wohlfeilen Ruhm erworben, auf dem Hekla gewesen zu sein.

Der erste geschichtlich bestätigte Ausbruch fällt in das Jahr 1104 und war von einem so mächtigen Aschenausbruch begleitet, daß, wie der Chronist sagt, der nächste Winter „der große Sandfallswinter" genannt wurde.

An dieses Ereigniß knüpft sich eine schöne isländische Sage: *) „Sämundr, der Pfarrer von Oddi, derselbe, welcher die Edda gesammelt haben soll, hatte sich während seines Aufenthaltes auf dem europäischen Continent in Sachsen mit einer „weißen Frau" verlobt. Lange wartete diese auf seine Rückkunft, nachdem er nach Island gefahren war. Als er aber immer und immer nicht wiederkam, wurde sie endlich des Wartens müde und gewann die Ueberzeugung, daß er sie zum Narren gehabt habe. Da sandte sie an Sämundr ein vergoldetes Kästchen ab und wies ihre Boten an, dasselbe von Niemandem, außer von ihm, öffnen zu lassen. Diesen ihren Boten und den Kaufleuten, womit sie reisten, ging die Fahrt wunderbar schnell von Statten; sie kamen im Süden von Island an's Land, hart bei Oddi, wo Sämundr Pfarrer war. Dieser,, welcher selbst mächtiger Zaubermeister und ihre Ankunft bereits wußte, war in seiner Kirche, als sie ihn zu besuchen kamen. Er nahm sie auf's Beste auf und ließ sich das Kästchen von ihnen einhändigen, das er sofort auf den Altar stellte. Hier ließ er es die Nacht über stehen; den andern Tag aber nahm er es unter den Arm und trug es hinauf auf die höchste Spitze des Hekla

*) Maurer: Isländische Volkssagen der Gegenwart.
Winkler, Island. 15

und warf es da hin. Da, sagen die Leute, habe der Hekla zum ersten Male Feuer ausgeworfen."

Die Zeit der zweiten Eruption fällt ungefähr zwischen 1157 und 1158. (Schythe, a. a. O.) Sie war von „großer Finsterniß" wegen des starken Aschenfalles begleitet.

Die dritte im Jahre 1206 hatte strengen Winter und Mißwachs im Gefolge.

Eine vierte ereignete sich 1222. Gleichzeitig wüthete der untermeerische Vulcan außerhalb Cap Reykjanäs am Südwest-rande der Insel und ward von der Zeit an achtzehn Jahre lang nie mehr ruhig.

Der fünfte Ausbruch, 1294, war von fürchterlichem Erd-beben begleitet, in Folge dessen der Boden an manchen Plätzen Risse erhielt. Der Lapillifall war so groß, daß die nahen Flüsse davon ausgefüllt wurden und dieselben von Seefahrern auf dem Meere herumtreibend bis an die Färöer gefunden wurden.

Eine der heftigsten und fürchterlichsten Eruptionen war die vom Jahre 1300. Sie begann am 13. Juli und dauerte fast ein ganzes Jahr. Im Augenblick des Beginns riß der Berg fast ganz durch, große Felstrümmer spielten in der Aschensäule, die glühend herabfallenden Lapilli zündeten das Dach eines am Fuße gelegenen Hauses an, nächtliche Finsterniß hüllte die Um-gegend während zweier Tage ein, so daß sich die Leute nicht zur Fischerei auf die See wagten und am Lande keinen Weg mehr finden konnten. Donner und Krachen wurden durch die ganze Insel vernommen.

Der folgende Ausbruch vom Jahre 1341 war von verhee-rendem Aschenfall begleitet und mehrere Höfe mußten deswegen verlassen werden. Um die gleiche Zeit haben die Vulcane Her-dubreid, Hnappadalsjökul und Raudukambur gerast.

Die Eruption im Winter 1389 bis 1390 verwüstete wieder mehrere Niederlassungen. Sidujökul und Trölladyngja, in der Nähe von Cap Reykjanäs, hausten gleichzeitig. Das folgende Frühjahr war so kalt, daß der Boden mit Ende Monat Juni noch nicht zu grünen begonnen hatte.

Vom Ausbruch des Jahres 1436 sollen im Südwesten des Berges achtzehn Höfe verwüstet worden sein.

Die nächste heftige Aeußerung des Vulcanes begann am 15. Juli 1510 mit fürchterlichem Knallen, Erdbeben und elektrischen Lichterscheinungen (Blitzen). Glühende Steine fielen dabei bis auf eine Entfernung von sechs Meilen über den Berg hinaus. Mit Hekla wütheten damals Herdubreid und Trölladyngja im Nordlande.

Im Jahre 1554 brach das Feuer auf jenem Rücken hervor, welcher vom eigentlichen Hekla weg gegen Nordost sich erstreckt. Die Eruption dauerte nur sechs Wochen; starke Erdbeben begleiteten sie. Im Jahre 1571 erfolgte ein weiterer Ausbruch und verwüstete mehrere Höfe.

Im Jahre 1597 begann der Hekla seine Thätigkeit am 3. Januar mit fürchterlichem Dröhnen, welches die nächsten zwölf Tage ununterbrochen und abwechselnd den ganzen Winter fortwährte. Im Frühjahr verwüstete ein Erdbeben mehrere Höfe in der Gegend Oelfus an der Mündung der Hvitau, und der Geisir i Hveragerdi, südlich vom Hofe Reykir in derselben Gegend, verschwand, während eine andere noch vorhandene warme Quelle in der Nähe dieses Hofes entstand.

Das Leuchten in den ersten Tagen des Ausbruches, im Sommer 1619, soll bis in's Nordland wahrgenommen worden sein. Er hatte sich durch Erdbeben und trockenes Wetter angekündigt.

15*

Der Ausbruch vom 8. Mai 1636 währte durch den nächsten Sommer und Winter. An verschiedenen Stellen des Berges kam Feuer hervor. Einer der gewaltsamsten war jener, welcher am 13. Februar 1693 begann. Bei Beginn desselben sah man unzählige Lichter am Berge, manchmal schien derselbe ganz in Flammen zu stehen. Die Asche wurde bis nach Norwegen fortgeführt. Tausende von Vögeln gingen zu Grunde und Forellen wurden aus Flüssen und Landseen todt an's Land gespült, Höfe und Birkenwälder verwüstet.

Die vorletzte Eruption begann am 5. April 1766 Morgens zwischen 3 und 4 Uhr mit Ausstoßung einer ungeheuren Aschensäule, durchkreuzt von Blitzen und glühenden Steinen bei heftigem Knallen und Krachen. Die Säule schlug einen Bogen gegen Nordwesten und entlud eine solche Menge Lapilli und Asche über das Land, daß sie in Nähe des Hekla eine Elle hoch und noch in dreißig Meilen Entfernung eine halbe Elle hoch lagen. In einigen Stunden waren fünf Höfe verwüstet. Steine in Stücken, welche im Umkreis einen Faden maßen, wurden zwei Meilen weit fortgeschleudert. Die Flüsse führten so viele Lapilli in die See hinaus, daß dadurch die Fahrt der Fischerbote gehindert wurde, und an den Mündungen häuften sie sich zu solcher Höhe an, daß sie einem ausgewachsenen Manne bis an die Knie reichten. Am 9. April brach ein Lavastrom hervor, der die Richtung Süd-Süd-West nahm und sich bis eine Meile weit über den Fuß des Berges hinausbewegte, zwei Krater arbeiteten gleichzeitig, manchmal konnte man aber an achtzehn Lichtbälle zählen. Die Aschensäule maß am 21. April 16,000 Fuß Höhe, war aber mehrere Male gewiß noch höher. Erdbeben und Stürme zeichneten dasselbe Jahr aus.

Ueber den Verlauf der letzten Eruptionsthätigkeit von 1845

bis 1846 hat Schythe noch im Jahre 1846 einen ausführlichen Bericht an Ort und Stelle von Augenzeugen eingeholt.

Es ist ein in Island (sagt Schythe) seit uralter Zeit genährter Glaube, milde Jahrgänge wären die Vorboten vulcanischer Ausbrüche, und so kam es, daß auch der ungewöhnlich milde Winter 18⁴⁴/₄₅, wo erst nach Mittwinter sich die Lachen mit Eis bedeckten, von Manchen nicht ohne Ahnungen und Furcht solcher kommenden Ereignisse durchlebt wurde. Ob nun zufällig oder nicht, diese Ahnungen erfüllten sich im folgenden Herbste.

Nachdem auch noch ein trockner Sommer gewesen war, erfolgte mit Beginn Septembers eine Aenderung des Witterungscharakters. Es gab anhaltend bedeckten Himmel und regnete bei völliger Windstille nur wenig und unregelmäßig, bei bewegter Luft häufiger.

So war der Zustand der Witterung am Dienstag den 2. September, als Hekla, nach neunundsiebzig Jahren Ruhe, der längsten Pause, die er je hielt, seinen achtzehnten Ausbruch begann. Finstere, tief hängende Wolken hatten für die Bewohner des dem Hekla nahen Landes alle Berge verhüllt, als ungefähr um 9 Uhr Morgens einiger Leute Aufmerksamkeit geweckt wurde, indem sie den Laut dumpfer Knalle, die von den östlichen Gebirgen auszugehen schienen, die dicke düstere Luft durchbringen hörten. Auch wurden zur selben Zeit an einigen Plätzen schwache Erderschütterungen verspürt. Die Knalle erfolgten so regelmäßig, daß die ältern Leute sie alsbald auf einen vulcanischen Ausbruch des Hekla deuteten.

Im Verlauf des Vormittags schaute das Volk im Süden und Westen des Berges ängstlich in die Richtung des in Wolken gehüllten Vulcans, während die schon begonnene Eruption

nach einer andern Richtung Schrecken und Verwüstung ver=
breitet hatte.

In den südöstlich gelegenen Küstenstrichen sah man unge=
fähr um 10 Uhr sich eine dunkle Wolke über die Berge erheben
und vernahm zugleich ein ungewöhnliches Krachen und Donnern.
Die Wolke verbreitete sich bald über den ganzen Himmel und
begann ungefähr um 11 Uhr einen dichten Regen von grau=
lichen Lapillis, die im Durchschnitt Fuchsschrotgröße hatten,
auszuschütten. In den Gegenden, über welche sich die Wolke
entlud, entstand die tiefste Finsterniß. Es war Mittags wie
um Mitternacht; man konnte seine Hand nicht vor sich sehen
und mußte in den Häusern Licht anzünden. Leute, welche der
Steinfall im Freien überrascht hatte, konnten nur mit Noth ihre
Wohnungen finden.

Nach einer Stunde begann es wieder zu dämmern, wie
am Morgen nach der Nacht, aber erst um 3 Uhr war wieder
vollkommener Tag.

Die Donner, welche an Stärke ungefähr jenen, welche den
Geistreruptionen vorausgehen, geglichen haben sollen, wurden
gleichwohl bis an die äußersten Theile des Landes, in die nord=
westliche Halbinsel, vernommen, ja selbst auf der kleinen, schon
jenseits des Polarkreises liegenden Insel Grimsey.

Um Mittag wurden die Anwohner des Hekla, die ihn
noch immer nicht sahen, durch ein paar fürchterliche Donner=
schläge erschreckt, die sich Nachmittags noch verstärkter wieder=
holten und in einigermaßen regelmäßigen Pausen abgefeuerten
Kanonenschüssen glichen. Um 3 Uhr klärte sich der Himmel in
der Richtung des Hekla etwas auf, so daß man eine schwarze
Aschensäule, von plötzlichen Lichtblitzen durchfurcht, auf des
Berges Spitze beobachten konnte. Dieselbe schien zu oberst mit

den Wolken verschmolzen und neigte sich gegen Osten. Bei Eintritt der Dämmerung, gegen 7½ Uhr, nachdem noch ein Donnerschlag Menschen und Thiere in Angst versetzt hatte, wurde der Wiederschein von des Berges glühendem Innern in den ausströmenden Dämpfen sichtbar. Es war, als ob eine stets wachsende Flamme aus des Vulcans Spitze hervorschlüge und große leuchtende Steinblöcke schaukelten sich gleichsam in den räthselhaften Lichtbällen.

Als es ganz dunkel geworden war, sah man an des Hekla westlicher Seite herab einen Lichtstreifen: Dieses war der erste Lavaerguß.

Am Ausbruchstage war das Wasser des nahe am nordwestlichen Fuße des Gebirges herabkommenden Rangauflützchens wegen der Masse hineingefallener Lapilli so heiß, daß man die Hand nicht darin behalten konnte, und an mehreren Stellen fand man halb gekochte Forellen ausgeworfen. Auch war die Rangau in Folge des auf dem Hekla schnell schmelzenden Schnees sehr angeschwollen und über ihre Ufer getreten.

Durch Schiffsberichte ist bewiesen, daß die Asche in den ersten Tagen des Ausbruches bis über die Shetlands= und Orkneyinseln hinausflog.

Schythe erzählt: Die Schaluppe Helena, Capitän J. J. Sarsen, hatte am 2. September Mittags 12 Uhr sich in 68 Grad 58 Minuten nördlicher Breite und 9 Grad 43 Minuten der Länge von Greenwich befunden, als nach des Schiffjournals Worten um 9 Uhr Abends eine schwere Nebelwolke herangetrieben kam, welche Schiff und Segel mit Asche bedeckte (das ist zwölf Stunden nach Beginn der Eruption). Von Nordwest blies eine kühle Brise, welche das Schiff in den nächsten zwölf Stunden in 61 Grad 7 Minuten nördlicher Breite und 5 Grad 1 Mi=

nute der Länge brachte, wo es sich Mittags am 3. September
befand. Dem zufolge befand es sich am 2. September Abends
9 Uhr wahrscheinlich in 61 Grad 1½ Minuten nördlicher Breite
und 7 Grad 28 Minuten westlicher Länge (nächstens der Länge
der Färöer) in einem Abstande vom Hekla von 92 Meilen.
Da die Längenverschiedenheit zwischen diesem und dem letzt an=
geführten Platze des Schiffes 11 Grad 44 Minuten beträgt,
was einem Zeitunterschied von 46 Minuten 56 Secunden ent=
spricht, so sieht man, daß die Asche vom Hekla in zwölf Stun=
den weniger 46 Minuten 56 Secunden 92 Meilen zurückgelegt hat,
also eine Geschwindigkeit von acht Meilen in der Stunde hatte.

Vom 3. bis 9. September war Hekla fast immer in dunkle
Nebel gehüllt und machte sich nur dann und wann durch einige
dumpfe Schläge bemerklich.

Während dieser Tage hatte die Eruption allmälig an Hef=
tigkeit verloren. Am 9. September bemerkte man, daß der
Lavastrom schon am Fuße des eigentlichen Heklarückens ange=
kommen war und gegen Westen vorwärtsschritt. Die Entfer=
nung vom Fuße betrug aber damals noch nicht ganz eine halbe
Meile. Während die Masse im Anfang mit einer Geschwin=
digkeit von fünfzig Fuß in einer Stunde geflossen war, trat in
jenen Tagen eine Stockung ein, da keine neue Zuströmung von
oben nachkam. Nun konnte man deren glühendes Innere durch
die schwarze erstarrende Kruste hindurchleuchten sehen, und ein
hineingesteckter Eisenstab wurde in wenigen Minuten am andern
Ende glühend, so daß man ihn fast hätte schmieden können.

Die ausgestrahlte Wärme war in ein paar Faden Abstand
so groß, daß man sie im bloßen Antlitz nicht aushalten konnte.

Unter Entwicklung dichter Dämpfe schritt die Masse lang=
sam abwärts unter Knacken und Krachen und unausgesetztem

Abrollen von Bruchstücken voll Spitzen und Kanten. Wer auf einem erhöhten Standpunkt über dem Strome stand, konnte die glühende zähflüssige Masse in kleinen Wellen oder Blasen durch Ritzen der erstarrenden Rinde sich hervordrängen sehen. Solche plötzliche Auspressungen schmelzender Masse machten es gefährlich, sich dem Rande zu nahen. An die Oberfläche gekommen, überzog sie sich in demselben Augenblicke mit einer starren Kruste, welche bei Tage eine bläuliche Farbe hatte, in der Finsterniß rothglühend war. Bisher hatte der Lavastrom nur ältere Ströme überfluthet. Doch schätzte man seinen Umfang schon auf zwei Meilen und die Randhöhe auf fünfzig Fuß.

Wenn der Druck auf die von oben zufließende Lava durch irgend einen Widerstand vermehrt wurde, etwa eine größere Anhäufung von Bruchstücken, so brach sie plötzlich durch die Rinde und bedeckte die Umgebung mit einer Masse hellrother Trümmer, die sich bei der augenblicklichen Erstarrung gebildet hatten.

Am 14. September erstreckte sich die gebogene Aschensäule bis an acht Meilen über den Berg hinaus. Donner wurden am Abend desselben Tages bis auf eine Entfernung von drei Meilen so stark gehört, daß die Leute die Erschütterung im Kopfe kaum ertragen konnten. Mit dieser Wuth des Vulcans verbanden sich noch besonders unruhige Zustände der Atmosphäre. Gegen Norden zog sich eine dicke Finsterniß zusammen, welche sich mit der Aschensäule zu verschmelzen schien, und zwei furchtbare Donnerschläge in der Richtung von Nord gegen Südost, oftmals an den Bergen wiederhallend, übertäubten das gleichzeitige Dröhnen innerhalb des Vulcans. Menschen und Thiere erbebten vor Angst und wagten während der folgenden Nacht nicht zu schlafen.

Bis zum 19. September war die Lava an dem umflossenen Felshügel angekommen. Mitte Novembers hatten wieder starke Lavaergüsse Statt und bis zum 19. dieses Monats war dieselbe auf der Ebene unten angekommen. Am 28. December erfolgte ein Lavarguß, der sich durch große glühende Steinblöcke, welche dabei in die Höhe gestoßen wurden, auszeichnete. Nachdem man am 11. Februar abermals einen Ausfluß bemerkt hatte, blieb der Berg die ganze übrige Zeit desselben Monats unsichtbar. Im Monat März war die Thätigkeit, ausgenommen den 16. und 25., sehr mäßig. Am 25. März erfolgte der letzte Lavarguß. Am 26. sah man nur etwas mit Asche gemischten Dampf aufsteigen, welcher auch bald ganz verschwand, so daß beim Untergang der Sonne der Berg zum ersten Male seit Beginn des Ausbruches vollkommen rein und dampffrei war. In der folgenden Nacht wurde nochmals ein schwacher Lichtschein auf der Spitze bemerkt.

In den letzten Tagen des März und anfangs April war der Berg selten sichtbar, aber dann immer noch mit etwas Dampfentwicklung. Am 28. März fand noch ein ganz unbedeutender Aschenauswurf Statt und eben so wurde am 6. April ein ziemlich großer Aschenstreifen gegen Norden gesehen. Später kam weder Licht noch Asche mehr zum Vorschein und am 10. April war die Lava schon so weit abgekühlt, daß dort und da neben dem Krater Schneeflecken liegen blieben. Somit hatte die Eruption mit kurzen Unterbrechungen mehr als sieben Monate gedauert.

Der Hekla hat auf seinem von Südwest in Nordost ziehenden Rücken fünf Krater. Vier liegen eng an einander auf der Schneide fort, der fünfte folgt nach einiger Entfernung am nordöstlichen Ende des Rückens.

Es ist eine Eigenthümlichkeit der isländischen Vulcane, so auch des Hekla, nur kleine Krater zu bilden. Schythe *) theilt folgende zwei Messungen der Heklakrater mit, welche bald nach der letzten Eruption gemacht wurden:

	Meßzeit v. 17. Juli bis 2. August.	Meßzeit 3. August.
Tiefe des ersten südw. Kraters	35 Fuß	12 Fuß
„ „ zweiten „ „	62 „	30 „
„ „ dritten „ „	258 „	240 „
„ „ vierten „ „	492 „	156 „
„ „ fünften „ „	—	270 „

Die von den Innenwänden nachstürzenden Trümmer scheinen diese Oeffnungen bald ganz eingefüllt zu haben.

Obwohl bei der letzten Eruption Lava nur aus dem einen südwestlichsten ausfloß, waren doch auch die übrigen geöffnet, wie bei klarem Wetter an den aufsteigenden Dämpfen und Aschensäulen deutlich zu sehen war. Diese Aschensäulen hatten niemals jene schöne regelmäßige Form, um deren willen Plinius die Säule des Vesuvs bei dem Ausbruche im Jahre 79 n. Chr. mit einer kolossalen Pinie verglich. Meistens flossen sie am Gipfel des Berges in einen ungeheuren Strom zusammen, welcher in einer gewissen Höhe, wenn die haftige Bewegung der Theilchen nachgelassen hatte, der Macht des Windes nachgab, umbog und sich als weit erstreckte drohende Wolke, deren dem Winde zugerichtete Seite scharf begrenzt war, ausbreitete.

Die Farbe der Asche, im Allgemeinen dunkel, erhielt doch manchmal durch Mengung mit Dämpfen bräunliche, röthliche,

---

*) A. a. O. Seite 107.

selten dunkel- oder hellbläuliche Nüancen. Von den in den Aschen=
säulen aufgeschleuderten glühenden Blöcken, die gleich Feuerkugeln
weithin leuchteten, fielen die größern in den Krater zurück, wäh=
rend die kleinern erst in großer Entfernung davon auf das Land
niederstürzten.

In der Nähe des Berges will man zugleich mit dem Aschen=
fall heißen Regen beobachtet haben.

Die höchste Höhe erreichte die Säule der Lavaasche nach
der Messung eines Reykjaviker Professors am 5. Februar 1846,
nämlich 13,926 Fuß über ihrem Ursprung am Bergrücken. Die
Ansicht des Hekla habe ich auf dem Plateau hinter Storinupr
gezeichnet, in Nordwesten desselben. Imposanter stellt er sich
mit Kegelform von Südwesten her dar. Er ist in der Ruhe
ein höchst langweiliger Geselle. Ich hatte, nachdem mein Vor=
haben, ihn zu besteigen, vereitelt war, außer dem Angeführten
nichts mehr bei ihm zu suchen und begab mich nach Storinupr,
um da wieder mit meinem Herrn Reisegefährten zusammen=
zutreffen und die Reise in's Nordland fortzusetzen.

VI.

Das Thiorsauthal und das Hochland.

„Storinupr" (der große Hügel) liegt sechzehn Weilen östlich von Reykjavik, sechs Meilen in grader Linie von der Südküste und nur eine Viertelstunde westlich vom Thiorsauflusse auf
einem Hügel, über den der felsige Terrassenrand zur Wiesenebene
hinabsteigt. Er besteht aus Pfarrhaus mit Kirche und ist einer
der am weitesten gegen das unbewohnte Innere zurückgeschobenen
Posten. Nur noch zwei Höfe liegen an der Thiorsau eine Meile
weiter aufwärts. Von hier ab beginnt einer der langen Wege,
auf welchen man quer durch die Insel vom Süd- nach dem
Nord- und Ostlande gelangen kann. Er führt fünfundzwanzig
Meilen weit in unbewohnten Gegenden und zehn Meilen durch
eine völlig sterile Steinwüste. Im günstigsten Falle braucht man
drei starke Tagereisen, um ihn zurückzulegen. Abgesehen von
Fährlichkeiten, wie ungünstiges Wetter, Schneestürme, die
dort auch im Sommer vorkommen können, sind diejenigen, entweder des Ueberganges über die wasserreiche reißende Thiorsau
mit ihrem sandigen unsichern Grunde, oder der Passage eines
Gletscherrandes unvermeidlich.

Dieser sogenannte Sprengisandrweg (Sprengisandr, Spring-
sandboden heißt nämlich jene gänzlich sterile Strecke) war in

den letzten Jahrhunderten von den Einheimischen nicht mehr benutzt worden. Erst vor dreißig Jahren suchte ihn ein Pfarrer
wieder auf und seitdem wird er öfter begangen, obwohl es noch
einen zweiten minder schwierigen Uebergang, der aus der Gegend
des Geisir abführt, nach dem Nordlande gibt.

Die Grenze der Bewohnbarkeit des obgeschilderten Tieflandes bezeichnet gegen Nordosten eine ungefähre Linie vom
Geisir zum Hekla herüber.

Das jenseits folgende Land bildet ein weites bis zur Mitte
der Insel reichendes Längenthal zwischen dem „Westgebirge" und
dem „Südostgebirge."

Das Westgebirge besteht, so weit als es dieses Thal begrenzt, nur aus den großen Gletscherstöcken, dem Langajökul
und dem Hof= oder Arnafells= (Adlerberg=) Jökul, die einander
von West nach Ost folgen und mitsammen eine Länge von zwölf
Meilen haben. Nur durch die frei aus dem Hochlande, im
Süden des Langajökuls aufragende Pyramide des Blaufell erscheint dieser Gebirgszug verdoppelt.

Das Südostgebirge beginnt an der Grenze des Thales
gegen das Tiefland mit der Heklagruppe. Auf diese folgt, ebenfalls mit Nordostrichtung, ein Zug niederer Rücken, bis der
lange Westrand des Klofajökul quer herantritt und sich, gegen
Norden laufend, dem Westgebirge nähert, so daß das Thal
nach oben fast geschlossen erscheint.

Es wird in seiner ganzen Länge von der Thiorsau (Stier-
achen), dem größten der isländischen Flüsse, durchströmt und
mag daher füglich Thiorsauthal oder Thiorsauland heißen.
Dieser Fluß erhält einen stärkern Zufluß nur von Osten her
durch die Tungnau, welche vom Eis des Klofajökul genährt
wird. Von Norden her nimmt er viele Bäche auf.

Aus einem See am Fuße des Langenjökul, der von deffen Eisquellen gebildet wird, entspringt ein anderer großer Fluß, die Hvitau (Weißachen), welcher, obgleich zum Gebiet der Thiorsau gehörend, seinen selbständigen Lauf bis an die Mündung in's Meer beibehält.

Zwischen Hvitau und Thiorsau entspringen weniger tief im Lande und minder stark die Laxau und noch einige kleinere Flüßchen. Alle haben vorherrschend die Richtung Nordost in Südwest.

Der Boden des Thiorsauthales bildet ein Hochland, welches von Südwest gegen Nordost allmälig in breiten Stufen aufsteigt und in seiner ganzen Ausdehnung, in den obern Gegenden mehr als in den untern, mit Gesteintrümmern bedeckt ist. Dieser Grus ist nicht von wo anders hergeführter Schutt, sondern es sind Trümmer von der Oberfläche des eigenen Felsgrundes.

Vegetation kann da in vielen Strecken gar nicht aufkommen, andere bilden spärlich bewachsene Weideplätze, die Ufer der Bäche aber werden oft vom üppigsten Graswuchs eingesäumt. Auf diesen Heiden holen die Eingeborenen das „isländische Moos."

Zwischen dem Langen= und dem Hofjökul ist eine weite Lücke, in welche das Thiorsauland hinein fortsetzt, eine andere, zwischen letztern und dem der Nordwestecke des Klofajökul angehängten Tungnaugletscher, scheidet das West= vom Ostgebirge und bildet das oberste Ende des Thales. Diese Oeffnungen führen nach der andern Seite an den Nordrand der Gebirge hinaus, auf das offene große Plateau, welches sich zwischen ihnen und den nördlichen und östlichen Küstengebirgen, mit noch sterilerm Grunde als das diesseitige Thiorsauland, ausbreitet.

Der Sprengisandrweg, welchen wir benutzen wollten, führt die Thiorsau entlang, durch das Thal hinauf und erreicht durch die Oeffnung zwischen Hof= und Tungnaujökul das nördliche Hochland, grade wo dieses am breitesten und sterilsten ist.

Der andere Weg, welcher westlicher die Hvitau entlang aufwärts geht, gelangt durch die Oeffnung zwischen Hof= und Langjökul an die Nordseite der Gebirge. Die folgende Strecke durch das Hochland ist da kurz und nicht gänzlich steril.

Auf dem „Sprengisandrweg" beträgt die Entfernung vom letzten Hause im Süden bis zum ersten im Norden fünfund= zwanzig Meilen.

Die weiten Strecken der Insel Island, welche nur magere Weiden oder gar nichts hervorbringen, mögen uns um ihrer großen Maße willen außerordentlich und befremdend vorkommen, und doch haben wir auch in Deutschland ganz die nämlichen Verhältnisse, zwar nicht auf so große Räume verbreitet, und daher weniger auffallend, aber durch dieselben Ursachen hervor= gebracht.

Mancher der freundlichen Leser hat schon auf der Wande= rung nach dem schönen Italien Alpenpässe überschritten, sei es nun der St. Gotthard, das Wormserjoch oder ein anderer von den hohen Uebergängen in Tirol oder Salzburg gewesen. In einer Höhe von ungefähr 4000 Fuß über dem Meere verließ er auf der einen Seite den letzten Ort, um ungefähr in dersel= ben Höhe auf der andern einen ersten zu erreichen. Es be= durfte eines ganzen Tages, um die zwischenliegende Höhe zu übersteigen, während die Wanderung auf ebenem Lande kurz gedauert haben würde, indem die zwei Orte, grade, nur einige Stunden von einander entfernt sind.

An den 7000 bis 8000 Fuß über das Meer erhobenen

Gebirgsrücken hinauf begleitete ihn immer mehr oder minder gute Weide, wie mich bei der Reise in Inner-Island, auf dem langen Wege von Süden nach Norden, wo aber die Entfernung der sich gegenüberliegenden Häuser, auch bei völlig ebenem Boden, dreiundzwanzig Meilen betragen würde, und die Erhebung des höchsten Punktes nicht die Hälfte derjenigen erreicht, wo in den Alpen erst jene Vegetationsart beginnt. Mein Weg nahm seinen Anfang in einer Höhe von nur circa 500 Fuß über dem Meere und sein höchster Punkt war 1600 Fuß.

Trotz dieser Verschiedenheit in der Höhenlage der auch in Bezug auf Ausdehnung und Formen so unähnlich gearteten Landestheile, in den Alpen und in Island, bringt doch die Erhebung über dem Meeresspiegel die ähnlichen klimatischen und Vegetationszustände hier und dort hervor. Die Unterschiede in den Höhen gleicht nämlich die Breitenlage aus.

In Island ist die Region, wo sich nur Weidepflanzen finden und wo die Menschen keine beständigen Wohnsitze mehr nehmen können, ein Hochland, über Hunderte von Quadratmeilen ausgedehnt und von einer Höhe, welche die der baier'schen Ebenen nicht übersteigt.

In den Alpen dagegen sind es steile Bergseiten mit einer Höhe von 3000 bis 4000 Fuß. Das Thiorsauland verhält sich daher wie eine solche Seite des Hochgebirges, die niedrig und langgestreckt ist, und die weiten Oeffnungen, mit welchen es zwischen den Gletscherplateaus nach Norden hinaustritt, sind dasselbe, was die engen hohen Alpenpässe. Es genügte auf der nordischen Insel zur Entstehung der Weideregion eine viel geringere Höhe. Darum breitet sie sich dort über weite Räume aus, und nicht über Gebirge, sondern über flaches Land.

Wenn man den großen und unfruchtbaren Kern der Insel

in unsere Breiten versetzte und ihn seitlich, von Norden und Süden her, zusammendrückte, so daß ein schmaler hoher Gebirgs= zug statt der Hochlande daraus entstände, so würden von 4000 Fuß Höhe an die Verhältnisse bleiben, wie sie sind, eine Weide, und darüber die Gletscherregion; könnte man ihn aber ohne Veränderung seiner Oberflächengestalt versetzen, so würde sich das Thiorsauland und das nördliche Hochland, von andern Umständen abgesehen, wie schon die baier'sche Hochebene ver= halten und die Eisberge, wie die deutschen Mittelgebirge.

Obgleich die Reise durch Inner=Island, was die Länge des Weges betrifft, einer solchen durch halb Baiern gleichkömmt, so bietet sich dabei, in Beziehung auf Landschaft, „Gegend," doch weniger Abwechslung, als bei einem Alpenübergange in ein paar Stunden.

Grusflächen, welche das Auge nicht zu überblicken vermag, weil sie sich wie ihr Nachbar, der nordische Ocean, zuletzt in ihrem eigenen Grau verlieren, weite Gletschergewölbe, die sich bei jedem Schritte, den wir vorwärts thun, umzuwenden schei= nen, als ob sie sich nicht im Profile zeigen wollten, bilden die Landschaft auf einer Strecke von zwanzig Meilen. Sinne und Phantasie haben da keine Beschäftigung, wenn nicht erstere etwa, um auf Weg und Pferd zu achten, das Gedächtniß hat nichts zu merken, der Geist will einschlafen.

Was Gefahren und darum nothwendige Vorsicht und Zu= rüstung betrifft, gleicht aber dieselbe wieder einer Alpenwande= rung. Haupterfordernisse sind gutes Wetter und ein sicherer Führer, dazu Proviant und ein Zelt.

Wir wurden mit den Vorbereitungen, wobei uns die außer= ordentliche Freundlichkeit des Herrn Pfarrers von Storinupr zu Statten kam, am 14. Juli fertig und wollten am nächsten Tage

abgehen. Du haft vielleicht, lieber Lefer, den Abend vor jenem
Tage, der Dich hinauf in die Nähe des ewigen glänzenden Firn
und jenfeits hinab in andere, vielleicht fchon wälfche Gauen
bringen follte, in der rauchgebräunten Wirthsftube des höchsten
Alpendorfes zugebracht. Du haft gewünfcht, die Nacht möchte
fchon vorüber fein, um gleich auf und fortwandern zu können.
Unter die Gefühle von Neugierde und Freude, welche Dich be-
ftürmten, mifchte fich aber auch einige Furcht, indem Du der
Befchreibungen der Gletfcherwelt und ihrer Schrecken Dich erin-
nerteft. Da prüfteft Du wieder und wieder die Feftigkeit Deines
Bergftockes und der Wirth oder der beftellte Führer hatten zu
thun, alle Deine unruhig geftellten Fragen zu beantworten.
Aehnlich erging es mir am Abend vor Antritt jener Reife,
welche mich hinauf zu den isländifchen Eisbergen gebracht hat.
Es gibt nichts Neues unter der Sonne!

Wir traten die Reife unter guten Ausfichten an, waren
mit Proviant an Quantität und Qualität auf's Befte verforgt
und als unfern Führer hatte der Herr Pfarrer den gebirgskun-
digften Bauer, welcher fchon feit mehreren Jahren her „Bergkönig" gewefen, gewonnen. Nur für ein Nachtlager im Zelte
in Nähe der Gletfcher hatten wir uns nicht einrichten können,
allein „ein paar Nächte wird es fchon zum Aushalten fein,"
und es fchien fich ja auch das Wetter gut anlaffen zu wollen.

Drei Tage wurden für die ganze Reife berechnet: zwei für
die Strecke bis zum letzten Weideplatz im Süden, am Thore,
das hinaus nach Norden führt; der dritte für das fterile
Sprengifandr Plateau bis zum erften Weideplatz im Nordlande,
am Fluffe Skaulfandafljot.

Diefer Plan war auf die Vorausfetzung berechnet, daß es
möglich wäre, die Thiorsau zu überfetzen. Im entgegengefetzten
16*

Falle mußte die Reise ganz an der rechten Seite des Flusses und am östlichen Fuße des Hofsjökul vorbei, zum Theil über denselben ausgeführt werden, ein Weg, der weiter und des Gletschers wegen auch nicht ohne Schwierigkeiten ist.

Am ersten Tage legten wir ungefähr sechs Meilen zurück, ohne besondern Vorfall, ausgenommen daß die Hoffnung auf gutes Wetter bald zu Wasser wurde und unsere Gesellschaft einen neuen, zwar erwünschten Zuwachs erhielt. Der junge Bauer des innersten Hofes zog an demselben Tage nach dem Hochlande aus, um „Moos" zu holen und ließ sich leicht über= reden, uns auch noch zum Sprengisandr zu begleiten.

Der Weg führt von Storinupr weg, gleich zur Thiorsau hinab und zwei Stunden lang an ihrem Ufer fort.

Zur Linken hat man ein Berggehänge, welches nach oben in langen wagerechten Trappmauern, welche die wundervollste Säulentheilung zeigen, endigt, während die Vorhöhen mit dem tiefen Grün der Zwergbirke bekleidet sind. Zur Rechten wälzt die Thiorsau ihre schmutzigen Wasser daher, bald im breiten Bette, in mehrere Arme getheilt, bald eng zusammengedrängt, an verborgenen Felsbänken aufschäumend. Von jenseits schauen die schwarzen phantastischen Zacken eines Lavafeldes herüber und ferner wölbt sich der weiße winterliche Rücken des Feuer= berges Hekla in die Luft. Grade vor uns, gegen Norden, steigt eine breite, schwerfällige Berggestalt auf, an deren grünem Ab= hange die Schutthalden in bläulichen Streifen herabziehen, so daß es scheint, der Felsring, welcher die flach gewölbte Kuppel trägt, ruhe auf mächtigen Säulen; er gleicht den mystischen Riesenbauten an den Ufern des Nil. Der Berg heißt sehr be= zeichnend Burfell (Bur = Truhe), was ein sich oft wieder= holender Bergname ist. Auf dieser Strecke ahnt man wenigstens

noch die Gegenwart des Menschen, wenn auch schon bestimmte
Anzeichen dafür unsichtbar sind, und in der Landschaftsscenerie
ist so viel Abwechslung, daß die Langeweile noch nicht auf=
kommen kann. Das ist der Fall bis zum Eingang in's Fossau=
thälchen, in welches der Weg nach zwei Stunden, immer grade
gegen Nordost ziehend, vom Thiorsauufer weg gelangt. Die
Thiorsau kommt mit einem Knie am Südfuße des Burfell
grade von Osten herüber, während wir diesen Berg an der
Westseite umgehen sollen.

Gleich nachdem am Beginn des Thälchens weite Felder
schwarzen feinen Sandes, welche die Pferde mühsam durchwaten
müssen, überwunden sind, bemerkt man überrascht eine eigen=
thümliche Wandlung der Landschaft.

Das Thälchen erstreckt sich mit einer halben Meile Breite
und ebener Sohle grade vor uns gegen Nordosten, bis es von
einem einförmigen Bergwall abgeschlossen wird. Die Form der
begrenzenden Höhen, welche nur die Ränder des darüber aus=
gedehnten Plateaus sind, tiefe Stille und Oede, die grünen
Streifen von kaum fingerhohem Grase wechselnd mit grauem
Schutt, das findet sich ähnlich oft auf der Insel. Als ein
Fremdling aber erscheint, sowohl nach Lage, als Form und
Farbe, eine Berggestalt, welche isolirt mitten in das Thal hin=
eingestellt ist. Gänzlich kahl von unten bis zu oberst, von
Trümmern weißgelblichen Trachyts wie mit Scherben von Tö=
pfergeschirren bedeckt, unten breit und rund beginnend und nach
oben in mehrere flache, schmale Rücken getheilt, steht dieser Berg
im ärgsten Contrast mit seiner Umgebung. Er ist überhaupt
eine ganz neue Erscheinung; es dünkt Einem, er sei grade aus
dem Boden heraufgestiegen.

Auch in die Seele Desjenigen, der sich noch nie über ein

Stück Erdboden einen Gedanken machte, sondern zufrieden war, daß er fest ist und ihn trägt, würde diese Scenerie den Keim von Unruhe durch Anregung der Frage legen: Wie ist das so geworden?

Zu dem Dunkelbraun der die einschließenden Höhen zusammensetzenden Felsen, dem Weißgelb des Berges in Mitte derselben kommt noch eine dritte Farbe als herrschende in dieser Landschaft, nämlich Tiefschwarz. Dieses Colorit erscheint an einer ebenfalls eigenthümlichen Bodenform, nämlich an kleinen niedern Hügeln, welche sich auf der Ebene, vom Fuße des weißen Berges an gegen Süden in großer Menge, ohne alle Ordnung verstreut, erheben — Riesenmaulwurfshaufen. Das Ganze ist echt isländisch und doch wieder nicht. Es herrscht eine so milde Stimmung in diesem Thale, die Formen der Höhen sind von einer besondern Weichheit, die Julisonne schüttet grade ihre Strahlen hinein, während Unfruchtbarkeit oft auch ein Merkmal südlicher Gegenden ist. Meinen Herrn Reisegefährten erinnerte es an griechische Landschaften! Um sich aber zu überzeugen, daß man nicht in Griechenland, sondern auf Eisland sich befindet, ist nur nothwendig, sich umzuwenden, denn dann kommt Einem der Schneemann Hekla so nahe und drohend vor die Augen, daß augenblicklich alle Täuschung verschwindet.

Obwohl wir uns hier schon zwölf Meilen von der Küste entfernt haben, so beträgt doch die Höhe über dem Meeresspiegel kaum 600 Fuß, indem das Foßaudalr flach hinaus zur Thiorsau mündet. Erst wenn der Weg sich wieder nach rechts aus demselben hinauswendet, beginnt er zum eigentlichen Hochlande anzusteigen.

Wie die isländischen Annalen aussagen, sollen im Foßau-

thal vor Zeiten mehrere Ansiedlungen bestanden haben. Sie
wären durch einen vulcanischen Ausbruch (im Jahre 1341) der
Ränbukambur, der rothen Kämme, wie jener weißgelbliche Tra-
chytbergstock heißt, verwüstet worden. Ich konnte an diesem
Berge keine Spur einer einstigen vulcanischen Thätigkeit finden
und vermuthe, daß dieselbe vom Boden des Thales selbst aus-
gegangen ist. Jene schwarzen Hügel bestehen ganz aus Lavaschlacken und sind einige Kratern nicht unähnlich.

Der weitere Verlauf der Tagreise entbehrte aller Poesie.
Höchst schwach machte sich das allgemeine Ansteigen des Landes
bemerklich, indem der Weg, wenn er aus den breiten mulden-
förmigen Einsenkungen, die von Norden herabziehen, wieder
hinausführte, höher anstieg, als er herabgekommen war. Daß
wir immer weiter vorwärts gegen Norden kamen, ließ sich aus
der Umgegend gar nicht abnehmen. Nur wenn dann und wann
die Berge zwischen den düstern Regenwolken sichtbar wurden,
war bemerklich, wie der Hekla immer weiter hinter uns blieb
und die Gletscher der Mitte näher herankamen. Der Weg ist
verschieden gut und schlecht, Schuttflächen, Steinplattenpflaster,
Sumpfstrecken, Rasenhohlwege, die so eng sind, daß man seine
Füße auf den Rücken des Pferdes in Sicherheit bringen muß,
wechseln mit einander ab.

Die Sinne haben hier kaum mehr Anregung, als im geschlossenen Eisenbahnwagen, man kommt eben nur vorwärts.

Abends 10 Uhr schlugen wir unser Zelt am grünen Ufer
eines Baches auf, müde und die Kleider ganz vom Regen durch-
feuchtet. Es war kein trostreicher Gedanke, in dem Zustande,
wie wir vom Pferde stiegen, auf dem bloßen nassen Boden,
den Kopf auf den Sattel gebettet, eine Nacht zubringen zu
müssen.

Ich richtete es mir ein, so gut als es ging. Eine tüchtige Portion Grog sollte die Wärme im Innern schüren und eine Verdopplung oder Verdreifachung der Kleider sie beisammenhalten. Trotz diesem hatte sich die Kälte bis 3 Uhr früh durch die feuchten Stiefel bis zu meinen Füßen hineingenagt und trieb mich auf, um während einiger Stunden den unfreiwilligen Dienst eines Wachtpostens vor den einsamen Zelten zu übernehmen. Recht froh begann ich wieder „zu kochen" und noch angenehmer klang es, als zum neuen Aufbruch geblasen wurde.

Während der bevorstehenden Tagreise sollte der Uebergang über die Thiorsau statthaben, und das versprach einige Abwechslung hineinzubringen. Schon in Reykjavik war öfter die Rede von dieser Passage gewesen und der Physikus hatte davon Veranlassung genommen, mir schauerliche Geschichten zu erzählen von Solchen, welche sich beim Durchreiten von Flüssen ungeschickt benommen haben, oder mir Anleitung zu geben, wie ich den Pferdzaum behandeln müßte, wenn das Thier genöthigt wäre, zu schwimmen, um uns nicht beide in Gefahr zu bringen. So kam es, daß ich mir das Unternehmen, welchem wir entgegengingen, immer als ein kühnes, gefahrvolles Wagstück vorgestellt und für eine entscheidende Phase in·unserer Reise gehalten hatte.

Als es in der Frühe an unserm Stationsplatz lebendig geworden war, fiel das Gespräch auch gleich auf den Thiorsübergang. Bisher hatten wir den Fluß selbst nicht mehr zur Ansicht bekommen, seit wir sein Ufer ganz unten am Burfell verlassen hatten, weil er zwar immer nahe, aber versteckt unter hohen Felsufern dahinbrauste.

Je höher aufwärts, wurde das Ufer flacher und wir kamen ihm in den ersten Stunden der neuen Tagreise öfters sehr nahe.

Da ritt der alte Bauer jedesmal auf Recognoscirung des
Wasserstandes aus, ohne aber einmal eine bestimmte Ansicht
zurückzubringen, ob die Passage hindurch auch möglich sein würde
oder nicht. Der Fluß war in Folge des Regens ziemlich an=
geschwollen. So wurden wir immer in Spannung und ernster
Stimmung erhalten und hätten darüber bald vergessen, nach der
Beschaffenheit des umgebenden Landes auszusehen. Der Himmel
hatte sich allmälig aufgeheitert und es erschien wieder ein Stück
„Gegend."

Man konnte einen Raum von ungefähr zehn Quadrat=
meilen überblicken, deren eine Hälfte Gletscher und die andere
fast reine Steinwüste war. Eine höchst magere Vegetation war
kaum auf einige hundert Schritte weit von uns weg auffällig.
Die höchste und äußerste Contour beschrieb das weitgedehnte
Eisgewölbe des Hof= oder Arnafelljökul. Dieser erhebt sich auf
ovaler Grundlage zu einer Höhe von vielleicht 4000 Fuß über
dem Meere. Der höchste Punkt befindet sich in Mitte der Berg=
masse und von da steigen die Seiten sehr allmälig mit einer
Länge von zwei bis drei Meilen zum Rande hinab. Der Eis=
mantel reicht nach allen Seiten bis an den Fuß, der ungefähr
1600 Fuß über dem Meere liegt. Unser Standpunkt war viel=
leicht 1400 Fuß hoch, Verhältnisse, welche schon die Gestalt des
Berges andeuten. Ein Haufen Getreide oder Sand, auf ebenen
Boden ausgeschüttet, hat solche Umrisse.

Die zweite niedrigere und nähere Contour, welche sich mit
welligem Verlauf vom glänzenden Firn abzeichnete, gehört einem
Lande von wenigstens zwei Meilen Breite und drei Meilen
Länge an. Von diesem ist nichts zu beschreiben — es ist grau,
kaum daß schwache Schattenflecken Unebenheiten darauf an=
deuten.

Die dritte nächste Contour entsteht durch das Grusfeld, auf dem wir reiten. Sie verläuft in einem weiten, sanft geschwungenen Bogen.

Nach mehrstündigem Ritt erreichten wir die Stelle, die einzige während des Laufes der Thiorsau im Hochlande, wo sie übersetzbar ist. Da kam eine erhöhte Regsamkeit in unsere Karawane. Ich betrachtete mir unterdessen die wieder neue Gestaltung des Landes.

Jetzt überblickte man den obersten, innersten Theil des Thiorsaulandes, zwischen dem Südostrande des Hof= und dem Westrande des Klofajökul. Seine Oberflächengestalt unterscheidet sich in ausgeprägter Weise von der des bisher durchwanderten untern Theiles. Hier sind nicht mehr die weiterstreckten Stufenebenen, welche sich allmälig über einander erheben, sondern niedere, kurze, schmale Hügelmassen, welche weite ebene Thalböden zwischen sich entstehen ließen mit einem gleichmäßig anhaltenden Niveau.

Das rechte Ufer des Flusses eröffnet an der Uebergangsstelle den Einblick in solch' ein weites, gegen Ost hinaufziehendes Thal, das sich erst tief hinter den von den Seiten herandrängenden Hügeln zu verlieren und zu verzweigen scheint, während den fernen Hintergrund eine Reihe dunkler Berge bildet, deren Contouren sich grell vom tiefer aufgehäuften Klofajökul abheben. Der Strom kommt weit zurück im Thale mit einem Male in solcher Breite zum Vorschein, daß er einem See ähnlich ist. Sein Bett ist da eine Viertelstunde breit und viele Sandinseln verrathen die ungleiche Tiefe und die Veränderlichkeit des Laufes. Er gleicht ganz den Alpenflüssen, wenn sie in der Hochebene heraus angelangt sind.

Damit haben wir die drei Landescharaktere kennen gelernt,

welche den Lauf der Thiorsau begleiten, das Tiefland an ihrem
untern, ein Plateaustufenland in ihrem mittlern und ein Hügelland in ihrem obern Laufe.

An der Uebergangsstelle befinden wir uns, sechzehn Meilen
nordöstlich von ihrer Mündung, also schon tief im Lande.

Während dieser Betrachtungen hatten unsere Begleiter ihre
Untersuchungen des Wassers beendigt, den Fluß als passirbar
erklärt und die nöthigen Vorbereitungen an Pferden und Gepäck
getroffen, so daß sich die Karawane wieder in Bewegung setzen
konnte. Die Packpferde trollten sich lustig und sorglos voran
in die schmutzigen Wellen. Wir Menschen folgten bedachtsamer
nach. Natürlich hatte ich mir mein ruhigeres und stärkeres
Pferd zu diesem Ritt ausgewählt.

Man kann nur auf einer Furt über den Fluß setzen, die
immer erst gesucht werden muß, weil der sandige Grund zu
unstät ist. Es würde gefährlich werden, wenn ein Pferd schwimmen müßte, da das jenseitige Ufer steil ist und der Fluß nur
einige hundert Schritte unterhalb über eine Katarakte abfällt.

Das Gefährliche bei dieser Passage besteht im Aufsuchen
der Furt. Der Grund des Flusses ist sehr uneben und sandig
locker, Untiefen und die tiefsten Gruben liegen neben einander
und die Pferde waten unter Wasser im Sande.

Während der junge Bauer zu obigem Zweck in den Fluß
hineinritt, gab ihm der ältere, Erfahrenere, vom Ufer aus Andeutungen über die einzuschlagende Richtung. Er beurtheilte
das an der Bewegung des Wassers.

Das Ansehen dieser Probe hatte mir grade nicht zur Er-
muthigung gedient. Dreimal versuchte es Jener, durchzukommen,
aber immer gerieth er plötzlich in Gruben und konnte nur mit
Mühe sein Pferd wieder zurückreißen. Erst der vierte Versuch

glückte, nachdem ihm noch einmal nahe am jenseitigen Ufer das
Versinken gedroht hatte. Endlich erreichte er dasselbe und damit
war bewiesen, daß eine Furt vorhanden. Auf dem Rückwege
hielt sich der Mann mehr flußaufwärts, über der vorher beschrie=
benen Linie, wodurch er fand, wie weit in dieser Richtung das
Wasser seine geringere Tiefe beibehielt. Damit war die Breite
der Straße gefunden. Es reichte auch auf der Furt das Wasser
den Pferden bis über die Hälfte des Leibes hinauf.

Als die Passage überstanden war, hatte auch mein Respect
vor ihr aufgehört, und ich ritt von nun an immer getrost in
jeden Fluß. Bei gehöriger Vorsicht ist niemals Gefahr dabei.
Schon bis wir in die Mitte des Stromes gekommen waren,
hatte sich die Beklommenheit verloren, obgleich ich die Augen
zudrücken mußte, um das mit schwindelerregender Schnelligkeit
vorüberfließende Wasser nicht zu sehen. Unheimlich aber blieb
immer zu fühlen, wie Einem der Strom die Beine mit hinabzog,
so daß es Anstrengung kostete, sich im Gleichgewicht zu erhalten.
Aber mein Gaul wankte nicht und zertheilte die Wogen mit
seiner breiten Brust.

Die Ankunft am jenseitigen Ufer war um so angenehmer,
als sie uns die Hoffnung gab, auf dem kürzern Wege die Reise
am nächsten Tage zu beendigen. Der übrige Weg an demselben
Tage bot in keiner Beziehung etwas Neues oder Anziehendes,
es geht auf= und abwärts über die schuttbedeckten Seiten der
Hügel; zur Linken liegt der Hofjökul gleich einem erschlagenen
Riesen im Todtenhemde, von rechts schauen dann und wann
die Kegel der Haugaungavulcane mit dem Ernst von Grab=
monumenten herüber, und so däucht Einem, man ziehe durch
ein Geisterschlachtfeld. Das einzige Ereigniß an demselben Tage

noch war die Begegnung eines jungen Schwanes, der, kaum mit
Flaum bedeckt, wie es schien von seinen Eltern verloren, uns
mit kläglich flehendem Gequieke entgegenkam. Ich stieg vom
Pferde, nahm ihn auf den Arm, liebkoste und tröstete ihn, mußte
ihn aber dann wieder seinem Schicksal überlassen. In Lachen
auf dem flachen Thalboden und in den Altwassern der Thiorsau
halten sich den Sommer über einzelne Schwanpaare auf.

Wir erreichten denselben Tag, nach zehn Stunden unaus-
gesetzten Rittes, den letzten Weideplatz, die höchste Oase, wo
eine Schaar von Pferden noch hinlänglich Futter finden kann.
Es ist da das obere Ende des Thales, wo das Westgebirge
und Südostgebirge sich am meisten nähern. Wie zu einem Thor
sieht man hinaus nach Norden. Die Entfernung vom Fuß des
Hofjökul herüber an den des Tungnaujökul beträgt nur eine
halbe Meile. Hier beginnt der eigentliche Paß. Unsere Zelte
stehen auf einer Fläche und um ein Gutes höher als der Rand
des gegenüberliegenden Gletschers. Der Punkt ist neunzehn
Meilen von der Mündung der Thiorsau landeinwärts, nahe
der Mitte der Insel und wenigstens 1600 Pariser Fuß über
dem Meeresspiegel, mit der 150 Quadratmeilen großen Eisprovinz des Klofagletschers an der einen Seite und einer auch
vierundzwanzig Meilen großen Stein- und Eiswüste an der
andern. Ich schlief die zweite Nacht ruhiger und weniger von
Kälte geplagt im Zelte. Des Morgens daraus hervorgekrochen,
konnte ich mich an einem heitern blauen Himmel und an un-
getrübtem Sonnenglanz erfreuen. Die begrünten Kegel des
großen und kleinen Ablerberges lagen von Eis umflossen, pracht-
voll da im Morgenlichte. Da überkam mich mit einem Male
Freude, wie zu Hause auf dem Alpengipfel, ich vergaß Island,
vergaß den Norden und unwillkürlich ließ ich den Aelplergruß,

einen kräftigen Juchschrei, hinaus in die Lüfte schallen — aber hier erhielt ich keine Antwort!

Von da an nahm der Weg eine rein nördliche Richtung an und brachte uns im Verlauf einer Stunde so weit, daß wir ganz hinab an die Nordseite des Hofjökul sehen konnten, während der Tungnaujökul vollends hinter uns blieb und schon der Nordrand des Klofajökul heraufzutauchen begann. Durch die Lücke sah man nun zurück nach Süden, wie vorher gegen Norden.

So weit fand sich auch noch spärliche Vegetation am Wege. Dieser übersetzte nun ein von Ost herüberziehendes Thal, in dem ein schwaches Gletscherbächlein herabkam, die eigentliche Thiorsauquelle, welche am Nordfuße des Tungnaujökul entspringt. Hier erst ist die Wasserscheide, also auf der Nordseite der Gebirge.

Gleich neben der Thiorsau fließt die Quelle des gegen Norden gerichteten Skaulfandafljot aus dem Eis desselben Gletschers.

An die jenseitige Höhe über dem Bache ist die ungefähre Mitte der Insel zu setzen. Von da grade gegen Norden breitet sich das gänzlich sterile Hügelplateau „Sprengisandr" sieben bis acht Meilen weit aus.

Wir machten auf der Höhe jenseits des Thales an einem Steinblocke Halt, weil unsere zwei besondern Begleiter, die Südlandsbauern, umkehren wollten.

Da schweifte das Auge über unzählige Contouren grauer Hügel hin, bis an einen fernen dunkeln Rahmen, den höhere langgezogene Rücken bildeten.

Man übersah einen Flächenraum von vielleicht zwölf bis fünfzehn Quadratmeilen, nur aus schuttbedeckten Hügeln bestehend.

Die Gesteinstrümmer sind von der Größe des Sandkornes bis zu großen Blöcken und stammen von einem hellgrauen Trapp, aus welchem der Boden gebildet ist. Von Lava ist da keine Spur.

Nur die Alpenpflanze Silene acaulis tritt am Beginn des Sprengisandr dort und da noch in kleinen, mit niedlichen weißen und rothen Blüthen besetzten Polsterchen auf, bald verschwinden aber auch diese.

In dieser Wüste führt natürlich kein Weg, wenn man nicht von frühern Reisen zurückgelassene Pferdehuffspuren so nennen will. Zur Orientirung dienen nur der Compaß und bei hellem Wetter die Gebirge. Die Huffspuren können, wie wir selbst erfahren sollten, trügerisch sein.

Die einzuschlagende Richtung ist in der ersten Hälfte des Plateaus rein nördlich, dann biegt sie etwas gegen Ost ab. So findet sich dieselbe auch auf der großen Karte von Island verzeichnet.

Wir hatten den Vortheil, daß der Tag hell und das Gebirge sichtbar war. Mit dem größten Vertrauen erfüllte uns aber eine Pferdespur, welche so frisch schien, als ob sie von einer erst jüngst ausgeführten Reise stamme. Gerüchtweise hatten wir früher gehört, daß schon in demselben Sommer eine isländische Karawane den Sprengisandrweg passirt habe. Wir glaubten also deren Spur gefunden zu haben.

Nach dem kurzen Aufenthalt, um von den Südländern Abschied zu nehmen und ihre Dienste zu vergelten, saßen wir wieder auf und begannen jener Spur nachzutraben.

Während der nächsten Stunde zeigte sich durchaus nichts Verdächtiges. In zehn bis zwölf Fäden liefen die von den Hufen zurückgelassenen Gruben neben einander her. Einmal

Adlerberg.   Spvindalsfuver.   (Zweite Hälfthelle.)

verloren sie sich an einem Steinblocksfelde, traten aber jenseits gleich wieder auf.

An den in unserm Rücken immer höher aus dem Plateau heraussteigenden Gebirgen war es leicht, sich über die einzuschlagende Richtung zu orientiren, während grade vor uns die immer neu auftauchenden Hügel die Aussicht versperrten.

Wieder nach einer Stunde machte aber jener treue Begleiter absonderliche Capriolen. Die Spur wandte nämlich plötzlich im Bogen um, als ob es den Reitern eingefallen, hier Reitübungen zu machen, „Wolken" zu reiten.

Unser Führer wollte auch die Pferde herumlenken, mußte aber bemerken, und ward darob sehr verdutzt, daß die Fäden nicht mehr vereinigt fortsetzten, sondern sich zersplitterten und nach Osten an einer feuchten lettigen Vertiefung gänzlich erloschen.

Da war nun guter Rath theuer. Es schien unmöglich, daß dieselben nicht irgendwo wieder anknüpften, also: Suchen.

Bei mir stand die Ueberzeugung fest, daß wir den Weg in der bisherigen Richtung fortzusetzen hätten und auch unsere Vorgänger nicht anders gereist sein könnten. Ich ritt daher, obwohl die Spur grade nordwärts am entschiedensten abgebrochen war, nach dieser Seite fort.

Der Führer glaubte dagegen den Faden nach Osten wiederfinden zu können und setzte mit der ganzen Knawane, nicht ohne Schwierigkeit, durch den lettigen Graben. Beide ritten wir lange kreuz und quer, aber ohne Erfolg.

Nachdem ich mich von der Vergeblichkeit des Suchens überzeugt und meinen Compaß und Karte zu Rathe gezogen hatte, begab ich mich zur Gesellschaft und erklärte, alle Verantwortung zu übernehmen, wenn wir umkehrten und den Weg, vom Ende der Fäden ab, in der alten Richtung fortsetzten.

Nach einer halben Stunde ward, indem geschah, wie ich vorgeschlagen, die Richtigkeit meiner Ansicht bestätigt. Es zeigte sich zu unserer Linken ein kleiner See, und später ein zweiter größerer zur Rechten, wie das nach Angabe der Karte kommen mußte.

Eine Aufklärung über das räthselhafte Aufhören der Spur konnten wir niemals erhalten, sowie nicht zu sagen ist, was auf dem andern Wege aus uns geworden wäre.

Vom nördlichen Ende des zweiten Sees sollte die Richtung etwas nordöstlich genommen werden, um allmälig das Thal des Skaulfandafljot oder wenigstens dessen Rand als einen sichern Wegweiser zu erreichen.

Abends 6 Uhr machten wir einen kurzen Halt, um das erste Mal an diesem Tage einige Erquickungen zu nehmen. Bisher waren die Pferde immer, wenn es nur einigermaßen möglich, im Trab gegangen, und der Weg hatte durch eine reine Wüste geführt, auf der jedoch meistentheils gut zu reiten war. Erst Nachts 10 Uhr gewahrte ich, daß allmälig wieder Gras zwischen den Steinen erschien, während der Boden sich anhaltend abwärts neigte und die Nähe des Flußthales an= kündigte. Ich war aber schon zu müde, um unfruchtbare Ter= rainstudien zu machen und ward es endlich überrascht gewahr, daß wir den Fuß eines Berges und damit das Thal selbst er= reicht hatten.

Der Bergabhang bildete nun mit einem gegenüber auf= gerichteten Rande eines alten Lavastromes eine schmale Gasse, in welcher der Weg abwärts führte. Es war der letzte und sauerste Abschnitt des Tages, welcher die Kräfte von Roß und

Reiter vollends erschöpfte. Eben zeigte meine Uhr die zwölfte Stunde, Mitternacht, als sich die Gasse am Ende des Lavastromes zu einem begrünten Platze erweiterte, den der Führer für tauglich hielt, Quartier zu geben. Der Ritt dauerte seit 10 Uhr Morgens, denn die Unterbrechungen betrugen kaum eine halbe Stunde. Jetzt hatte das Lager auf dem bloßen Boden alles Abschreckende verloren.

Der Platz befand sich im engen Thale des Skaulfandafljot, zwölf Meilen südlich von dessen Mündung in's Polarmeer.

Am andern Tage hätten wir in ein paar Stunden den nächsten Hof des Nordlandes, Isholt, erreichen können.

Aus Unbekanntschaft unseres Führers mit der Gegend verfehlten wir aber den Weg und waren dahin fast noch einen ganzen Tag auf der Reise.

Isholt liegt jenseits der das Thal von der Westseite begrenzenden Höhen. Dieses ist eng und seine ganze Sohle bildet nur das Bett für den Fluß, der nach Art von Gebirgswassern, welche bei großem Gefäll viel Schutt mitführen, beständig sein Rinnsal ändert. Anstatt uns also über die Höhen gegen Westen zu wenden, gingen wir zwischen Fluß und Bergabhang fort. Bald drängte der Skaulfandafljot so hart gegen das steile, mit Geröll bedeckte Gehänge, daß nur noch die Wahl blieb, entweder in denselben hinein= oder an die Bergseite hinaufzureiten. Das gab denn eine eigenthümliche Passage.

Am Abhang ragten dort und da große Felsblöcke hervor, welchen die Reiter, wenn auch mit Mühe, auszuweichen wußten, aber nicht so die losen Packpferde. Diese wollten hart daran vorbei und zwar trabend, da das abschüssige Terrain sie nie zur Ruhe kommen ließ und berechneten dabei die Kisten an ihren Seiten nicht. Mit diesen stießen sie gegen die Steine und

17*

rutschten dann in Folge der erhaltenen Prellung über den Abhang oft bis zum Flusse hinab. Das Terrain gestattete den
Führern nicht, sie zu leiten, so daß die vordern sich immer
selbst überlassen waren.

Auf diese Weise kam meine Bagage einmal in große Gefahr. Der Gaul, welcher sie trug, wollte nämlich seinen Weg
zwischen zwei Steinblöcken hindurch nehmen, während die Lücke
kaum für seine eigene Leibesbreite groß genug war und er an
beiden Seiten mit den Kisten anstoßen mußte.

Hinter ihm wirbelte der Strom an einem andern Felsen
zu einer tiefen Gumpe herein, die der Gaul auch beobachtet
hatte. Die Beschaffenheit des Platzes erlaubte nicht, ihm zu
Hilfe zu kommen, wir standen alle höher, zerstreut und selbst
auf so unsicherm Grunde, daß wir jeden Augenblick befürchten
mußten, zum Flusse hinabzufahren. Das Zurufen der Führer
war vergeblich. Das Thier stürmt an und die Kisten poltern
an den Felsen. Zurückgeworfen, nimmt es den Anlauf von
Neuem. Krack, krack! Ach Gott! Jetzt ist Alles verloren!
Das Pferd überstürzt nach rückwärts und fällt in den Fluß
hinab. Es ist doch ein prachtvolles Thier, so ein isländischer
Pony! Er ersäuft nicht! Ich weiß nicht, wie er es gemacht
hat! Sogleich sehe ich ihn wieder auf den Beinen und gemäch-
lich dem jenseitigen Ufer zuwaten. Nicht ein Tropfen Wasser
war in meine Kisten gekommen.

Da war nicht mehr weiter fortzukommen. Wir mußten
nun trachten, die Höhe zu gewinnen und dabei kamen Roß und
Reiter noch in manche seltsame Situation. Die Pferde glichen
mehr Gemsen. Einige Male mußten sie vom Rande eines überhängenden Rasens auf Sandhalden hinabspringen. Das führten
sie aus, die Füße eng zusammengestellt, kamen unten aufrecht

an und glitten dann vollends im Sande bis zum ebenen Boden hinab. Ich wundere mich noch heute, daß wir uns damals nicht Alle Hals und Beine brachen. Man unternimmt auf einer solchen Reise mit kühlem Blute Dinge, vor denen man zu Hause bei Ueberlegung schauderte.

Auf der Höhe des Berges, der mit einem Plateau endigte, war es endlich möglich, sich zu orientiren.

Gegen Norden lag die über fünfzig Quadratmeilen erstreckte Odaudarhaun vor den staunenden Blicken ausgebreitet, eine ununterbrochene braune Fläche bis an den fernen Gletscherwall des Klofajökul, ein Anblick, den ich in meinem Leben nicht wieder vergessen werde, und der mich vollkommen mit dem eben überstandenen Ungemach aussöhnte.

Gegen Osten fiel der Berg zu einem idyllischen Wiesenthälchen hinab, in welchem die aufsteigende Rauchsäule das isländische Gehöft verrieth. Es war Isholt, das erste Haus im Nordlande.

————

VII.

Das Nord- und Westland. Heimreise.

Der Hof Isholt (Eishügel) bezeichnet die innerste Grenze des bewohnten Nordlandes: Ich konnte hier schon bemerken, daß Etwas anders geworden, sowohl am Lande, als an den menschlichen Einrichtungen darauf. Die idyllischen Reize des Thälchens von Isholt werden durch den Spiegel eines kleinen Sees, der es zum Theil ausfüllt, sehr erhöht. Die rings an den begrünten Abhängen zerstreut weidende Schafheerde brachte Leben in das Bild und erzeugte einen um so gefälligern Eindruck, als dies zum ersten Male auf meiner Reise vorkam.

Im ganzen Süd- und Westlande der Insel waren nämlich die Schafe theils das Opfer einer schon den Winter hindurch grassirenden Seuche, theils der Vorkehrungen geworden, die man gegen das weitere Umsichgreifen der Krankheit treffen zu müssen glaubte. Es bestanden in Island unter den Gebildeten zweierlei Ansichten über die Art der gegen die große Calamität anzuwendenden Mittel, deren Anhänger sich einander sogar in den zwei Zeitungen des Landes heftig bekämpften. Die eine Partei sah das Heil im Curiren der kranken Thiere und in möglichster Absonderung dieser und der gesunden. Die andere dagegen, welche die Arzneimittel für gänzlich nutzlos hielt, glaubte nur

dem Umsichgreifen der Epidemie Schranken setzen zu können und
zwar dadurch, daß in gesunden Bezirken, die an kranke grenzten,
Alles, was Schaf hieß, niedergeschlachtet und so durch leere
Striche eine Art Cordon gebildet würde. Die erstere Ansicht
vertraten besonders der Physikus von Reykjavik und der Amt=
mann des Südlandes, die andere suchte der Amtmann des Nord=
landes mit aller Energie und durch Androhung von Strafen
praktisch zu machen, die Bauern aber kamen dabei von zwei
Seiten in's Gedränge. So theilte ein Bewohner des Nord=
landes die Ansicht seines Amtmanns nicht und trieb seine große
Heerde, um sie vor dem Messer zu erretten, über das Gebirge
nach dem Süden. Dafür dictirte ihm jener 1200 Thaler Strafe.

Die mittleren und östlichen Theile des Nordlandes waren
bisher von der Seuche verschont geblieben, daher noch eine Schaf=
heerde in Isholt.

Auch die Gebäulichkeiten des Hofes, wenn auch im Allge=
meinen nicht weniger primitiv als die südländischen, trugen doch
nicht mehr die so unangenehm berührende Nachlässigkeit von
diesen zur Schau. Es war bemerklich, daß bei ihrer Anlage
mit Schnur und Richtscheit gemessen wurde, denn Wände und
Giebel standen aufrecht, es hing nicht der eine Flügel hierhin,
der andere dorthin.

Aus dem kleinen Seitenthälchen führt der Weg bald wieder
in's größere Thal des Skaulfandafljot, das grade gegen Norden
hinabzieht.

Auf einem breiten, allmälig gegen das Rinnsal des Flusses
abdachenden Saume folgen sich die Höfe in einer Viertel= bis
halben Stunde Entfernung nach einander und gewinnen je weiter
abwärts, der zunehmenden Wohlhabenheit ihrer Besitzer ent=
sprechend, ein immer freundlicheres Aussehen, während breitere

geebnete Wege sogar manchmal die Nachhilfe des Menschen ver=
rathen. Daher konnten die Eindrücke der ersten Tagereise im
Nordlande nur wohlthuende sein, und doch hatte ich einen so
schönen Hof, wie der schon geschilderte in Reykjahlid, noch nicht
gesehen.

Im Südlande hatte man mir öfter gesagt, daß die mate=
riellen Zustände des Nordlandes viel besser, die besten auf der
Insel seien, und daß die Nordländer üppiger lebten und in
Allem besser eingerichtet seien. Auch gelten diese bei ihren
übrigen Landsleuten allgemein für rationeller, unternehmender,
lebendiger und heiterer.

Diese Gerüchte hatten in mir kein Vorurtheil erzeugt, in
Folge dessen ich schon am ersten Tage Alles besser gesehen, son=
dern ich war nur neugierig geworden, die Ursachen der verän=
derten Zustände aufzufinden.

Das Gebiet, welches die Isländer „Nordland" heißen, wird
im Norden von der See, im Westen von einem tief einschnei=
denden Meeresbusen, im Süden vom sterilen Hochlande der
Mitte, im Osten von der Vulcanengruppe am See Mywatn
begrenzt und mag 300 bis 400 Quadratmeilen betragen.

Dieses Gebiet besteht aus breiten offenen Flußthälern, die
im Hochlande oben als Schluchten ihren Ursprung nehmen und
deren Gewässer von den großen Gletschern genährt werden.
Dazwischen schieben sich auch vom Hochlande herabkommende
weite Heidiplateaus ein, deren Ränder allmälig, je weiter ab=
wärts, um so höher aufsteigen und immer tiefere Einschnitte
bekommen, so daß sie sich bald zu Gebirgen formiren, welche
dann nordwärts in Halbinseln fortsetzen. Diese Halbinseln ent=
stehen, indem jene Hauptthäler in der alten Richtung sich als
Meeresbusen noch weiter erstrecken.

Die Gebirge sind da nicht so ungeheure geschlossene Massen=
stöcke, wie an andern Theilen der Insel, sondern sie sind reich
durch Thäler zerschnitten und gegliedert, ihren Rand umgeben
meistens breite ebene Säume, deren zwei an Meeresbusen ein=
ander gegenüberliegende den Hälften eines längs zerschnittenen
Thalbodens gleichkommen.

Die so reichlich gefältelte Oberfläche dieses Landtheiles ge=
währt viel mehr Platz zu Ansiedlungen, zu einer engern Ver=
einigung derselben und bildet einen viel ausgedehntern Weide=
boden, während er noch einen Hauptvortheil gegen das Süd=
land in der gleichmäßigern Vertheilung von Land und Wasser
und besonders in den den besten Häfen gleichkommenden Meeres=
busen besitzt. Wenn man das Verhältniß von Land und Meer,
wie es an der Südhälfte der Insel besteht, dagegen hält, so
wird der Vergleich eben so interessant, wie der zwischen Europa
und Afrika, oder Nord= und Südamerika, denn er führt auch
auf die für die Geschichte der geistigen und socialen Entwicklung
der Menschheit so wichtige Thatsache, daß die Völker um so
höher in der Cultur stehen, als Land und Wasser in den Con=
tinenten, welche sie bewohnen, sich mehr in gegenseitiger Um=
schlingung das Gleichgewicht halten.

Auch in physikalischer Hinsicht ist der Norden Islands
gegen den Süden begünstigt. Seine Gebirge sind, ausgenommen
die an die Ostgrenze und gegen das Innere hingeschobene
Gruppe am Fliegensee, nicht vulcanisch. Auf der Wanderung
durch das Nordland erholen sich Auge und Gemüth von den
düstern Eindrücken, welche vorher der fast tägliche Anblick der
wüsten Lavaströme hervorgerufen hat.

Das Klima ist hier zwar kälter, aber trockner, beständiger
und gesunder.

Diese Naturverhältnisse finden nun in den materiell und geistig bessern Zuständen der Bevölkerung ihren Ausdruck.

Wege und Straßen suchen zu ihrem Vortheil in jedem Ge= birgslande so lange als möglich die Thäler zu behalten und von einem zum andern benutzen sie die tiefsten Einschnitte zwischen den Bergen, die Joche oder Pässe. Dasselbe ist der Fall in dem Gebirgsländchen Nordisland. Diese Verhältnisse schreiben daher, ohne wenig Wahl zu lassen, die Route vor, welche man bei einer Reise vom Thal des Skaulfandafljot hinüber zum Hrutafjördr, von Ost nach West, durch das ganze Nordland zu verfolgen hat.

Links von jenem Thale ist die Landesbeschaffenheit eine andere. Ein flachwelliges Hügelland erstreckt sich bis zur Vul= canengruppe am Fliegensee und von diesem See zieht ein flaches Flußthal, mit Lavaströmen erfüllt, bis an die Nordküste hinab. Ich hatte in diesem Striche einige in naturhistorischer Beziehung wichtige Punkte zu besuchen.

Der Leser kennt die Art der idyllischen Wiesenthäler des Nordlandes mit ihrem Hirtenvolke, denn die Schilderung von einem paßt mit geringen Aenderungen für alle, er kennt, was in Island ein gutes und schlechtes Quartier heißt, die Häuser der Bauern, Pfarrer und Syffelmänner, er kennt die Passage über eine Heidi, durch ein Myri, einen Hauls und durch große Flüsse. Während drei Wochen eine Wiederholung einiger oder aller obiger Vorkommnisse, das war die Reise durch's Nordland und es ist daher nur wenig, was ich dem Leser als neu aus= führlicher zu erzählen und zu schildern habe.

Nachdem wir aus dem Seitenthälchen von Isholt heraus= gelangt und im Thale des Skaulfandafljot noch eine halbe Tag= reise abwärts gezogen waren, mußte ich mich wieder von meinem

Gefährten trennen. Er zog im Thal am linken Flußufer noch
weiter fort, um dann in das parallele, westlich gelegene Thal
des Eyjafördr hinüberzugelangen; ich überschritt den Fluß
und ging an den östlich gelegenen Mywatn hinüber.

In der Nähe dieses Sees, noch eine Meile östlicher, am
Fuße des vulcanischen Gebirges, liegt der berühmte Quellen=
boden bei Reykjahlíd, von dessen Wassern ich schon einmal ge=
legentlich bemerkte, daß sie anders geartet, als die der großen
Springquellen und daher auch von andern Erscheinungen beglei=
tet sind. Es gehören diese zu jener Art von vulcanischen Phä=
nomenen, welche ähnlich auch in Italien vorkommen und dort
Solfataren oder Suffioni heißen, weil sie von Schwefelbildung
begleitet sind.

Ich will den Leser sogleich auf den Schauplatz führen.

Es ist eine einige Tagwerke große Fläche, die nach der
einen Seite an den Fuß eines niedern Bergrückens stößt und
nach der andern an einem Sumpfe abschneidet. Auf dem nackten
grauen Boden zeichnen sich einzelne rundliche Flecken durch ihre
weißgelbliche Färbung von der Umgebung aus. Auch scheint
die Oberfläche an solchen Stellen etwas aufgebläht und schwache,
kaum bemerkbare Dampfstrahlen kommen dort hervor. Die um=
herliegenden Gesteinstrümmer sehen wie gebrannt aus. Wenn
man einen solchen lichtern Kreis betritt, so kleben die Sohlen
gleich am Boden und ein weißgelblicher oder bläulicher Lehmteig
bleibt daran hängen. Bei genauerm Nachsehen findet man auf
dem Lehm dort und da dünne Krusten von Schwefel und beim
Herumwühlen mit dem Stocke, besonders in der Nähe jener
Stellen, wo der Dampf hervorkommt, zeigt sich, daß dem Lehm
häufig außer dem gelben Schwefel auch weiße Mineraltheile,
nämlich Gips, beigemengt sind. Wasser kommt an diesem Platze

nirgends zum Vorschein. Diese Vorgänge und Zustände sind
wie eine Vorbereitung für Diejenigen, welche man erst jenseits
des Bergrückens zu sehen bekommt. Dieser ist bald überstiegen
auf einem Wege, der aber eigentlich nicht zu den Naturwundern,
sondern nach einer Selja, Alpe, des Bauern von Reykjahlid
führt.

Man findet wieder ein ebenes Terrain, das sich am Ab=
hang des Berges von Norden nach Süden hinzieht. Jenseits
des verbrannten Grundes und der dichten Dampfwolken, die
darauf hin= und herwogen, schweift der Blick über die gerunzelte
narbige Fläche eines alten Lavastromes hin, bis an einen fernen
Horizont, den die Contouren dunkler Hügel umrahmen. Schon
das Colorit der nächsten Umgebung weist auf eine ausgedehntere
und intensivere Thätigkeit der innern Hitze hin. Die Folgen
ihrer Wirkung verbreiten sich auch weit über den Bergabhang
hinauf und nur das Fahlgrün der Zwergbirken, in dem die
Lavaebene schillert, erhält uns auf diesem vulcanischen Herd in
der Erinnerung der Oberwelt.

Hier sind wieder großartige Quellen, aber es sieht doch
Alles ganz anders aus und geht da ganz anders zu, als im
Revier des Geisir. Die Oeffnungen sind hier Kessel oder gru=
benartige Vertiefungen, die an ihrem etwas aufgeworfenen un=
förmlichen Rande einen Durchmesser von zehn bis zwölf Fuß
haben. Solche, mit kochendem und von hineingemengtem Lehm=
brei blaugrau gefärbtem Wasser angefüllte Löcher finden sich auf
dem Platze acht, in kurzen Zwischenräumen an einander von
Süd nach Nord geordnet. Während sie in einiger Entfernung
wegen der aufsteigenden dichten Dampfwolken dem Auge noch
unsichtbar sind, verrathen sie sich weithin dem Ohre durch ein
unheimliches brodelnd zischendes Getöse. Nähert man sich einem

dieser Kessel bis auf zwölf Schritte, so beginnt der Boden lettig zu werden. Manchmal scheint er fest und gibt erst unter dem Fußtritt nach. Ich konnte mich, indem ich jede Stelle, worauf ich trat, vorher prüfte, so weit dem größten Kessel nahen, daß es mir möglich war, über den Rand zum kochenden Wasser hinabzuschauen.

> „Da unten aber ist's schauerlich
> Und der Mensch versuche die Götter nicht."

Es kocht, als sollten Felsen weich gesotten werden! Das ist ein Gurren, Rollen, Zischen! Ungeheure Schlammwasserblasen fahren auf, platzen und spritzen den Brei aus einander und über den Rand herauf. Ich hätte nun aber gern von der andern Seite auch hineingesehen und wollte zwar in gleicher Entfernung vom Rande herumgehen. Dabei vergaß ich jedoch vorsichtig zu sein und kam nicht weit. Der rechte Fuß knickte ab und der linke war, ehe ich es versah, weit über das Knie im Lehmbrei versunken. Zu meinem Glück hielt der Boden noch unter dem andern, denn sonst wäre ich ja elendiglich in heißer Umarmung der isländischen Loreley umgekommen. Meine Begleiter waren weit weg von mir. Mit von Angst verstärkter Hebelbewegung befreite ich meinen Fuß wieder und taumelte dann vom Schrecken erfaßt weit von dannen.

Bis ich wieder stand und mich besann, waren auch meine Begleiter herbeigekommen, deren Mienen mich nicht im Zweifel ließen, daß ich auch nach ihrer Ansicht einer wirklichen Gefahr entronnen war. Mein Stiefel hatte einen dicken Ueberzug von weißem warmen Lehmbrei, den mir der Bauer, so gut als es ging, mit einem Stein abschabte. Der Eindruck dieses Abenteuers war bald verwischt. Bei dem Besuche der andern Kessel

ging ich eben vorsichtiger zu Werke. Es ist übrigens eine Oeff=
nung wie die andere. Nur an Umfang und Tiefe unterscheiden
sie sich von einander.

Mit dem Waffer dieser Quellen kommen zwei Luftarten,
deren eine von den Chemikern Schwefelwafferstoff und die andere
schweflige Säure genannt wird und die also beide Schwefel ent=
halten, sowie auch Dämpfe von reinem Schwefel hervor. Daher
hat dasselbe eine starke Einwirkung auf das Gestein, womit es
in Berührung kommt, es veranlaßt zwischen den Luftarten und
den Gesteinsbestandtheilen verschiedene chemische Processe, welche
zerstören und wieder neue Substanzen bilden, aber diese Einwir=
kungen und die dadurch entstehenden Neubildungen sind anderer
Art als die an den großen Springquellen. Sie zerstören das
Gestein in einer Weise, daß als Hauptmasse weicher plastischer
Thon zurückbleibt, der mit neu gebildetem Gips und Schwefel
gemengt ist. Sie halten keine Kieselsäure aufgelöst und können
daher keinen Sinter absetzen, um sich damit einen neuen Boden
und darin feste Schachte zu erbauen. Ihre Keffel entstehen, in=
dem das Waffer den weichen Thon aufweicht, in Folge deffen
der Boden einbrechen muß. Der aufgeworfene Rand bildet sich
aus dem vom Waffer ausgespritzten Schlamm. Diese Umstände
erklären von selbst die eben geschilderte Beschaffenheit der Quellen=
öffnungen und die gefährliche Lockerheit in der Nähe derselben.

Der Bauer von Reykjahlid sammelt zuweilen den Schwefel
der Solfataren und verkauft ihn am nächsten Handelsplatze. Es
wurden auch schon Versuche gemacht, sowohl hier als auf dem
Boden von Krisuvik, südlich von Reykjavik, wo dieselben Phä=
nomene eben so großartig auftreten, die Schwefelbildung im
Großen auszubeuten, scheiterten aber immer an der geringen
Quantität des erzeugten Schwefels und an den besonders für

Island ungünstigen Verhältnissen seines Vorkommens. Gleichzeitig mit mir befand sich zum Zweck der Ausbeutung der Krisu-
viker Solfataren ein Engländer in Island, der willens war, ein
bedeutendes Capital darauf zu verwenden, allein er hat auch,
wie ich seither vernommen, den nächsten Sommer schon das
Unternehmen wieder aufgeben müssen. Diese wunderbaren Werk-
stätten geheimnißvoller Naturkräfte werden also auch in Zukunft
nur da sein, um Naturforscher und Touristen nach Island zu
führen.

Wollen wir uns aber nun weiter im Nordlande umsehen.
Der wichtigste Ort daselbst, sowohl als Handelsplatz als in
politischer Beziehung, heißt Akreyri. Die Isländer selbst betrachten ihn als den zweiten Hauptort des Landes. Akreyri liegt
neun Meilen östlich von dem eben besuchten Solfatarenboden.

Der Meerbusen Eyjafördr tritt sieben Meilen lang zwischen
zwei Halbinseln in's Land herein, ist an seiner Mündung gegen
den Ocean eine Meile breit und verschmälert sich bis auf eine
Viertelmeile an seinem südlichen Ende. Diesem nahe, am westlichen Ufer liegt der Hauptort des Nordlandes. Die Halbinseln
zu beiden Seiten werden von hohen Gebirgen erfüllt. Nach
Westen und Südwesten zweigen drei tiefe Seitenthäler vom
Saum des Busens ab und er selbst setzt als Hauptthal gegen
Süden fort. Dieses, die Seitenthäler und die breiten Säume,
welche das Gebirge in des Busens ganzer Erstreckung vom
Meere trennen, sind mit Ansiedlungen bedeckt.

Der Leser soll mir nicht die Umwege folgen, auf welchen
ich von Reykjahlid ab nach Akreyri gelangte. Ich begab mich
erst von da noch zehn Meilen weiter in nördlicher Richtung,
an die Küste, wo die kleine Handelsstation Huhawik liegt, und
erreichte damit den nördlichsten Punkt meiner ganzen Reise, wo

man zur Zeit der Sonnenwende schon auf geringen Höhen die mitternächtige Sonne beobachten kann.

Begeben wir uns mit den Schwingen eines isländischen Adlers durch die Luft an den Eyjafjörbr, um den Blick über die Contouren, welche das Eiland in den Ocean zeichnet, hinaus= schweifen lassen zu können. In weiter Entfernung, in der Rich= tung des Meerbusens, liegt ein dunkler Punkt außen im Meere. Das ist die kleine Insel Grimsey, die schon jenseits des Polar= kreises und sieben Meilen über die Küste der großen Insel hin= ausliegt. Dieses Inselchen ist kaum eine Viertelmeile groß und beherbergt doch noch sieben Fischer= und eine Pfarrerfamilie. Bei dem Anblick von Grimsey und dem Gedanken an die Existenz ihrer Bewohner muß es uns schaudern, so daß wir gern dem Fluge Einhalt thun, um zu Akreyri im gastlichen comfortabeln Hause des Apothekers auszuruhen und wieder ein= mal die Bequemlichkeiten und andern Vortheile einer feinern Cultur zu genießen.

Gleich neben der Apotheke stehen mehrere Bretterhäuser, welche Kaufmannsboutiken und wie immer zugleich Schnaps= schenken sind. Hier kann man die vielen vom Lande herbei= kommenden Isländer täglich in jenem Zustande beobachten, den sie als ihr „einziges Vergnügen" bezeichnen. Eines Morgens lehnte ein Mann in solcher Verfassung am Gartenzaun vor unserm Häuschen, der mir auffiel, weil er seiner Kleidung nach keiner von gemeinem Stande war. Er trug nämlich einen schwarzen Frack. Wer war es? Niemand anders als der Pfarrer von der Insel Grimsey. Ich erinnere mich noch lebhaft an den großen hagern Mann mit den abgespannten Zügen im blassen Antlitz. Die Hände ließ er schlaff herunterhängen und seine Augen waren geschlossen wie bei einem Schlummernden.

Vielleicht träumte er von einem glückseligeren Eiland als Grimsey. Dieses ist sowie der unangenehmste Aufenthaltsort von ganz Island, denn es ist nahezu immer in Nebel gehüllt, die magerste Pfarrei, welche nur jungen neu ordinirten Geistlichen gegeben, oder auch als Strafposten benutzt wird.

Akreyri zählt vierzehn Häuser; dieselben sind in einer Reihe mit Zwischenräumen nahe an den Strand hingebaut.

Gleich dahinter steigt ein hoher, mit Kartoffelfeldern bebauter Terrassenabhang auf. Die nächsten Berge im Südwesten des Ortes sind einige der höchsten im Nordlande und erheben sich über die Grenze des ewigen Schnees. Ich konnte ihre beeisten Gipfel nur auf Augenblicke durch den aufbrechenden Nebel sehen, der die Zeit meines Aufenthaltes über die ganze Gegend einhüllte.

In Akreyri befinden sich sieben Handelsetablissements. Es ist der Sitz der Regierung des Nordlandes, der Amtapotheke, eines Syffelmanns und einer Zeitungsredaction. Hier erscheint der Nyrdri, „Nordländer."

Der enge Meerbusen ersetzt ihm den besten Hafen, daher es auch der Mittelpunkt des Handels der Nordländer Bauern mit den häufig einlaufenden Kauffahrteischiffen geworden ist.

Als eine Merkwürdigkeit wird hier dem Fremden der einzige Baum, der auf der Insel existirt, gezeigt, ein Vogelbeerbaum nämlich, an der Wand eines Kaufmannshauses stehend, ungefähr zwanzig Fuß hoch und mit ausgebreiteter voller Krone.

Einige Stunden vor Akreyri ritt ich einige hundert Schritte weit durch einen Birkenhain, wo dieses Gewächs die Höhe und den Wachsthum unserer Haselnußsträuche hatte, so daß ich auf dem kleinen Pony sitzend nicht darüber wegsehen konnte. Das war der berühmte Wald von Hauls im Nordlande, von dem

die Isländer so gern mit Stolz reden. Jener Baum und dieser
Wald bestätigen jedenfalls, daß der Norden Islands ein gün=
stigeres Klima hat als der Süden.

Auf den Eyjafjörbr folgt gegen Westen der Busen Skagar=
fjörbr, der sich in's Land als Thal gleichen Namens fortsetzt.
Wir nahmen den Weg von Akreyri dahin durch das lange
schöne Seitenthal „Deznabalr."

Das Thal von Skagarfjörbr übertrifft in einer Erstreckung
von fünf Meilen von der Küste aufwärts alle andern Thäler
des Nordlandes an Weite. Höher gabelt es sich in zwei sehr
enge Thäler, Ost= und Westthal genannt, durch welche in tiefen
Felsschluchten zwei Gletscherachen aus dem Hochlande herab=
kommen.

Am Ausgange des Thales zum Meere mündet ein kurzes
Seitenthal von Südost her aus dem Gebirge, in dessen Oeff=
nung der Kirchort Holar, eine der historisch denkwürdigsten
Stätten des Landes, liegt.

Holar war nämlich der Sitz eines der zwei Bisthümer der
Insel, im Jahre 1104 gegründet und im Jahre 1800 wieder
aufgehoben.

Große Gebäulichkeiten von einer ehemaligen bischöflichen Re=
sidenz, vielleicht in Ruinen, sind hier eben so wenig vorhanden,
als zu Skaulholt im Südlande. Die Merkwürdigkeiten des
jetzigen Holar bestehen in der außer dem neuen Reykjaviker
Dom auf Island einzigen gemauerten großen Kirche und ihrem
alten Vorsteher, dem Probste.

Der weiß getünchte, weithin sichtbare Tempel ist für das
nur an graue niedere Hütten gewöhnte Auge des Reisenden
eine eigenthümliche Erscheinung. Sie macht, daß Einem die
Gegend minder wild und öde vorkommt als anderswo.

Der Probst, welcher eben so bieder als gut unterrichtet ist, gilt als der beste Oekonom und reichste Mann der Insel.

Ein erwähnenswerther Punkt im Skagarfjörbrthal weiter aufwärts ist der Ort Miklibair. Es ist da die Heimath des Vaters Thorwaldsen's, des großen Bildhauers. Derselbe, ein Pfarrerssohn von da, ging schon in seiner Jugend nach Kopenhagen und verheirathete sich dort später mit einer Dänin, aus welcher Ehe der Künstler entsproß, der ein Gegenstand der Eifersucht zwischen Isländern und Dänen wurde.

In Folge eines im Nordlande verbreiteten Gerüchtes von einer neuerlichen Entdeckung von Steinkohlen im Ostthal, einem der Thäler, in welche sich der Skagarfjörbr gegen das Hochland gabelt, begab ich mich nach Aubair, dem höchst gelegenen Orte in dieser Gegend an der Ostjökulsau. Ich hatte mir zu dieser Tour einen besondern Führer aus der Umgebung beigesellt, der zufällig dänisch sprach, weil er in Reykjavik das Zimmerhandwerk gelernt hatte. Durch diese Reise und meinen neuen Führer bekam ich Gelegenheit, mit den isländischen Sagen und Aberglauben specielle Bekanntschaft zu machen.

Als wir des Abends von dem Orte der vermeintlichen Steinkohlen (es waren nämlich, wie ich schon vermuthet hatte, nur schwarze Trappschlacken, welche in Island häufig für Kohlen gehalten werden) zurückkehrten und schon fast den Hof erreicht hatten, deutete der Isländer auf einen ebenen, mit Gras bewachsenen Platz und fragte, ob ich den Galdermannring nicht sehe. Obgleich ich nichts bemerken konnte, ward ich doch neugierig und begab mich alsbald zu Fuß mit dem Mann an die Stelle, wo der Galdermannring sein sollte. Eine schwache, aber noch deutlich kennbare Erhöhung des Erdreiches von einem Schuh Breite stellte einen vollkommenen Kreis von ungefähr

18*

fünfzig Fuß Durchmesser dar. In Mitte des Kreises befand
sich noch eine andere rechteckige Erhöhung, groß genug, um
einen sitzenden Menschen aufzunehmen und noch kenntlicher er=
halten als der Ring.

Von meinem Führer vernahm ich folgende Erzählung: Vor
mehr als hundert Jahren hat ein Todter sein Grab, welches
in dem nahen Kirchhof von Aubair war, verlassen, er wurde
wieder lebendig und beging dann mehrere Mordthaten in der
Umgegend. Da riefen die Leute einen Galdermann (Zauberer)
herbei, um sich von dem Unholde wieder befreien zu lassen. Der
Galdermann errichtete den Ring und bannte den Todtlebendigen
hinein. Dieser lebte darin dann noch viele Jahre, genoß Nah=
rung, die er von den Bewohnern der nahen Höfe erhielt, konnte
aber den Ring nicht mehr verlassen und war so unschädlich ge=
macht. Das also der Ursprung des Ringes.

Es fiel mir auf, mit welch' tiefer Ueberzeugung der Is=
länder seine Erzählung vortrug, und um zu sehen, welchen Ein=
druck es auf ihn hervorbringe, sprach ich mich, als er damit
fertig war, kurz und derb über das Unsinnige eines solchen
Glaubens aus. Das hatte er nicht erwartet — meine Aeuße=
rungen machten ihn zuerst stumm, er sah mich nur an und aus
seinen Blicken sprach eben so Wuth, wie das höchste Erstaunen.
Dann lärmte und schrie er, wie es nur ein Mensch machen
kann, der für eine Sache auf's Höchste fanatisirt ist. Ich hätte
nach dem, wie ich die Isländer bisher beobachtete, nicht geglaubt,
daß Einer so leidenschaftlich erregt werden könnte. Aber den
mußte ich in seinem Heiligsten getroffen haben. Er ließ sich
nicht mehr zur Ruhe bringen, bis ich mich bekehrt stellte. In
Island hat es also das Volk noch nicht zu jenem Mißtrauen
gebracht, in welchem das unsrige mit seinen Sagen gegen die

„Stubirten" hinter dem Berge hält. Auf dem Wege durch's
Thal hinab zeigte mir der Isländer noch manche Felsklippe,
„worin Elben wohnen," und kam dabei leicht in Eifer, wenn
er ein Lächeln auf meinen Lippen bemerkte. Wenn ich ihn
besser verstanden hätte, würde ich in solchen Dingen Manches
von ihm gelernt haben.

Um nochmals auf jenen Ring zurückzukommen, ich verstehe
ihn nicht zu deuten. Vielleicht, da in Island das Hexenrichten
auch sehr im Schwunge war, würde er auf eine an einem Un=
glücklichen begangene Grausamkeit zurückführen.

Vom Skagarfjörbr ist noch ein weiter Weg zum Hrutafjörbr
hinüber, dem Westende des Norblanbes. Allmälig beginnt nun
auch der Oberflächencharakter des Landes sich wieder zu ändern.
Die westwärts folgenden Gebirge sind niederer als die östlichen;
weil die See durch den weiten tiefen Busen Hunafljot mehr
Raum gewonnen hat, verschmälert sich das Gebirge zwischen
der Küste und den vom Hochlanbe auslaufenden Plateaux und
die Thäler werden kürzer. Wir nahmen den Weg in der Art,
daß er die noch folgenden drei Thäler an ihrer Mündung gegen
die Küste überschritt.

Mit dem schmalen Hrutafjörbr endigt der weite Busen,
welcher die westlichste Halbinsel des Norblanbes von der großen
vielfach eingeschnittenen Nordwesthalbinsel trennt. Die See greift
mit diesem Busen so weit gegen Süden in's Land hinein, daß
das Innerste besselben in der gleichen Breite mit Isholt, am
Fuße des Hochlanbes, liegt und hier das Hauptland die ge=
ringste Breite in seiner ganzen Erstreckung von Osten nach
Westen hat.

Durch den Hrutafjörbr geht die politische Grenze zwischen
dem West= und Ostamte und sein Südende ist der Knotenpunkt

für die Hauptumrißlinien des Nordens, Nordwestens und Westens
der Insel.

Man kann die Gestalt der Insel mit der eines Thierkörpers
vergleichen, so daß die Nordlandküste den Rücken, die Nordwest=
halbinsel das auf einem Halse aufsitzende Haupt und die West=
küste die Brust darstellte. Die Stelle, wo das Hrutafiörbr gegen
Süden endigt, würde bei dieser Vorstellung genau dem Platze
des ersten Halswirbels entsprechen. Eine Linie von da in
grader Richtung von Osten nach Westen an die entgegengesetzte
Küste hinübergezogen, theilt das westlich folgende Land in zwei
geographisch verschiedene Hälften, in ein Nordwest= und ein
Mittelwestland, so daß am Ende des Hrutafiörbr drei Landes=
theile in einer Spitze zusammenstoßen.

Wir ziehen an der Westseite dieses Busens fort gegen
Norden, an der nur eine Meile breiten Abschnürung der großen
Halbinsel vorbei in's Steingrimsfiörbr.

Auf der Höhe der Steingrimsfiörbrheidi, wohin ich den
Leser schon einmal geführt habe, übersahen wir das ganze Nord=
westland.

In die Reise auf den langen und langweiligen Strand=
wegen, die man in dieser Gegend zu nehmen genöthigt ist,
bringen nur dann und wann die Seehundsgesellschaften, an
welchen man vorbeikommt, eine Abwechslung. Diese Thiere
sonnen sich auf über den Meeresspiegel ausragenden Felsbänken.
Sie sind wenig scheu, nur wenn man mit Steinen darnach wirft,
beginnen sie sich mit großer Unbequemlichkeit aufzurichten und
sich in's Wasser hinabfallen zu lassen. Untergetaucht, kommen
erst in weiter Entfernung und nach langer Zeit ihre runden
Köpfe wieder zum Vorschein.

Der Strand ist hier immer felsig, selten ebener Wiesen=

grund. Eigenthümliche Felsbildungen, die Einem auf der Reise
im Nordwesten oft begegnen, erinnern mich an mein Ver=
sprechen, auf die geologische Bedeutung der Insel Island näher
einzugehen.

Auf ebenem Boden ragen hier oft Felsen empor, fünfzehn
bis zwanzig Fuß hoch und nur einen bis anderthalb Schuh
dick, senkrecht stehend, wie Ruinenmauern. Die Aehnlichkeit mit
diesen wird noch dadurch vermehrt, daß die Felsmasse quer, also
wagerecht in fünf= oder sechsseitige, drei bis vier Zoll dicke
Stücke gespalten ist, die locker zusammenhängen und ganz wie
Bausteine aussehen, aus welchen die Mauer errichtet worden.
Oder, man sieht an steilen Bergseiten, die aus dreißig bis vierzig
wagerecht über einander liegenden Lagen bestehen, diese alle von
einer senkrechten durchsetzt, so daß, wenn die erstern rechts und
links wegfallen würden, auch eine mauerartige Felswand übrig
bliebe. Beide Erscheinungen sind dasselbe, die erstern waren
auch einmal von Querlagen eingeschlossen, welche verwitterten
und zusammenbrachen. Die Geologen nennen diese Art von
Bildungen, nämlich Gesteinslagen, welche andere durchsetzen,
„Gänge.“ Diese Gänge spielen aber eine wichtige Rolle in der
Erklärung der Entstehung Islands und der ganzen Erde.

Es ist erst kurze Zeit, seit man angefangen hat, die Thier=
und Pflanzenreste, welche in die Gesteine des Erdbodens ein=
geschlossen sind, zu studiren, die Skelette von Wirbelthieren, die
Krusten von Glieder=, die Schalen von Weichthieren, die Stämme,
Früchte, das Laub, mit den gleichen Theilen jetzt lebender Thiere
und Pflanzen zu vergleichen. Mit dem Studium der Verstei=
nerungen begann man auch fleißiger nach denselben zu suchen,
und so ward bald die Kenntniß einer reichen Schöpfung bisher
unbekannter Organismen erlangt. Diese Geschöpfe existiren

zwar in denselben Arten fast alle jetzt nicht mehr, beurkunden
aber doch eine mit den lebenden Geschlechtern und Arten ein=
heitliche, nach denselben Gesetzen errichtete Schöpfung. Das
Leben jener „alten Wesen" war denselben und auch verschiedenen
Bedingungen unterworfen, wie das der jetzigen.

Der größte Theil jener Thiere waren solche, die im Meere
gelebt haben und im süßen Wasser hätten zu Grunde gehen
müssen. Es ist klar, daß schon dieses eine Verhältniß einen
sichern Anhaltspunkt gibt, um daraus Schlüsse auf die Beschaf=
fenheit der Erdoberfläche zu jener Zeit, als diese Thiere gelebt
haben und an jenen Theilen, wo sie jetzt in Gesteinen ein=
geschlossen sind, zu ziehen.

Ferner ließ das Aufsuchen derselben in den Gesteinen, und
zwar der verschiedensten und entlegensten Theile der Erde, erkennen,
daß sie darin in einer gewissen Folge von unten nach oben, von
der Tiefe zur Höhe vertheilt sind und die Vergleichung der in
verschiedenen Höhenregionen aufgefundenen Organismen unter
einander ergab als sehr wichtiges und interessantes Resultat,
daß sich die ganze alte Schöpfung in mehrere Abtheilungen
spalte, die in Zeitabschnitten nach einander auftraten.

Diese Thatsachen zusammen lieferten den Nachweis, daß
einmal eine ganz andere Vertheilung von Meer und Land, als
die jetzige, stattgefunden hat, daß meist Ocean war, wo jetzt
Continente sind, daß diese allmälig trocknes Land wurden und
daß einander nahe liegende Regionen aus verschiedener, die ent=
legensten aber aus gleicher Bildungszeit stammen können.

Das Eingeschlossensein der Thier= und Pflanzenreste in die
Gesteinsmasse setzt einen gewissen Zustand der letztern voraus,
der sie befähigte, jene einzuhüllen, so daß damit ein Anhalts=
punkt gegeben ist, auch die Bildungsart und den Ursprung der

Versteinerungen führenden Gesteine zu erklären. Sie können nur aus der Zerstörung oder Verwitterung schon vor ihnen vorhanden gewesener Gebirge hervorgegangen sein und waren entweder mechanisch oder aufgelöst, als Sand, Schlamm oder Kalk in's Meer gelangt, auf dessen Boden sie sich während langer Zeiträume in „Schichten" absetzten. Ihre ungeheuren Massen deuten auf eine lange Bildungszeit.

Die Versteinerungen geben also bestimmte Aufschlüsse über die Art und Zeitfolge der Bildung großer Theile der Erde, aber nicht des Erdkörpers überhaupt. Nach Obigem setzt einerseits die Bildung der Versteinerungen führenden Massen das Vorhandensein von andern voraus, andererseits finden sich an der Erdoberfläche wirklich die ausgedehntesten Felsgebilde, in welchen keine Versteinerungen enthalten sind und deren übrige Eigenschaften auch auf eine andere Bildungsart schließen lassen.

Um also die Geschichte der Erde vollständig zu erhalten, muß noch erklärt werden, wie dieselbe „im Anfang" und bis zu jener Zeit, wo die Bildung der Meeresabsätze begann, beschaffen war, dann wie die Gesteinsmassen ohne Organismen entstanden sind und endlich wodurch die Veränderungen an ihrer Oberfläche hervorgebracht wurden.

So sicher nun die Resultate, womit die Versteinerungskunde unser Wissen von der Bildung der Erde bereichert hat, an sich sind, und so groß auch die Bemühungen der Gelehrten, für die Beantwortung der letzten Fragen feste Anhaltspunkte, Thatsachen herzustellen, so sind dieselben gegenwärtig doch noch so lückenhaft, entbehren oft des Zusammenhanges oder widersprechen einander gar, daß wenn man das Einzelne zu einem ganzen Bilde, zu einer Lehre zusammenfassen will, viele Theile derselben sich mit Inhalt und Umrissen in Nebel und Dunkel verlieren. Die

Lehre von der Bildung der Erde ist noch keine vollendete, ab-
geschlossene Wissenschaft, aber ein um so angestrengteres Ringen
und Streben, durch Hilfe anderer Wissenschaften es zu werden.

Es bestehen zwei einander entgegengesetzte Lehren über die
Entstehung der Erde, deren Vorhandensein am besten zeigt, wie
viel da noch dunkel ist. Die eine dieser Lehren wird gewöhnlich
als die plutonische, auch vulcanische oder physikalische bezeichnet,
die andere als die neptunische oder chemische.

Die Hauptsätze der plutonischen Lehre sind folgende: Im
Anfang war die Erde eine feuerflüssige Kugel, das heißt schmelzend in ungeheurer Hitze. Als sie ihre Kugelgestalt durch die
Umdrehung annahm, mußte sie im feuerflüssigen Zustande gewesen sein, weil eine andere Ursache des Flüssigseins der Mine-
ralmassen nicht angenommen werden kann.

Die Hitze ließ allmälig nach und so begann die Kugel
endlich zu erstarren, rundum eine Kruste zu bekommen, es entstanden die ersten Gesteinsmassen. Das innerhalb der Kruste
Feuerflüssige konnte nicht für immer abgesperrt von der Oberfläche bleiben, sondern die mit eingeschlossenen Gase und Dämpfe
sprengten die Hülle öfter auf. Die jetzigen Vulcane sind noch
schwache Reste jener einst viel stärkern Einwirkung des feuerflüssigen Innern gegen die Oberfläche. Aus den aufgerissenen
Spalten wurde die geschmolzene Masse theilweise heraufgehoben
und herausgestoßen, und so entstanden jene Gesteine, welche
keine Organismenreste einschließen. Die Ausbrüche gaben Veranlassung zur Entstehung von ganzen Gebirgen und verursachten
überhaupt alle Veränderungen auf der Erdoberfläche, namentlich
die verschiedene Vertheilung von Land und Meer in verschiedenen
Zeiten.

Wie anfangs nur die als erste Decke gebildeten Gesteine,

so wurden später auch die aus verhärteten Meeresabsätzen ent=
standenen, durch Ausbrüche zerriffen, emporgehoben und auf die
Seite geschoben, so daß was zuerst wagerecht lag, nun eine
schiefe oder senkrechte Stellung bekam.

Neben den gewaltsam umgestaltenden Katastrophen ging
aber auch eine allmälige, mehr oder minder große Theile der
Erde betreffende Emporhebung her. In großen Ruhepausen
zwischen diesen Vorgängen entstanden neue Thier= und Pflanzen=
schöpfungen, deren Reste in dem aus der Verwitterung der Ge=
birge hervorgegangenen Schlamm und Sand, die sich auf dem
Boden der Meere absetzten, begraben wurden.

Mit diesen Annahmen wird auch der Bau der Erde in
den Gebirgen übereinstimmend gefunden: die aus dem Meere
abgesetzten Schichten stehen fast immer geneigt oder ganz senk=
recht, wie sie werden mußten, wenn andere Massen sie von unten
herauf durchbrachen.

Oft zieht eine Steinart mit anderer Richtung in die Lagen
einer andern hinein, bildet „Gänge,“ ein Beweis, daß die zweite
Steinart Spalten hatte und eine Masse von unten herauf kam,
welche diese ausfüllte. Auch in thätigen Vulcanen steigt die
Lava oft in Spalten auf und bleibt in denselben stecken. Die
versteinerungführenden Massen, welche gemäß ihrer Einschlüsse
von Meeresthieren unter dem Meere gebildet wurden, finden
sich nun trocken und oft viele tausend Fuß über dem Meeres=
spiegel, mitten in den Festländern. Sie müssen also empor=
gehoben worden sein. Auch zur Zeit noch beobachtet man, wie
die Hebung von ganzen großen Landmassen, zum Beispiel
Skandinaviens, vor sich geht. Durch vulcanische Wirkung sind
schon vor den Augen der Menschen Berge und neue Inseln
entstanden.

Endlich, man beobachtet im Innern der Erde eine Wärme, welche nicht durch die Sonne erzeugt wird und die nach abwärts immer mehr zunimmt, so daß in einer gewissen Tiefe nothwendig Alles geschmolzen sein muß. Diese Wärme erklärt auch die heißen Quellen. Dies die plutonische Lehre!

Die neptunische hat sich die Bekämpfung der Annahme, daß die Erde im Anfang feuerflüssig war, als erste Aufgabe gesetzt und was sie bisher dagegen aufgebracht, besteht hauptsächlich in Folgendem: Alle Mineralkörper befinden sich einmal in einem weichen, teigartigen, wässerigen Zustande, in welchem sie nicht krystallisirt sind, und so war auch im Anfang der ganze Erdkörper beschaffen, so daß er befähigt war, Kugelgestalt anzunehmen. Als die festweiche Masse erstarrte, krystallisirte, zog sie sich zusammen und bekam ungeheure Spalten, Sprünge und Vertiefungen, so daß spätere Absätze darauf theilweise keine Unterlage fanden und daher sich senken oder einstürzen mußten. Was also nach plutonischer Lehre durch Hebung hatte geschehen sollen, konnte auch Folge von Senkungen sein.

Krystallisation, chemisch elektrische Vorgänge erzeugten örtlich auch große Wärme, manchmal bis zur Erhitzung und Schmelzung der Massen und die jetzigen Vulcane sind die Aeußerung solcher örtlichen Erhitzung. Der Gebirgsbau steht wegen der Ruhe und Ordnung, welche er zeigt, oft in grabem Widerspruch mit einer Annahme von gewaltsamem Hervorbrechen der Steinmassen, namentlich können die Spaltausfüllungen, die Gänge, nicht so entstanden sein. Auch die Gesetze der Wärmeleitung streiten gegen die Annahme des Eindringens schmelzender Gesteinsmassen bis in die feinsten Enden von Spalten.

Die Annahme der Feuerflüssigkeit verstößt besonders gegen die chemischen und physischen Bildungsgesetze einzelner Mineralien.

So ist es zum Beispiel unmöglich, daß die Bestandtheile des Granits, deren drei Arten sind, nämlich Quarz, Feldspath und Glimmer, den Gesetzen der Erstarrung schmelzender Körper gemäß geschmolzen waren. Je mehr ein Körper Hitze braucht, um flüssig zu werden, um so eher muß er wieder erstarren, wenn die Hitze nachläßt. Wenn nun drei Körper von verschiedener Schmelzfähigkeit zusammen feuerflüssig sind, so muß der zuerst erstarrende einen Raum einnehmen können, wie es ihm beliebt, während die folgenden genirt sind und auch in der starren Masse muß sich beswegen noch erkennen lassen, in welcher Folge sie fest wurden. Demgemäß müßte man dem Granit ansehen, daß zuerst der Quarz, dann der Feldspath und endlich der Glimmer sich bildete, während aber grade das Gegentheil der Fall ist. Der Quarz ist es nämlich, welcher den von den andern zwei Mineralien übrig gelassenen Platz einnimmt. Die Granitmasse war also nicht geschmolzen.

Das Studium und die Beobachtung über die Bildung von Mineralien haben ferner ergeben, daß sie alle auf sogenanntem wässerigen Wege entstehen können, indem die Substanzen, aus welchen sie sich bilden, sich in Wasser aufgelöst durch den Erdboden bewegen. Namentlich seien viele Spaltausfüllungen, Gänge, erweislich durch wässerige Infiltrationen entstanden.

Diese Einwürfe, deren Werth besonders darin liegt, daß sie sich nicht auf Möglichkeiten, Hypothesen, sondern auf streng wissenschaftliche Beobachtungen stützen, haben das Gebäude des Plutonismus im Grunde erschüttert. Die Neptunisten gingen vom Einzelnen aus und eroberten Gestein um Gestein von den Vulcanisten zurück, obwohl eingestanden werden muß, daß auch sie für manche Erscheinung noch keine genügende Erklärung haben, und namentlich die von ihrer Seite aufgestellten Systeme über Erdbildung im Allgemeinen manches Willkürliche enthalten. Ein mächtiges Bollwerk, aus welchem die Plutonisten noch nicht ganz vertrieben werden konnten, ist der Basalt oder Trapp. Dieser trägt nämlich oft die deutlichsten Merkmale an sich, daß seine Bildung bei großer Hitze erfolgte, ja daß er feuerflüssig war und von wirklicher Lava oft nicht unterschieden werden kann. Er findet sich oft in solchen Verhältnissen zu andern Gesteinen, daß es den Anschein hat, als ob er feuerflüssig aus der Tiefe nach oben gestiegen und dann an der Oberfläche aus einander geflossen wäre.

Wenn der Leser Obiges mit dem, was ich schon früher von den Gebirgsgesteinen und dem geognostischen Bau der Insel gesagt habe, zusammenhält, so wird ihm ohne Weiteres klar sein, welche Bedeutung Island für die Lehren der Erdbildung und besonders für die Frage nach Entstehung des Basaltes oder Trapps hat und daß es nothwendig ist, um diese Bedeutung zu verstehen, die herrschenden Lehren in ihren Hauptzügen zu kennen.

Die Plutonisten lassen Island seinen Ursprung mehreren Ausbrüchen des feuerflüssigen Erdinnern verdanken, welche die ungeheuren Massen unter Meer über einen frühern Boden aus- gegossen hätten. Nachdem aus denselben eine erste Decke gebil- det war, wurde diese wieder durchbrochen und das neue Gestein quoll hinauf in die Klüfte und Spalten des vorhergegangenen — daher die vielen Gänge in den Gebirgen der Insel. Neben den Ausbrüchen ging eine langsame Erhebung her, die das Gebildete allmälig über den Meeresspiegel emporbrachte.

Man sollte meinen, daß ein auf diese Weise entstandenes Land gewiß das unverkennbarste Gepräge des Ursprungs trüge und sich wenigstens gänzlich von einem solchen unterschiede,

welches durch Absätze aus Wasser, also durch Zusatz von oben
her entstanden ist. Man sollte glauben, daß Island die feuer=
flüssige Bildung des Basaltes wohl am unwiderleglichsten zeige
und es keinem Anhänger neptunischer Lehren gerathen sein könnte,
diesen Zauberkreis Pluto's zu betreten, ohne fürchten zu müssen,
seinen vorigen Anschauungen untreu zu werden. Und doch ist
dem nicht so! Das Land trägt kein solches Gepräge, welches
nothwendig jene Ursprungsart voraussetzen ließe, im Gegentheil
hat der Bau seiner Gebirge sehr oft Aehnlichkeit mit dem sol=
cher, welche aus Meeresabsätzen entstanden sind. Man kann
sich keine Vorstellung machen, wie es bei jenen Ausbrüchen zu=
gegangen sein müßte, wie die entstandenen Oeffnungen beschaffen
waren und wie die Kräfte von unten herauf gewirkt haben,
daß nun die Massenproducte von drei bis vier Ausbrüchen gleich=
sam in einander eingeschachtelt, eine so ungeheure vereinigte
Landmasse bilden. Jedenfalls müßte jene vulcanische Thätigkeit
ganz anders beschaffen gewesen sein wie die jetzige, wo man
die ausgeflossenen Massen von ihren Grenzen bis zu ihrem Ur=
sprung verfolgen kann. Aber immerhin wäre auch unter andern
Umständen die Lage der Ausbruchsöffnungen die Hauptbedin=
gung für die Richtung der ausfließenden Massen und ihrer
spätern Oberflächenformen, also der jetzigen Landesgestaltung
gewesen. Nun zeigt aber im Gegentheil die dortige Gebirgs=
bildung in Vertheilung und Richtung der Züge, in Gliederung
der Thäler eine Gesetzmäßigkeit, die mit keiner Art vulcani=
schen Ursprungs im Einklang steht. Die Berge gipfeln sich
Lage auf Lage, wie in Gebirgen, wo jede Schicht eine andere
Reihe von Thierresten einschließt.

Die Gänge setzen in Island quer durch dreißigfach über
einander gelegte Decken mit einer solchen Ruhe und Accuratesse

möchte ich sagen, als ob sie von der Hand des Architekten mit genauer Berechnung des Raumes wären eingefügt worden. Man beobachtet ihrer auf kleinem Raume zwanzig und dreißig zusammen, nach allen Richtungen laufend, einander kreuzend und oft kaum von handbreiter Dicke. Es ist keine sich gleichbleibende Gangrichtung vorhanden. So viel ihrer sind, stehen ihre Massen doch in keinem Verhältniß zu den wagerechten Lagen, welche sie hervorgebracht haben sollen. Ich konnte niemals beobachten, daß eine senkrechte Gangmasse in eine wagerechte Lage übergegangen wäre; immer sah ich nach oben, zum Tag, den Gang gleich mit den ihn einschließenden Querlagen abschneiden. Isolirte Massen finden sich auch in andern abgerundeten oder unbestimmten Formen auf eine Weise eingeschlossen, daß ihr Heraufkommen von unten und Eindringen in's andere Gestein ganz unbegreiflich ist. Der Trachyt, welcher nach plutonischer Lehre durch einen besondern Ausbruch hervorgekommen sein soll, bildet bald Gänge im Trapp, bald ist letzterer wieder im Trachyt eingeschlossen.

Diese von mir beobachteten Thatsachen stehen im graden Widerspruch mit der plutonischen Vorstellung von der Entstehung der Insel und müssen erklärt sein, ehe jener als ausgemacht genommen werden könnte.

Keineswegs fehlen dem heutigen Island, ob es nun auf diese oder jene Art entstanden, Urkunden, aus welchen sich nachweisen läßt, wann es zuerst trocknes Land geworden und welche Beschaffenheit dieses hatte.

Der größte Theil von Europa stand schon über dem Meeresspiegel, als zwischen dem 63sten und 64sten Grade nördlicher Breite an der Stelle des heutigen Island noch die Fluthen des Oceans auf- und niederwogten.

Man unterscheidet nach den verschiedenen Organismen=
schöpfungen, deren Reste in den Gesteinen begraben liegen, in
der Bildungszeit der Erde seit dem Auftreten der Meeresabsätze
acht große Abschnitte. Erst in der Zeit der siebenten, vorletzten
Periode, erschien auch in jenen hohen Breitegraden trocknes
Land. In Europa standen zur selben Zeit die Wälder, aus
deren Holz die Braunkohlen, zum Beispiel im nördlichen Deutsch=
land, oder die am Nordfuße der Alpen ihren Ursprung nahmen.
Das damalige isländische Trockenland trug eine gleiche Vege=
tation. An vielen Punkten Nordislands finden sich Braun=
kohlen und damit Reste von Blättern und Früchten, die noch
recht gut erkennen lassen, welchen Pflanzenarten sie angehört
haben. Es war eine von der jetzigen isländischen gänzlich ver=
schiedene Flora. Damals gab es auf der Insel Wälder, welche
von vierundzwanzig verschiedenen Holzpflanzenarten, *) Laub=
und Nadelhölzern, gebildet wurden.

Unter den Laubhölzern war am meisten der Ahorn ver=
treten. Außer diesem wuchs die Eiche, der Nußbaum und der
Tulpenbaum.

Die Art dieser Vegetation zeigt, daß das Land nicht gebir=
gig war und ein bedeutend milderes Klima hatte, als das
heutige Island. Jene Gewächse bedurften alle eine Jahres=

---

*) Die fossile Flora von Island besteht im Ganzen aus siebenunddreißig
Arten, von welchen sieben noch nicht zu deuten sind. Professor Stenstrupp
von Kopenhagen hat während eines zweijährigen Aufenthaltes auf der Insel
diese Arten bis auf sieben gesammelt. Ich brachte elf Arten und darunter
vier für Island und drei überhaupt neue von dort mit. Professor Heer in
Zürich, der beste Kenner der tertiären Pflanzen, hat dieselben bestimmt.
Ich habe auch tertiäre Meeresconchylien und solche mit Delphinknochen aus
dem Diluvium gesammelt, die ich in einem andern Werke besprechen werde.
Hier sei nur bemerkt, daß die Thierversteinerungen auf eine jüngere Epoche
führen als die Pflanzen.

temperatur von mindestens 9 Graden, während sie jetzt in
jenen Gegenden, wo sich die Reste finden, 0 Grad ist. So
haben sich also mit den Wandlungen der Erdoberfläche auch die
klimatischen Zustände darauf geändert.

Die als groteske Mauern sich darstellenden Gangreste, auf
welche man an der Küste des Nordlandes so häufig stößt, haben
mich verleitet, vielleicht zu lange, die Geduld des Lesers für
Geologisches in Anspruch zu nehmen. Setzen wir nun wieder
die Reise fort, um sie an's Ende zu bringen.

Der Weg durch das Westland hinab nach Reykjavik bietet
wenig allgemein Interessantes mehr. Südlich von der schmalen
Landenge, welche die große nordwestliche Halbinsel abschnürt,
tritt wieder eine Hochplateaubildung, mit nur seichten Einschnitten
an den Rändern, auf. Diese wird gegen Westen von einer
Reihe vulcanischer Kegelberge abgelöst, die in eine schmale lange
Halbinsel hinauszieben, um mit der Gletscherpyramide des
Snäfelsjökul zu endigen. Der Südrand des Plateaus begrenzt
ein kleines Tiefland, das sich von da bis an den Nordfuß des
Westgebirges und zur See hinauserstreckt. Gegen Südosten
endigt es wie an einem hohen Markstein, an dem prachtvollen
Trachytkegel des „großen Päula," dem schönsten und interessan=
testen Berge der Insel.

In das Tiefland ergießen sich aus flachen, von langgezo=
genen Hügelmassen eingerahmten Thälern mehrere starke Flüsse,
welche ihre Quellen tief im Innern haben. Der größte, die
Hvithau, entspringt am Nordfuße des langen Jökul.

Ein Besuch der von den Isländern so sehr gerühmten
Höhle, Surtshellir, welche am Beginn des Hochlandes unfern
der Hvitauquellen liegt, lohnt sich kaum. Es ist diese Höhle
nur ein Blasenraum in einem alten Lavastrom, der freilich nahe

Norderauthal mit dem „Bäulaberg" im Westlande.

19 *

eine halbe Stunde lang und sehr weit ist. Er bietet aber nichts
Interessantes, als daß man wieder den innern Bau, sowie an
der Allmanagiau kennen lernen kann; dessen Boden ist mit einem
Meer von ungeheuren Lavablöcken überdeckt, die mit größter
Mühe überklettert werden müssen.

Auf dem Wege von Surtshellir herab an die Grenze des
Tieflandes kommt man an dem ausgedehnten Quellenboden von
Reykholt vorbei, wo sich eine Quelle befindet, deren Ursprungs=
öffnung eine ganz eigenthümliche Lage hat.   Diese Quelle ent=
springt mit kochendem Wasser aus drei ungefähr anderthalb
Schuh weiten beckenförmigen Vertiefungen, die eng neben ein=
ander an dem einen höhern Ende einer kleinen schmalen Fels=
bank liegen, welche mitten aus dem Bache, der durch's Thal
herabkommt, auftaucht.

Jetzt trennt uns nur noch das „Westgebirge" mit den
zwei grotesken Gebirgsstöcken des Skarb und Esta vom „Süd=
lande." Die Wanderung durch die ibyllischen Thäler des West=
gebirges, von kühnen Berggipfeln überragt und vorbei an grünen
Bergseen, gab der Reise einen angenehmen Schluß.

Als ich vom hohen Joche des Svinaskarb, einem der öst=
lichen Ausläufer des Esta herab, zum ersten Male wieder das
südliche Küstenland und die graue Fläche des Fazabusens er=
blickte, war mir freudig zu Muthe, als ob da meine Heimath
wäre, und als mir endlich die geschwärzten Häuschen der Haupt=
stadt entgegenwinkten, gesellte sich ein Gefühl wonnigen Beha=
gens dazu.   Die Grenzen der Civilisation waren wieder erreicht
und die Hauptsache, meine Tagebücher waren gefüllt, meine
Arbeit, die Reise, beendigt.   Von nun an gehörte ich wieder
mir selbst an.

In Reykjavik traf mich ein ziemlich langer Aufenthalt. Die

Ankunft des Dampfbotes war erst auf Ende des Monats Sep=
tember angekündigt und ich zog schon vor Mitte desselben
dort ein.

In diesem Orte herrschte nun eine andere Stimmung als
beim Beginn des Sommers. Die Fremdensaison, welche es
auch für Island gibt und der Verkehr der Insel mit Europa
waren geschlossen. Alle Kauffahrteischiffe hatten den Hafen ver=
lassen, um nach Hause zurückzukehren, und kein ferneres wurde
erwartet. Nur ein leichtsinniger Norweger lag noch vor Anker,
dessen schlechtem Kasten man allgemein den Untergang auf dem
Heimwege prophezeite. Die Norweger sollen sich darin aus=
zeichnen, mit den schlechtesten Fahrzeugen in die See zu gehen.
Außer den Einheimischen waren nur noch ich, mein Reise=
gefährte und der Engländer, welcher die Schwefellager von
Krysuvik ausbeuten wollte, zurück. Die Reykjaviker begannen
sich schon für ihr Winterstillleben einzurichten. Tägliche Abend=
theegesellschaften, ein Ball, den die Honoratiorenjugend gab,
waren die auffallenden Anzeichen davon. Da wir häufig Ein=
ladungen empfingen und ich mittlerweile auch noch eine kleine
Tour gemacht hatte, so kam das Ende des Monats schnell
heran, aber damit nicht das erwartete Schiff.

Am 20. September hatte ein schreckliches Unwetter zu hau=
sen begonnen, der heftigste Sturm durchheulte unablässig unser
kleines Häuschen in allen Tonarten, und wenn ich auf die
graue See hinausblickte, war es mir kein tröstlicher Gedanke,
sie noch in so viel hundert Meilen zwischen mir und meiner
Heimath zu wissen. Bisher hatte ich bei den Reykjavikern über
das lange Ausbleiben des Schiffes keine Bedenklichkeit wahr=
genommen. In den ersten Tagen des Octobers fiel ein schuh=
tiefer Schnee. Darauf kam klares Wetter und in den heitern

Nächten sah man dann die Fackel des Nordens am Himmel
ausgesteckt. Wie ein Silberstrom über dem Scheitel aus meh=
reren Quellen entspringend, floß des Nordlichtes zauberisches
Leuchten hinab gegen Nordwesten. Als ich es zum ersten Male
bemerkte, war sein Schein noch so schwach, daß ich die Milch=
straße zu sehen glaubte, aber schon am zweiten Tage erschien
es mit seinem milden Glanze. Am 4. und 5. October hatten
wir 5 Grad unter Null. Das Schiff kam noch immer nicht,
und jetzt fingen auch die Isländer an, sichtbar darüber Bedenken
zu bekommen, wenn sie es auch nicht eingestehen wollten. Wenn
ich einen fragte: Warum kommt wohl der Dampfer so lange
nicht? So erhielt ich die mit Ruhe gegebene Antwort: Der
Sturm wird ihn genöthigt haben, auf Shetland oder den Fär=
öern einzulaufen. Dann aber fing er von Schiffbrüchen zu
erzählen an.

Im Herbste des vorigen Jahres war das dänische Post=
schiff, dessen Dienste jetzt der erwartete Steamer versah, an der
isländischen Küste, nachdem es kaum die Bucht von Reykjavik
verlassen, gescheitert und mit Mann und Maus verloren ge=
gangen. Dasselbe Loos traf gleichzeitig ein Kauffahrteischiff.
Man fand nur noch wenige Trümmer als Zeugniß des Un=
glücks an der Küste jener langen Halbinsel, worauf sich der
Snäfelsjökul erhebt. Da sollen die Capitäne der Schiffe selbst
Schuld gewesen sein. Alles hatte Sturm prophezeit und ab=
gerathen auszulaufen, aber der Capitän des Handelsschiffes
war übermüthig oder leichtsinnig und hörte nicht darauf. Der=
jenige des Postschiffes, selbst Böses fürchtend, wollte sich nicht
nachsagen lassen, als ob er weniger Muth und Vertrauen zu
sich hätte, als jener, und lief daher auch aus, und so kam der
schreckliche Ausgang. Auf einem guten Schiffe und mit einem

tüchtigen vorsichtigen Capitän, hörte ich sagen, sei auf der See nichts zu fürchten.

Gott sei Dank! Am 7. October kommt die Hausfrau auf mein Zimmer geeilt, „das Schiff kommt, man sieht es schon." Dasselbe kam aber in übel zugerichtetem Zustande an. Fünf Tage hatte es mit den von einem Orcan gepeitschten Wellen kämpfend sich auf dem Ocean umhergetrieben. Einmal drohte eine Sturzwelle dasselbe zu begraben, und es waren schreckliche Augenblicke, wie mir Passagiere erzählten, die mitgekommen, innerhalb welcher das Schiff in der Tiefe war, bis es wieder aufstieg. Mehrere Matrosen waren verwundet worden. Die Cajüte der Steuerleute sammt deren ganzer Habe hatten die Wellen über Bord gespült. Die Planken des Hinterdecks, aus drei Zoll dicken Eichenbielen, waren von ihnen, gleich als ob sie von Papier gewesen, eingebrochen worden. Auch die Schraube hatte einen kleinen Schaden genommen. Doch war das Schiff noch seetüchtig, ein Beweis von seinem soliden Bau. Es sollte in Reykjavik so gut als möglich restaurirt werden, daher der Capitän den Abgang erst auf den 17. des Monats festsetzte. Eine Seereise in so später Jahreszeit, wo die Nächte lang und man sich nicht mehr auf dem Deck aufhalten kann, ist sehr unangenehm.

Wir wurden in dem von Reykjavik ein paar Stunden entfernten Handelsplatze Havnefiord eingeschifft, wohin sich das Schiff seiner Ladung willen ein paar Tage früher begeben hatte. Es war an einem Sonntag Nachmittag, als wir bei milder Luft und blauem Himmel die Anker lichteten. Ein Schifflein mit unsern Reykjaviker Freunden besetzt kehrte zum Ufer zurück. Tücherschwenken und Hurrahrufe vermittelten gegenseitig den Ausdruck unserer Abschiedsgefühle. An demselben Tage noch

ging es um die südwestliche Ecke des Insellandes herum und
am folgenden Morgen lagen wieder die Gletscherdome der Süd=
küste vor den Augen, welche auch ihre Häupter wie zum Ab=
schiedsgruß entblößt hielten.   Die ersten drei Tage hatten wir
eine für so späte Jahreszeit prächtige Fahrt.   Es war unter
Tags der Aufenthalt auf dem Decke möglich und ich konnte
mich eben so ungestört wie auf der Herreise meinen Betrachtun=
gen hingeben, da Alles seekrank in der Cajüte darniederlag.
Am dritten Tage Abends begann sich der Himmel zu umwölken
und ein heftiger Wind blies.   In der Nacht, wo wir uns den
Färöerinseln nähern sollten, ließ mich die Besorgniß, wir möch=
ten an den schwarzen Klippen scheitern, nicht zum Schlafen
kommen.   Doch ging Alles gut und wir kamen, wenn auch bei
sehr bewegter See, glücklich durch die Inselpforte und warfen
Mittags vor Thorshavn Anker.   Der Capitän erklärte, hier
so lange warten zu wollen, bis sich das Wetter besserte, und
dagegen hatte Niemand etwas einzuwenden, am wenigsten ich,
der in Thorshavn ja schon alte Freunde fand.   Der Leser soll
aber nun mehr über die Färinseln erfahren, wo ich mich, wie
er weiß, im Frühjahr fünf Wochen aufgehalten habe.

Der Färinseln (dänisch Färöerne) sind achtzehn, aber von
sehr ungleichem Umfange, dreizehn davon bilden, nördlicher,
eng zusammengedrängt eine Gruppe.   Eine der größern liegt
isolirt weit nach Süden herabgeschoben und heißt die Südinsel,
Suderöe.   Zwischen der nördlichen Gruppe und der Südinsel
liegen vier andere, von denen zwei nur mit je einem Hause besetzt
sind und die britte ein unbewohnter Bergkegel ist. Alle Inseln
zusammen nehmen einen Flächenraum von circa achtzig bis
neunzig Geviertmeilen ein.   Die größte mißt ungefähr dreißig,
die kleinste aber kaum eine Viertelmeile.

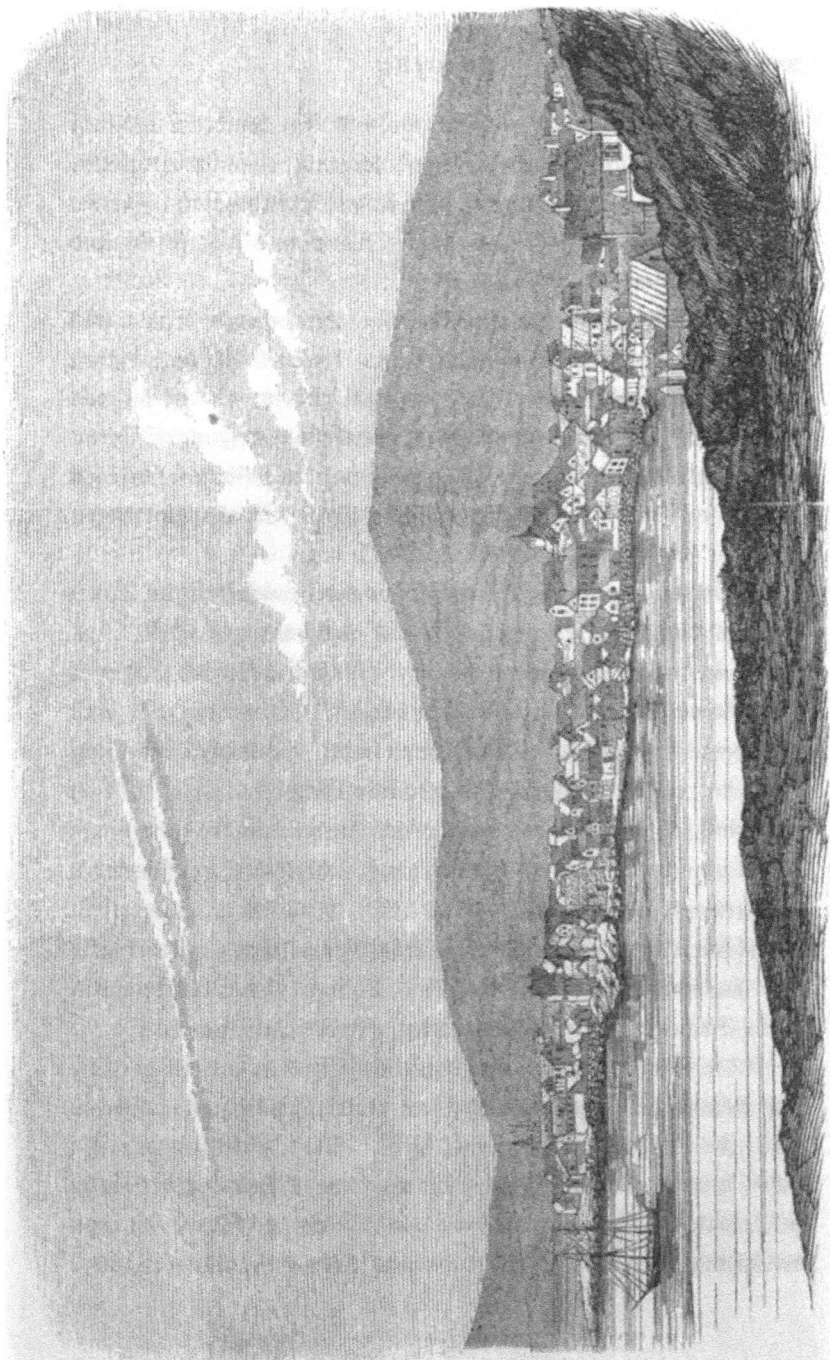

Thorshavn, Hauptort der Färöerne.

Diese Eilande sind ein Gebirge und kein Land. Sie bilden mehrere von Südost nach Nordwest laufende einfache Bergketten mit gleich gerichteten Längen- und kurzen Seitenthälern. Statt einer festen Thalsohle ist aber hier Meer und die Inseln sind nothwendig lang und schmal.

Ihre Gebirge steigen immer steil, ohne ebenen Saum aus der See heraus, nur allmäliger mit breiten Terrassenabsätzen an der Nordostseite, als an der entgegengesetzten, wo sie oft von nahe 3000 Fuß hohen Gipfeln grade zum tiefblauen Ocean hinabstürzen. Es gibt nur wenige Buchten mit flachen sandigen Ufern, auf zwei Inseln finden sich kleine Strecken hügeligen Bodens, sonst ist alles Gebirge oder Meer.

Die Färöerne zählen 8000 Einwohner, gehören zu Dänemark und bilden einen eigenen Regierungsamtsbezirk. Die Orte, welche höchstens aus sieben bis acht Häusern bestehen, liegen in Buchten oder auch hoch über dem felsigen Strande an den Fuß der Berge hinangebaut. Thorshavn, der Hauptort, liegt auf einer der größern Inseln der nördlichen Gruppe. Der Ort ist auf eine in eine Bucht hinaustretende Felszunge gebaut und scheint in der Ferne mit seinen amphitheatralisch ansteigenden Häusern, Häuschen und Hütten viel ansehnlicher, als er in Wirklichkeit ist. Thorshavn zählt 900 Einwohner, ist der Sitz des Amtmannes, des Richters, des Polizei- und Steuerbeamten, einer Elementarschule und mehrerer Handelsetablissements.

Die Wohnungen auf den Färinseln sind viel besser als die auf Island, obwohl auch hier weder Kalk, noch Holz zu haben ist. Jedes Haus hat einen Ofen. Die Inseln bringen alle Torf hervor und merkwürdig, an ein paar Punkten der Südinsel, wo sich kein Torf findet, gibt es Braunkohlen, die von den Anwohnern benutzt werden. Das Klima ist nicht kalt, aber höchst unregelmäßig feucht, windig und neblig. Im strengsten Winter geht die Temperatur nicht über 8 Grad Kälte herab. Bäume können nicht fortkommen, aber Gerste wird gebaut, reift und gedeiht. Ueber die Berge verbreiten sich fette Weiden, von welchen und dem Meere die Färinger ihren Unterhalt ziehen. Sie leben von Schafzucht und Fischfang. Ihre Schafe liefern nur eine grobe Wolle, welche sie selbst zu Matrosenjacken und Strümpfen verarbeiten. Zum Färben bedienen sie sich zweier Flechtenarten, welche ebenfalls auf ihren Inseln wachsen. Die gewöhnlichen Lebensmittel der Insulaner sind Seefische. Für eine Delicatesse halten sie rohes, an der Luft getrocknetes Schaffleisch.

Die Tracht der Männer ist originell. Ihre Schuhe sind eben so einfach und kunstlos wie die der Isländer. Diejenigen für den Gebrauch im Hause werden aus Schafleder und die zum Begehen der nassen schlüpfrigen Berge aus starkem Rindsleder gefertigt. Die letztern müssen beständig in Seewasser liegen, um weich zu bleiben, und werden erst unmittelbar vor dem Gebrauch herausgenommen, wo sie dann, über einige Paare von Strümpfen angezogen, mit diesen eine für Wasser unburchbringliche Hülle bilden. Die übrigen Kleidungsstücke bestehen in braun gefärbten Strümpfen, bis an die Knie reichenden schwarzen Hosen, des Sonntags einem langen schwarzen Rock und Werktags einer juppenartigen braunen Jacke. Den Kopf bedecken sie mit einer blau und weiß gestreiften sackartigen Haube.

Auf den Färinseln haben sich noch manche Bräuche aus alter Zeit erhalten, zum Beispiel symbolische Tänze, eine Art von Reigen, welche die Tanzenden selbst mit ernsten Heldengesängen begleiten, so daß, wie die Färinger sagen, der Priester im Ornate eben so wenig als die züchtigste Jungfrau Anstand

nehmen dürfen, einzutreten. Die Sprache iſt eigenthümlich
färingiſch und klingt ganz verſchieden von den andern nordiſchen
Idiomen. Sie enthält viele Ziſchlaute und wird von den Leuten,
beſonders wenn ſie genug des Feuerwaſſers genoſſen haben, ſehr
ſchnell geſprochen. Die Färinger ſind ein ſehr gutmüthiges
Völkchen, nicht reich und auch nicht arm, ohne viele Bedürf-
niſſe, wenig vertraut mit dem Werth des Geldes. Ein Paſtor
verſicherte mich, er könnte einem Färinger eher ſeine Geldkiſte
als ſeine Kartoffeltruhe anvertrauen, denn in Bezug auf letztere
möchte derſelbe der Verſuchung nicht widerſtehen können.

Wie leicht dieſes Völkchen zu regieren iſt, mag beweiſen,
daß im Winter, bevor ich dorthin kam, kein Regierungs- und
kein Gerichtsbeamter im Lande war und doch nicht die mindeſte
Unordnung vorfiel. Ein paar Thatſachen mögen ſeinen Charakter noch mehr in's Licht bringen.

Die Färinger ſollen ſich namentlich nicht durch Courage
auszeichnen. Wohl kann man ſie unter einander lärmen, ſchim-
pfen und fluchen hören, daß es den Anſchein hat, als müßte
gleich Mord und Todtſchlag folgen, während es doch nie ſo
weit kommt, daß Einer den Andern berührt. Sie müſſen ſich
von den Matroſen fremder Schiffe, die in ihre Buchten flüchten,
oft manche Unbill gefallen laſſen, weil ſie nicht den Muth
haben, ſich zu wehren, obwohl es ſo viele große, ſchöne und
ſtarke Männer unter ihnen gibt. Den Bewohnern eines kleinen
Ortes auf der Inſel Oeſteröe wurde einmal arg mitgeſpielt, ein
Fall, welcher auch zeigt, wie orthodox die Färinger in ihren
religiöſen Ueberzeugungen ſind.

Im Sommer 1856 machten zwei junge Engländer mit
einer Yacht eine Vergnügungsfahrt in das nördliche Meer und
trieben ſich ſehr lange an den Färöern herum. Eines Tages

gab das englische Schiff an einen Küstenort Signale um einen
Lotsen. Auf der Insel wurden diese Zeichen bemerkt und alsbald machten sich sechs Männer auf den Weg.

Jetzt ließen auch die Engländer ein Bot nieder, in welches
die zwei in Teufelsmasken gekleideten Gentlemen stiegen und
den Färingern entgegenruderten. Als man sich so nahe kam,
daß die Insulaner die Gestalten der Andern erkennen konnten,
ließen sie von Schrecken gelähmt die Ruder fallen und einige
stürzten rücklings von den Sitzen. Kaum daß sie sich wieder
ermannten, um ihr Schifflein zu wenden und eiligst nach der
Küste zurückzuflüchten. „In dem Schiffe draußen sind Teufel,
ihrer zwei kommen schon herangerudert," so geht alsbald die
Kunde von Haus zu Haus. Das ganze Dorf geräth in Angst
und Schrecken; Alles verschließt sich in die Häuser, nichts weniger als des jüngsten Gerichts gewärtig.

Als die Engländer die Wirkung ihres Spaßes sahen, kehr-
ten sie zu ihrem Schiffe zurück und gingen wieder unter Segel.
Die Färinger aber waren erstaunt, daß, nachdem sie sich wieder
aus den Verstecken hervorgewagt hatten, der Spuk spurlos und
ohne Schaden für sie verschwunden war. Später erfuhren diese
Leute, wie sie zum Besten gehalten wurden und stellten dann
wegen der ausgestandenen Angst beim Amtmann Klage auf
Schmerzensgeld.

Aus einem andern Falle, den ich selbst erlebt habe, sieht
man, wie das sonst so einfache und natürliche Völkchen doch
auch der Hinterlist fähig ist. Für alle Dienste, die man von
den Leuten in Anspruch nimmt, so Beförderung über die See,
Wegweisen, Lasttragen auf dem Lande, bestehen feste Taxen,
welche an sich niedrig wären, wenn nicht die Färinger die Gewohnheit hätten, besonders dem damit unbekannten Fremden

gegenüber, dieselben mit ihren Forderungen zu überschreiten und sollte es nur um den Werth einiger Schnapsgläser sein.

Als ich von der Südinsel nach Thorshavn zurückkehren wollte, erbot sich Herr Pastor Krog von Hvalbö, bei dem ich zu Gast gewesen, mir ein Bot mit den nöthigen Leuten zu bestellen und zwar, wie er es selbst bemerkte, um zu verhüten, daß ich übernommen würde. Bei der Abreise rief er mir noch nach: „Also so viel haben Sie zu bezahlen und nicht mehr."

Wir waren kaum einige hundert Schritte vom Lande entfernt, so begannen die Färinger ein Gespräch unter sich, von dem ich bald merkte, daß es meinen Ueberfahrtspreis zum Gegenstand hatte. Ich hörte öfter das Wort Thaler, Ein und der Andere warf Blicke auf mich, zu erkennen gebend, daß man eigentlich mit mir reden wollte. Sie schienen aber unter sich nicht ganz einig zu sein, und wie ich wohl bemerkte, so genirte es Einige, daß ihr Pastor beim Handel im Spiele war. Wir kamen endlich zum Busen hinaus in die offene See, rechts ragte der kleine Timon, ein nach allen Seiten steil abstürzender, 1200 Fuß hoher Bergkegel, die einzige unbewohnte Insel, aus dem Meere auf, vor uns im Norden lag der große Timon, ebenfalls nur ein Bergrücken, jedoch mit Platz für ein Haus an einer Bucht der Südküste. Jetzt sprach der Wortführer und Hauptschreier mich an. Ich verstand von seiner Rede genug, daß sie nämlich, wenn ich nicht ihren Willen thue und sieben statt sechs Thaler bezahle, mich keineswegs, wie bedungen, nach Sandöe, sondern nur nach Skuöe, einer nähern Insel, auf der auch nur ein Haus stand, führen wollten. Also ausgesetzt sollte ich werden! Da blieb mir denn keine Wahl und ich versprach mich zu fügen. Die Leute waren jedoch nicht so klug, das Geld gleich ausbezahlt zu verlangen, während ich nur auf der See ihrer Willkür preisgegeben war, worauf sie doch gerechnet hatten. Auf Sandöe angekommen, erfuhr ich von dem dortigen Pastor, daß der Preis wirklich zu gering gestellt gewesen sei, indem der Färinger, welcher den Handel abgeschlossen, sich seinem Geistlichen nicht zu widersprechen getraut hatte.

Die färing'schen Bote sind lang und schmal und fassen die größten nicht mehr als sieben Mann. Die See ist an und zwischen diesen Inseln nie ganz ruhig, denn Ebbe und Fluth veranlassen in diesen engen Meeresstraßen die heftigsten Strömungen, die sich bei geringem Winde mit einem Wellengang äußern, wie anderswo bei Sturm. Das Meer ist die einzige Straße, welche der Beamte, der Geistliche, der Arzt jede Stunde der Nacht zu nehmen gewärtig sein muß. Es gibt wohl kaum einen beschwerlichern und gefahrvollern Beruf, als den des praktischen Arztes auf den Färöern. Solch' ein Bot vom Ufer im Kampfe mit den Wellen zu sehen, ist schon schaubererregend, und erst selbst darin zu sitzen, wenn bald die Wellenberge um und um die Aussicht versperren, hoch über Schiff und Segel hinausragend, bald dasselbe auf ihrem Rücken schaukelt und dann auf die nächst herbeigekommene mit einem Gepolter hinabstürzt, als ob es aus den Fugen ginge, und dazu das Gezänke und Geschrei der Schiffsleute, mit dem sie jede am Segel nothwendige Verrichtung begleiten, da meinte ich oft, besonders während der Fahrt nach Suderöe am 25. April bei intermittirenden Schneestürmen, es sei mein letztes Ende und ich sähe die deutsche Heimath nimmer wieder. In einem solchen Bote lernte ich zuerst das Weltmeer kennen.

Ueberall auf den Färöern findet man die großartigste Natur, aber fast nichts Merkwürdiges von Menschenhand. Nur eine Ruine macht hierin eine Ausnahme und es ist das ein Werk,

welches nicht nur Bewunderung und Wohlgefallen erregt, weil
es auf einsamem Felsriff im weiten Ocean steht, sondern auch
durch das ihm aufgedrückte Kunstgepräge. Ich kann mich daher
nicht enthalten, meinen Bericht über diese Inseln mit der Erzählung des Besuches der „Mauern," wie von den Färingern
die Ruine genannt wird, zu beschließen.

Auf derselben Insel, wo Thorshavn liegt, zwei Meilen von
diesem südöstlich an der entgegengesetzten Küste, findet sich der
Ort Kirkeböe, welcher nur aus einem Bauernhofe, einer kleinen
noch im Gebrauch stehenden Kirche und der zu beschreibenden
Tempelruine besteht.

Ich wanderte am 25. Mai Nachmittags 4 Uhr mit einem
Führer von Thorshavn ab zu Land über das Gebirge nach
Kirkeböe. Neugierig, wie alle Färinger sind, fragte jeder Begeg-
nende meinen Begleiter, wo er den Tuskmand, den Deutschen,
hinführe, und vernahm die Antwort „nach den Mauern" mit
größtem Erstaunen.

Bei Kirkeböe fällt ein langer, mäßig hoher Bergrücken von
mehreren zu Tage ausgehenden Felslagen des basaltischen Ge-
steins, umgürtet mit einer schmalen Terrasse, zur See herein.
Die Terrasse hat nur Raum für folgende Gebäude, nämlich
den Bauernhof, in gleicher Linie nach der Richtung der Küste
die Ruine des alten Domes und tiefer am Strande die Kirche,
zum Theil auf einem künstlichen Steindamm erbaut, so daß die
Brandungswellen an den Mauern hinanschlagen. Hinter Bauernhof und Ruine erhebt sich steil der Berg. Ueber die See, das
eine Meile breite Fjord von Süden her, schauen die niedern,
aber grade in's Meer abfallenden Berge von Sandöe herüber.
Gegen Osten versperrt der einförmige Bergrücken, welcher die
Insel Hestöe bildet, größtentheils den Ausblick in den weiten

Atlantischen Ocean. Wie lange der Blick auf dem Festen sucht, wie weit er über die Inseln hinschweift, er findet keinen Baum, nicht einen Strauch, nur fahle Grashänge schmiegen sich zwischen die düstern dunkeln Felsringe des Doleritgesteins. In solcher Umgebung also, wo einzig die Werke eines höhern Meisters Staunen und Ehrfurcht erregen, steht der Rest eines Werkes von Menschengeist und Menschenhand, steht die herrliche Tempelruine.

Was jetzt eine Ruine ist, war einmal ein bis auf das Dachgerüst und die innere Ausschmückung vollendeter, im gothischen Stil erbauter Dom; noch bis jetzt ist an demselben, ausgenommen theilweise Beschädigungen, im Detail von Fenstern und Portalen, Alles bis auf das Gewölbe erhalten, sogar die sogenannten Apostelsteine an der Innenseite der Wände, sowie ein Stein mit ausgehauenem Crucifix und einer unleserlichen oder wenigstens durch die Verwitterung der Steinmasse schwer leserlich gemachten Umschrift an der östlichen Außenseite neben dem großen Portale, sind erhalten. Die Längenrichtung der Ruine ist von Ost-Nord-Ost nach West-Süd-West; nach dem Augenmaß geschätzt ist dieselbe circa sechzig bis siebzig Fuß lang, vierzig bis fünfzig Fuß hoch und dreißig Fuß breit. Das Material sind Quadern, aus dem Gestein der Insel gehauen, die Apostelsteine dagegen aus weißgrauem Marmor und die Mauern vier bis fünf Fuß dick. Im Ganzen und im Detail scheint mir der Spitzbogenstil rein durchgeführt, die Verhältnisse traten mir in Allem wundervoll schön entgegen. Ein hauptgrößtes Portal führt von Osten in das Gebäude, ein zweites, mehr nieder, ist gegen die südwestliche Ecke, ein dritter kleiner Eingang ist an der Südseite und ein vierter an der Westseite. Die Südseite hat fünf hohe Fenster, drei zwischen dem südwestlichen Portale

Winkler, Island. 20

und dem kleinen Eingang im Süden und zwei gegen Osten von diesem Eingange; an der Bergseite ist an dem nordöstlichen Ende des Schiffes die Sakristei angebaut mit einem Fenster, zwei weitere Fenster gehen auch noch von dieser Seite in's Schiff der Kirche. Von dem Spitzbogengewölbe stehen nur noch die Auf= sätze an den Wänden.

Im elften Jahrhundert wurde auf den Färöern ein katho= lisches Bisthum gegründet, über welchen Vorgang sich noch eine sagenhafte Erzählung im Volke erhalten hat. In der Mitte des sechzehnten Jahrhunderts mußte das Bisthum sammt dem Katholicismus der Reformation weichen. Der Bischof hatte seinen Sitz in Kirkeböe gehabt und die noch im Gebrauch stehende kleine Kirche war seine Kathedrale, jetzt das einzige gemauerte Gebäude auf den Inseln. Der letzte katholische Bischof begann den Bau eines Domes, über dessen Ausführung er aber noch vor Vollendung von der Reformation überrascht wurde; daher die jetzige Ruine.

Man hat dänischerseits auch das werthvoll Interessante der= selben erkannt und ist der Befehl gegeben, dieselbe zu erhalten, ja sogar Restaurationsarbeiten wurden vor mehreren Jahren an= befohlen, die aber dahin verstanden wurden, daß man sie mit einem weißen Kalkanwurf beklecksen sollte; letzterer ist nun frei= lich und zum Vortheil der Ruine wieder größtentheils abgefallen. Ein größeres Glück für diese Ruine, als die Uebertünchung war, ist, daß sie sich an einer der einsamsten und von der See her schwer zugänglichen Stellen der Insel befindet, denn wäre sie in Thorshavn, so würde sie wohl schon längst eine andere Verwendung, etwa für eine Beamtenwohnung, gefunden haben. Einen weitern Schutz gegen rohe Zerstörungssucht hat sie im Aberglauben der Färinger, sie fürchten „die Mauern" als nicht geheuer, es ſoll ein Schatz innerhalb derſelben begraben liegen, und Verſchiedene, die es ſchon verſucht, ſich deſſelben zu bemäch= tigen, ſeien ſchlecht dabei gefahren. Die Ruine ſteht nun im Hofraume des Bauerngutes und iſt mit einem mächtigen Wall eines färingiſchen Zaunes aus ungeheuren Doleritblöcken um= geben. Der Bauer benutzt nur ein Portal, um darin ſeine Fiſche zum Trocknen aufzuhängen, denn er wagt ſich nicht weiter hinein; das Terrain um dieſelbe, beſonders auf der Nord=Berg= ſeite, iſt ſo ſumpfig naß, daß es ſchwer iſt, ſich ihr zu nahen. Ich war zwei Stunden an Ort und Stelle und zeichnete, wäh= rend ich vom ganzen Inhalt des Bauernhauſes an Menſchen umſtanden war, ſo lange als es mir der ſcharfe Nordweſt, der mir durch die Finger fuhr und ſie erſtarrte, nicht unmöglich machte.

Die vorgeſchrittene Zeit mahnte mich, den Rückweg anzu= treten. Denſelben wollte ich benutzen, ein paar Vögel zu ſchießen, um damit meinen nächſten Mittagstiſch zu verſorgen; der Weg führte mich über eines der Terraſſenplateaux, die der Tummel= platz vieler Vögel, namentlich der „Auſternfiſcher" ſind. Es war ein herrlicher Abend geworden, der Nordweſt hatte mittler= weile den Himmel rein von Wolken gefegt, die Sonne ſtand Abends 8 Uhr noch hoch über dem Horizont und warf ein zauberiſches Licht über die Berge von Sandöe, Heſtöe, Kolter und die fernern Gipfel und Zinken von Waagöe, und darüber hinaus erglänzte ſilbern die endloſe Fläche des nordiſchen Oceans.

Die Empfindungen, welche der Anblick dieſer Naturſcenen in mir erregte, zuſammen mit jenen, welche noch vom Anſchauen der Ruine her in mir lebendig waren, müſſen Schuld geweſen ſein, daß ich diesmal, wie ſonſt nie, beutelos nach Hauſe kam.

Nach zwei Tagen verließen wir Thorshavn wieder und

nun ging unser Cours grade südlich. Mit den Shetlandsinseln
im Rücken hatten wir die Nebenstraße, welche nach Island und
Grönland führt, verlassen und waren wieder auf einem allge=
meinen Heerwege angelangt. Da will ich aber vom Leser Ab=
schied nehmen, denn ich könnte ihm nichts mehr berichten, als
von persönlicher Stimmung, etwa beim Anblick der schottischen
Küste oder des Skagerhorn von Jütland, und endlich beim Wieder=
betreten des geliebten deutschen heimathlichen Bodens, der sich
bereits in's Winterkleid gehüllt hatte. Es wurden noch manche
schöne Klänge angeschlagen, die aber nur in meiner eigenen
Erinnerung einen Werth haben.

———————

www.ingramcontent.com/pod-product-compliance
Lightning Source LLC
Chambersburg PA
CBHW020829210326
41598CB00019B/1849

9 7 8 3 9 5 6 5 6 0 3 0 9